材料清洁生产 与 循环经济

谭宏斌 等编著

CAILIAO QINGJIE SHENGCHAN
YU XUNHUAN JINGJI

化学工业出版社

·北京·

内 容 简 介

将清洁生产的理念应用于材料生产中，实现污染控制由末端治理向生产全过程控制的根本转变，是建设节约型社会和发展循环经济的重要保障和有效方法。而循环经济符合可持续发展理念的经济增长模式，是对传统增长模式的根本变革。

本书共分5章，包括材料对环境的影响、材料的环境影响评价技术、材料清洁生产、材料清洁生产审核及案例以及材料可持续发展与循环经济，并包含了各种材料在工业生态中的应用案例分析，可使材料专业学生和从业人员理解材料生产对国民经济发展的促进作用，理解材料生产过程及产品报废后对环境的影响，掌握对产品、技术或服务进行LCA评价的方法。

本书具有较强的理论性、实践性和可读性，可作为高等院校材料及环境相关专业本科生、研究生的教材，也可作为从事材料生产的技术和管理人员的培训教材或参考书。

图书在版编目（CIP）数据

材料清洁生产与循环经济 /谭宏斌等编著. —北京：
化学工业出版社，2021.8（2024.6重印）
ISBN 978-7-122-39717-1

Ⅰ.①材…　Ⅱ.①谭…　Ⅲ.①无污染工艺-教材
②循环经济-教材　Ⅳ.①X383②F062.2

中国版本图书馆 CIP 数据核字（2021）第 161802 号

责任编辑：高　宁　仇志刚　　　　　　装帧设计：王晓宇
责任校对：张雨彤

出版发行：化学工业出版社（北京市东城区青年湖南街 13 号　邮政编码 100011）
印　　装：北京科印技术咨询服务有限公司数码印刷分部
710mm×1000mm　1/16　印张 14¼　字数 259 千字　2024 年 6 月北京第 1 版第 6 次印刷

购书咨询：010-64518888　　　　　　售后服务：010-64518899
网　　址：http://www.cip.com.cn
凡购买本书，如有缺损质量问题，本社销售中心负责调换。

定　　价：58.00 元　　　　　　　　　　　　　　　版权所有　违者必究

前言

材料、信息与能源被称为现代人类文明的三大支柱，材料又是信息与能源的基础。材料技术的不断更新和新材料的推广应用，推动着人类社会的发展，因此人类社会在不同发展阶段使用不同材料来进行表征，如：石器时代、铁器时代。人类在享受材料技术进步带来丰富产品的同时，也面临着材料在原料采取、产品制造、产品使用以及报废过程对环境污染的困扰。

工业革命以来，特别是20世纪中期以来，由于世界人口的迅速增加和工业经济的空前发展，资源消耗速度明显加快，废弃物排放量显著增多，环境污染、生态破坏和资源枯竭的环境问题日益突出。"环境公害"等环境问题为我们敲响了警钟，环境、资源和能源危机已成为制约经济社会发展的主要因素。

我国人均占有资源量少，消耗高、浪费大、利用率低的粗放式的经济增长方式尚未根本改变，环境问题集中显现。在资源与环境的双重压力下，我国经济要保持快速稳定增长，唯一的出路就是实施清洁生产和循环经济。

清洁生产是指将整体预防的环境战略持续应用于生产过程和产品中，以减少对人类和环境的风险。将清洁生产的理念应用于材料生产中，实现污染控制由末端治理向生产全过程控制的根本转变，是建设节约型社会和发展循环经济的重要保障和有效方法。循环经济是一种以资源的高效利用和循环利用为核心，以"减量化、再利用、再循环"为原则，以低消耗、低排放、高效率为基本特征，符合可持续发展理念的经济增长模式，是对传统增长模式的根本变革。

材料行业属于资源、能源密集型行业，也是污染物排放的主要行业之一。提高资源利用效率、减少环境污染，保障人们对美好生活的需求，是材料工作者义不容辞的责任。

本书共分5章，包括材料对环境的影响、材料的环境影响评价技术、材料清洁生产、材料清洁生产审核及案例以及材料可持续发展与循环经济。谭宏斌承担了本书的主要编写工作，并负责全书的统稿和审定。马小玲参与了本书第1章和第5章的编写工作，马佳俊、贺小春参与了第2章的编写工作，王丽阁、刘静参与了第3章的编写工作，刘海峰、王进参与了第4章的编写工作。

本书具有较强的理论性、实践性和可读性，可作为高等院校材料、环境等相关专业本科生、研究生的教材，也可作为从事材料生产的技术和管理人员培训教材或参考书。扫描本书封底二维码，回复书名可获取相关课件资料。

本书在编写过程中，参考了大量的国内外研究成果与资料，编者在此对所有专家、学者致以衷心的感谢！

　　本书由邓浩老师负责校对，本书在编著过程中得到了同继峰老师、李玉香老师和课题组同学们的帮助和支持，也得到了化学工业出版社编辑老师的大力支持，在此表示深深的谢意！

　　由于编者水平有限，不足之处在所难免，敬请广大读者批评指正。

编著者
2021 年 8 月

目录

第1章

材料对环境的影响

本章介绍材料在国民经济的作用；简述材料与资源、环境的关系；材料对环境的影响，包括材料在生产、加工、使用和废弃过程中对资源和能源的消耗；各种排放物，如废气、废水、废渣等对环境的影响。另外，探讨材料的生产和使用对全球生态及人类健康的影响，以及材料与环境的辩证关系。

1.1 材料在国民经济中的作用

1.1.1 材料与人类的关系

（1）人类赖以生存的物质环境离不开材料

有时我们会把制成特定有用物件的物质称为某种材料，那么什么是材料呢？材料显然归属于物质的范畴，但并不是所有物质都是材料。从日常生活体验中可以简单地归纳出材料的定义为：用于制造有用物件的物质。材料的定义虽然非常简单，却包含了广泛而深刻的含义。

清晨醒来，睁开眼睛会看到房间里的桌椅门窗。起身穿衣，整理床铺，会看到内衣外衣、床单被褥。洗漱清理、准备早餐会接触到卫生洁具、锅灶碗筷，它们都有各自的特性和用途。我们是否有时会想到或问到，这些东西是用什么做的、怎样做成的呢？

我们会利用不同的交通工具上学，如自行车、轨道交通、公交车等，使我们便捷地来到学校。如果我们假期外出旅行，或许会乘坐私家汽车、火车、轮船、飞机，这些现代交通工具可以使我们舒适、迅速地到达世界的各个角落。打开电视机，可以掌握全世界的新闻资讯、欣赏全球的娱乐节目；拿出手机，可以随处与亲友、同学通话；打开计算机，借助互联网可以与世界各地取得联系。

观察日常的衣食住行、社会生活会发现，人们生活在一个极为丰富多彩的物质环境里。这个环境是人们舒适、方便、高质量生活的基础。而且，这个环境与野生动植物生存的自然环境有本质的不同：它是由人类自己创造出来的。我们所接触到的这些物质并不是以简朴的原生态形式存在的物质，而是人们按照一定的思想设计，并借助复杂的加工、处理、组合、安装等过程将各种材料制作出设施、工具、器具等对于人类非常有用的物件。

（2）材料在人类社会进步中的作用

材料定义中"制造"一词一定涉及了人类的劳动行为，即人类为实现特定目的而借助某种劳动来改造物质。材料定义中"有用"一词就限定了相应劳动行为的目的是为了把特定物质改造成具备某种实际使用功效的物件（通常不包括食用），而"有用"也是指对人类有用。借助人类的劳动行为并实现对人类有用的目的是材料的基本属性；由此可见，材料是一个以人为本的概念。

材料是人类生活和生产的物质基础，是人类认识自然和改造自然的工具。可以这么说，自从人类出现就开始使用材料，材料技术发展的历史和人类史一样久远。从考古学角度，人类文明被划分为旧石器时代、新石器时代、铜器时代、铁器时代和现在的硅时代（或者称为电子时代）等，这些人类文明的时代标签都是以材料命名的。由此可见材料以及材料技术的发展对人类社会的重大影响。

早在 250 万年以前，人类就开始以石头做工具，这个时期称之为旧石器时代。约 1 万年前，人类就知道对石头进行磨制加工，使之成为更精致的器皿和工具，从而进入新石器时代。在新石器时代，人类先将黏土成型，再火烧固化制成陶器。同时，人类开始用毛皮遮身，中国人在 8000 年前就开始用蚕丝做衣服。这些材料在被人类使用的同时，也为人类的文明奠定了重要的物质基础。

在新石器时代，人类在找寻石料的过程中认识了矿石，在烧制陶器的过程中又还原出金属铜和锡，创造了炼铜技术，生产出各种青铜器物，从而进入青铜器时代。这是人类大量使用金属的开始，也是人类文明发展的重要里程碑。

约 5000 年前，人类开始使用铁器。公元前 12 世纪，在地中海东岸已有铁器使用。由于铁比铜更易得到，更好使用，在公元前 10 世纪铁制工具开始替代青铜工具，人类从此进入铁器时代。由于铁比较便宜，冶炼制备技术比较简单，大量地开采和冶炼使铁成为"平民材料"，从而被普遍使用。公元前 8 世纪已出现的铁制犁、锄等工具，使人类社会生产力提高到了一个新的水平。

到了近代，18 世纪蒸汽机和 19 世纪电动机的发明，使材料在新品种开发和规模生产方面发生飞跃。如 1856 年和 1864 年先后发明了转炉和平炉炼钢，使世界钢产量从 1850 年的 6 万吨猛增到 1900 年的 2800 万吨，钢产量的增多极大地促进了制造业和交通业的发展，人类开始从农业和手工业社会进入工业社会。

随着 1906 年电子管的发明，出现了无线电技术和电子计算机技术；1948 年发明了半导体晶体管，导致电子设备小型化、轻量化、节能化、低成本化及可靠性的提高和寿命的延长；1958 年出现了集成电路，使计算机及各种电子设备的发展产生一次飞跃，而集成电路的发明是以硅为主的半导体材料发展的结果。随着高性能的磁性材料不断涌现，激光材料和光导纤维的问世，人类社会从工业社会迈向信息社会和知识经济社会，人类文明产生了又一次飞跃。

20 世纪 20 年代，随着高分子长链结构的确认，开始了化学合成高分子材料的时代。高分子材料的原料产业经历了植物化工、煤炭化工和石油化工等更替，目前世界塑料产量按体积计已超过钢产量。合成橡胶的应用打造了"轮子"上的世界，合成纤维的应用开启了"时尚"的窗口，合成树脂的应用成就了塑料走入千家万户的当今时代。波音 787 结构重量的一半是复合材料，其基体材料和增强碳纤维均来自高分子材料。光电功能高分子材料适于制备低成本、大面积、柔性和超薄半导体器件，催生了节能、环保、时尚、经济的新兴信息产业。20 世纪70 年代出现的与内科和外科并列的介入医疗技术，若没有塑料做导管根本就发展不起来。高分子膜分离材料应用于开发淡水资源和深度处理污水，有利于缓解水资源匮乏、水体污染、降水失衡等矛盾。化肥、农药、农膜、保水剂等当代四大农用化学品的后两种都是高分子材料制品。在白光固态照明、太阳能电池、燃料电池、风能发电等能源领域中高分子材料都扮演着重要的角色。高分子材料作为当代社会文明的标志，将随着人类社会的经济发展、人类与自然的协调发展以及人类自身的存在发展的需求而不断快速发展。

基于材料对社会发展的作用，人们已提出将信息、能源和材料并列为 21 世纪现代文明和生活的三大支柱。在三大支柱中，材料又是能源和信息的基础。

综上所述，在人类历史的长河中，新材料不断创造着人类新的生活。每一种新材料的发现和利用，都会把人类支配和改造自然的能力提高到一个新的水平，使当时的生产力获得极大的解放，从而推动人类社会的进步。从人类出现到 21世纪的今天，人类文明程度不断提高，材料科学及材料技术也不断发展。材料是人类社会文明和进步的里程碑，是人类文明的物质基础和先导，也是人类社会生产力发展水平的标志。

1.1.2　材料在现代社会中的应用

人们赖以生存、丰富多彩的物质环境是一个由多种材料构成的环境，为我们提供了舒适、方便、高质量的生活。材料的种类有钢铁材料、非铁金属（有色金属）材料、无机非金属材料、有机高分子材料等。

（1）钢铁材料

钢铁材料是以铁为基础和主要成分的材料，通常也称为黑色金属材料。20世纪以来随着现代钢铁技术的迅速发展，钢铁材料日益成为社会发展的关键性材料之一，也成为工业发展中占主导地位的工程结构材料。钢铁材料的生产规模大、价格低廉、工艺成熟、性能可靠、易于加工、使用方便、便于回收、应用广泛，在21世纪仍是城市建设、汽车、石油、机械电子、化工等工业部门主要的工程结构材料。

目前，中国大陆年产1.55亿吨钢筋，用于各种房屋建筑。钢筋的表面带有螺旋状的凸起条痕，以便在用于混凝土增强时提高与混凝土的摩擦力和结合力。另外，年产约7000万吨不同直径尺寸的钢丝（称为线材），以及约5500万吨加工成不同几何外形和尺寸的长条状的钢材（称为型钢）。

2018年12月，位于四川省泸定县的兴康特大桥建成通车，桥面为双向四车道高速公路，是一座双塔、单跨悬索桥，桥全长1411m，每根主缆长1628m，包含187根钢索，每根钢索包含91丝。桥道系统重达3万吨，主缆承重系统达1.1万吨，全桥设计承重1.5万吨。大桥按照抗震烈度9级设防，并可抵御12级台风。2019年6月，在第36届国际桥梁大会上，该桥荣获IBC"古斯塔夫·林登少（Gustav Lindenthal）"金奖。

铁路交通是支撑当今社会经济发展的重要命脉，目前中国年产约300万吨铁路钢轨，包括用于高速铁路的钢轨。中国每年生产1亿多吨不同尺寸的厚钢板，用以支持庞大的造船业和石油、天然气管线等的建设。中国每年生产1亿多吨不同尺寸的薄钢板，用以支撑中国每年1900多万辆各种类型的汽车、8000多万台电冰箱、1.3亿台空调机，以及大量洗衣机、火车车厢、轻轨车厢、拖拉机、工厂厂房等各方面对薄钢板的需求。另外，钢铁材料在军事工业领域也是极为重要的基础材料，可用于制造航母、军舰、坦克、潜艇等各种类型的军事装备。

（2）非铁金属（有色金属）材料

钢铁以外的金属材料为非铁金属材料，通常也称为有色金属材料，主要有铝、铜、钛及其合金材料等。

铝是一种轻金属，被大量用做轻质材料。铝合金在飞机上被大量用于制作表面蒙皮及各种发动机零件或构件，铝合金约占飞机总重量的50%～80%。在机械行业的各种仪器仪表元器件、机床零部件、集装箱板等方面也大量使用铝合金结构件。火车、大型客车构架、地铁车厢等均会使用许多铝型材构件。铝的导电性能非常好，仅次于银、铜和金，排列第四位，因此可用做电力工业的导电材料。铝的热导率高，在金属中仅次于银、金和铜，也排列第四位，因此可用做热交换材料或散热材料。铝的抛光表面对白光的反射率可达80%以上，因而可用做反光材料。铝不会受到磁场影响，因而可用做罗盘、天线、计算机存储器、仪表材料、屏蔽材料等。铝有极好的塑性，变形抗力低，很容易通过各种类型的变形加工，制成板、箔、管、棒、线、丝、复杂断面型材等。在文化体育方面的应用，铝材可以制作高尔夫球、各种球拍、滑雪用品、田径比赛器具（标枪、起跑器、接力棒等）、登山用具、自行车、赛艇等；还可以用铝制作复印机感光鼓、高分辨率感光印刷版等。

在有色金属工程材料中铜的用量仅次于铝，排列第二位。以铜为主要成分的合金材料称为铜合金，铜合金有黄铜、青铜和白铜等。铜有极为优良的导电性能，是电力工业主要的导电材料。铜的热导率非常高，可用做热交换材料或散热材料。铜基本不受外来磁场的干扰，可用做磁学仪器、定向仪器、防磁器械等。铜有良好的塑性，可以承受各种形式的冷、热塑性变形加工。铜是比较稳定的惰性金属，纯铜在大气、水（包括水蒸气、热水）中基本不被腐蚀，在很多场合可用做管道、阀门等材料。纯铜具有玫瑰红色，可用于装饰。铜的表面可以被抛光、纹理、电镀或用有机物涂层或化学着色，以供制备各种功能表面或装饰表面。铜的塑性、导电、导热、耐腐蚀、高密度、耐磨损等特性使其在电子、机械、石油、化工、兵器、建筑、汽车、造船等工业部门有广泛的应用，同时普遍用在日用五金、工艺美术装潢等方面。例如，黄铜主要用来制作各种铭牌装饰、建筑构件、机械簧片、热交换构件、乐器以及水、油管阀容器构件等。铸造黄铜可用于耐磨的齿轮、轴承、连杆、装饰、洁具等构件。青铜适合用做耐蚀、耐磨的构件，如建筑构件、重载构件、装饰构件、电气开关、插接结构件等。一些青铜的颜色与黄金非常接近，经常用做仿黄金，以制作日用装饰品。铸造青铜可用做耐水汽和海水腐蚀的构件及各种磨具。再如，白铜在船用仪表、化工机械、医疗器械等方面有广泛的应用。白铜热导率相对较低，可用做蒸发、冷凝等方面的隔热耐水汽腐蚀构件。

近几年，我国钛的生产发展迅速，产量居世界第一，接近全球产量的一半。以钛为主要成分的合金材料称为钛合金。我国钛的储藏量比较丰富，在四川攀西地区已经探明的储藏量有数亿吨。工业纯钛的抗拉强度达到400MPa以上，经过强化处理后钛合金的强度甚至可超过1400MPa。低温下钛的化学活性很低，具有优良的低温耐腐蚀性。工业纯钛在蒸汽、海水、各种化工腐蚀介质中被广泛地用做各种机械、容器、管线及舰船和飞机的构件。高的比强度使钛合金多用于轻型结构的高强度构件、大尺寸构件、承高压构件、航天工业部分高温构件或超低温构件，以及压力容器系统。例如，可用做飞机上可焊接的高强度锻件、板管件、温度600℃以下的耐氧化构件、现代大型建筑构件，以及温度在−253℃或−269℃下用于磁悬浮列车和超导发电机上的构件。人体对钛有良好的耐受性，因此钛合金在医用移植器官方面有较多的应用，如钛质人工骨、人工齿、钛合金眼镜框等。

（3）无机非金属材料

水泥、普通陶瓷、玻璃等传统材料是无机非金属材料的主体，在工业生产和民用设施上发挥着重要作用，其产品构成中氧化物占据着统治地位。近些年来，随着工业科技的进步，新型无机非金属材料得到了迅速的发展，这种发展着眼于克服传统无机非金属材料的种种缺点，使其力学性能得到明显提高。同时，无机非金属功能材料的发展日新月异，并得到了广泛的应用。

水泥是各种建筑工程中大量使用的基础材料，对经济建设，尤其是在大力促进国家的经济建设方面具有重大的意义。在施工过程中会将水泥干粉、砂石和水混合搅拌，混合初期水泥表现为具有流动性和可塑性的浆体。随着时间的延长，浆体会逐渐失去流动性但仍保持可塑性，最后浆体的可塑性也会丧失，水泥就完成了其凝结过程，得到坚固的混凝土构件/结构。2017 年 7 月，港珠澳大桥实现主体工程全线贯通，包括海中桥梁 28km（包括 3 个通航孔桥），两个海中人工岛以及 6.8km 的海中沉管隧道。在严酷的海洋环境中混凝土使用寿命达 120 年，这是大桥的主要技术成就之一。

普通陶瓷是以黏土类及其他天然原料经过粉碎、成型、烧成等工序制成的具有较高强度的固体制品，在日用、建筑、卫生、化工、电工等行业有广泛的应用。普通陶瓷的主要成分为 SiO_2 和 Al_2O_3，原料精细且高温烧成的大多称为瓷器；原料粗糙且偏低温烧成的大多称为陶器；原料和烧成温度介于二者之间的称为炻器。日用瓷器通常用做民用家庭器具等。电工瓷器利用瓷器绝缘性能好、强度高、化学稳定、不易老化、不变形等性能特点，主要用做电绝缘材料。瓷器材料在大多数酸介质中不受腐蚀，因此可用做化工瓷器。卫生瓷器通常用做卫生间及相关的水容器材料。另外，瓷器还可以制成工艺品、艺术制品，用做艺术欣赏。炻器主要用于建筑、日用、化工等行业领域，如可用做马赛克、污水管道、地板砖、墙面装饰等构件，以及形状复杂的耐酸腐蚀容器、耐酸砖等，也可制成餐具及日用工艺品等。陶器的致密性差、气孔率高、强度低、热稳定性和化学稳定性差，但制作能耗低，便于大量生产且价格低廉，因此在对性能要求不高的领域有广泛的应用，如制作砖、瓦、陶土管、建筑琉璃制品，乃至简单的日用陶器、装饰陶器等。

特种陶瓷采用了高度精选的原料和严谨的成分设计，在生产过程中采用现代加工设备以精确控制化学组成和制造工艺参数，因而具有优良的性能。特种陶瓷通常具有高的熔点，优良的抗氧化和抗腐蚀能力，高的刚性、硬度和耐磨性能，良好的耐热性能和优良的高温力学性能。许多特种陶瓷还具有优良的介电性能、隔热性能、压电性能和光学性能等。因此特种陶瓷作为结构材料和功能材料得到了广泛的应用。特种结构陶瓷材料可制作刀具、量具、模具、钻头、砂轮、磨料、高温轴承、发动机部件、燃气机叶片、高温真空熔炼容器、高温机械构件等特殊的结构件,用于不同工业部门。透明氧化物陶瓷可以用做红外检测窗口、夜视镜、高温观测孔等高温光学构件。其中,BeO 陶瓷有很好的防核辐照性能、良好的电绝缘性和导热性,可用做原子反应堆的减速剂或防辐照材料,以及用于制作航空电子和卫星通信系统中的导热且电绝缘的构件。铁电陶瓷可以用于制作高比电容的陶瓷电容器等电器元件。一些铁电陶瓷经强电场处理后会具有压电效应,可把机械能转换成电能,称为压电陶瓷。压电陶瓷具有压电效应,可用来制作各种换能器、传感器及频率控制器的相关元件。

普通玻璃是一种较为透明的非晶硅酸盐类非金属材料。日常生活中使用的玻璃为浮法生产的玻璃,该玻璃属于钠钙硅酸盐玻璃,具有光的透明性和一定的强度、硬度,其表面平整度可以与机械磨光玻璃相媲美。浮法玻璃广泛应用于建筑、汽车等领域。例如,建筑物中的玻璃幕墙、门窗、阳台、浴室门、橱柜门、灯具等。

特种玻璃是通过光、电、磁、热和化学等作用而表现出特殊功能的玻璃,如红外玻璃、耐辐照玻璃和特殊色散玻璃等。红外玻璃作为视窗、透镜、整流罩等在红外探测技术和红外成像技术中获得广泛应用。20 世纪 90 年代以来,俄罗斯、美国和英国等西方发达国家将红外玻璃材料装配于重点型号战机的光电探测系统,极大提升了作战能力。例如,美国海军实验室研制的大尺寸(ϕ700mm)钡镓锗酸盐红外玻璃吊舱、俄罗斯莫斯科技术玻璃研究院研制的口径 ϕ250mm 铝酸钙玻璃整流罩均已批量装备机载光电雷达系统。耐辐照玻璃是一种经高能射线辐照或粒子轰击后,可见光透过率衰减很小的特种玻璃。耐辐照玻璃具有耐辐照稳定性强、透光性大及物化性能稳定等特点,主要用于航天、核工业和医学等领域的窗口材料。特殊色散玻璃的主要性能特点是具有较大的相对部分色散偏离值,在光学系统中与其他玻璃组合可以减少玻璃透镜片数,简化光学系统结构,尤其重要的是能够消除二级光谱,提高成像质量和几何精度,满足长焦距、大视场和高精度光学系统的性能要求,被广泛应用于遥感卫星的立体测绘相机的透镜、空间望远镜的透镜以及非球面镜面形检测的补偿镜头等。

(4)有机高分子材料

有机高分子材料一般由高分子化合物与其他小分子填料和助剂通过一定方式的成型加工后获得。按高分子的来源分为天然高分子材料和合成高分子材料。天然高分子材料包括天然橡胶、纤维素、淀粉、蚕丝等。合成高分子材料包括塑料、橡胶、纤维、胶黏剂、涂料等。高分子材料一般具有质量轻、韧性高、比强度高、结构和性能可设计性高、易改性、易加工等特点。自 20 世纪 30 年代以来,合成高分子材料不仅品种繁多、应用广泛,而且具备许多其他类型材料不可比拟、不可取代的优异性能,成为一类非常重要的合成材料。合成高分子材料不仅广泛用于科学技术、国防建设、国民经济等各个领域，而且已成为现代社会日常生活中衣、食、住、行、用各个方面不可缺少的材料。

塑料一般具有质量轻、化学稳定性好、不易腐蚀锈蚀、导热性低、绝缘性好的特点。大部分塑料具有耐热性差、热膨胀率大、加工成型性好、加工成本低等特点。例如，聚氯乙烯塑料可加工成软管、电缆、电线等，或制成塑料凉鞋、拖鞋、玩具、汽车配件等，还可将聚氯乙烯塑料制成薄膜、人造革、泡沫制品，用做泡沫拖鞋、凉鞋、鞋垫、包装材料、防震缓冲建材，以及透明片材、板材与管材等。聚丙烯塑料主要用做薄膜、管材、片材、编织袋、电器配件、汽车配件、一般机械零件、耐腐蚀零件和绝缘零件等。丙烯腈-丁二烯-苯乙烯共聚物（ABS）塑料被大量用于家用电器制品，如电视机外壳、冰箱内衬、吸尘器等，还可以用做仪表、电话、汽车工业用工程塑料制品。

橡胶是一类在室温附近处于高弹性状态的聚合物材料，因此多在弹性较高的状态下服役。例如，异戊橡胶具有良好的弹性和耐磨性、优良的耐热性和较好的化学稳定性，用于制造载重轮胎和越野轮胎，以及各种橡胶制品。顺丁橡胶耐寒性、耐磨性和弹性特别优异，耐老化性也较好，但抗撕裂性能和抗湿滑性能较差。顺丁橡胶常与天然橡胶、氯丁橡胶、丁腈橡胶等并用，绝大部分用于生产轮胎，少部分用于制造耐寒制品、缓冲材料以及胶带、胶鞋等。乙丙橡胶耐老化性和电绝缘性突出，化学稳定性好，耐磨性、弹性、耐油性好，一般作为轮胎和汽车零部件、电线电缆包皮、高压或超高压绝缘材料，以及胶鞋、卫生用品等浅色制品。

有机纤维是一类高强度、形态细而长的有机高分子材料。根据有机纤维的来源可分为天然纤维和化学纤维。天然纤维包括植物纤维（如麻纤维、棉纤维、竹纤维等）和动物纤维（如蚕丝、羊毛、驼毛等）；化学纤维是指用天然的或人工合成的高分子物质为原料，经过化学或物理方法加工而制得的一大类纤维，简称化纤，分为人造纤维和合成纤维。人造纤维以天然高分子化合物为原料制成，也称为再生纤维，主要有黏胶纤维、硝酸纤维素、醋酸纤维等。黏胶纤维以纸浆或棉绒为原料纺丝而得，其手感像棉纤维一样柔软、像丝纤维一样光滑，吸湿性与透气性优于棉纤维和其他化学纤维，染色后色彩纯正、艳丽；但黏胶纤维弹性较差，织物易折皱且不易恢复，耐酸、耐碱性也不如棉纤维，因此主要用于室内装饰和服装工业。醋酸纤维也称醋酯纤维，是将天然植物纤维用醋酸反应获得醋酸纤维素酯后进行纺丝制成，主要用做人造丝、玩具、文具等。铜氨纤维是采用氢氧化四氨铜溶液做溶剂，将棉短绒溶解成浆液纺丝制得的人造丝，其丝质精细优美。合成纤维是以合成高分子化合物为原料制成的化学纤维，如聚酰胺纤维、聚丙烯腈纤维、聚乙烯醇纤维等。聚酰胺纤维的商品名为锦纶，有时也称尼龙、耐纶、卡普纶、阿米纶等。锦纶是世界上最早的合成纤维品种，其性能优良，广泛用于制作袜子、内衣、运动衣、轮胎帘子线、渔网、军用织物、填充玩具等。聚丙烯腈纤维的商品名为腈纶，有时也称为奥纶、考特尔、德拉纶等。腈纶的外观呈白色，卷曲、蓬松，手感柔软，酷似羊毛，多用来和羊毛混纺或作为羊毛的代用品，故又被称为合成羊毛。腈纶广泛用于制作绒线、针织物和毛毯，以及船篷、帐篷、船舱和露天堆置物的盖布等。聚乙烯醇纤维的商品名为维纶，有时也称为维尼纶、维纳尔等，以醋酸乙烯为原料经聚合、纺丝，然后借助适当化学处理制得。维纶性质接近于棉，吸湿性比其他合成纤维高。维纶洁白如雪，柔软似棉，因而常被用做天然棉花的代用品，称为合成棉花。维纶的耐磨性、耐光性、耐腐蚀性都较好，主要产品为短纤维，用于制作渔网、滤布、帆布、轮胎内增强线、软管织物、传动带以及工作服等。

材料产业历来都是国民经济基础性、关键性的支柱产业之一，受到国家政府的重视，得到了大力的发展。经过 60 多年的发展，我国原材料工业从无到有，从小到大，品种门类齐全，基本满足了国民经济发展需要，成为支持国民经济发展和国防现代化的基础产业以及发展高新技术的支柱和关键。钢铁、水泥、玻璃、纺织品等基础原材料的生产总量和消费总量稳居世界前列，成为基础原材料世界生产和消费大国。表 1-1 为 2010—2019 年我国排名世界前列的主要原材料产量。据统计，我国主要的几种原材料如钢铁、水泥、煤炭、平板玻璃等产量已连续几年位列世界第一，为我国的现代化建设做出了巨大贡献。

表 1-1 2010—2019 年我国排名世界前列的主要原材料产量

年份	钢材/亿吨	水泥/亿吨	平板玻璃/亿箱	十种有色金属[①]/万吨	合成橡胶/万吨	化学纤维/万吨
2010 年	8.03	18.82	6.63	3120.98	319.52	3090.00
2011 年	8.86	20.99	7.91	3435.44	367.13	3390.07
2012 年	9.57	22.10	7.50	3696.97	397.39	3837.37
2013 年	10.68	24.16	7.79	4054.92	408.80	4121.94
2014 年	11.35	24.92	8.31	4828.81	549.55	4389.75
2015 年	11.23	23.59	7.86	5155.82	534.17	4831.71
2016 年	10.48	24.10	8.04	5345.11	559.97	4886.36
2017 年	10.46	23.30	8.38	5498.31	592.09	4877.05
2018 年	11.33	22.36	9.40	5893.70	691.39	5418.02
2019 年	12.05	23.44	9.45	5865.96	743.96	5883.37

①十种有色金属为铜、铝、铅、锌、镍、锡、锑、镁、海绵钛、汞。

1.2　材料与资源和环境的关系

图 1-1 为一般工业产品链式生产流程示意图。从物料的流程看，对任何一个有形的物品，其生产过程都是一个原料的投入和产品的产出过程，一般称其为链式生产过程。显然，由于生产效率在大多数情况下小于 100%，在生产过程中不可避免地要排放出副产物或废弃物，对环境造成影响。同时，生产效率越低，要求的原材料投入就越多，其资源浪费就越大，也即资源效率越低。

图 1-1　一般工业产品链式生产流程示意图

从资源的角度分析，传统材料的采矿、提取、制备、生产加工、运输、使用和废弃的过程，一方面推动着社会经济发展和人类文明的进步；另一方面又耗费着大量的资源和能源。统计表明，从能源、资源消耗和造成环境污染的根源分析，材料及其制品的生产是造成能源短缺、资源过度消耗乃至枯竭的主要原因之一。整个 20 世纪，人类消耗了 1420 亿吨石油、2650 亿吨煤、380 亿吨钢铁、7.6 亿吨铝、4.8 亿吨铜。进入 21 世纪，人类对资源的需求继续快速增加。以粗钢为例，2018 年全球粗钢产量为 18.09 亿吨，2019 年，全球粗钢产量达到 18.49 亿吨，2020 年受新冠肺炎疫情影响，全球粗钢产量仍达到 18.64 亿吨，预计随着全球经济的复苏，在 2021 年和 2022 年将分别达到 19.20 亿吨和 19.89 亿吨。可见，需加速开采大量的矿产资源，成倍开发各种能源才能满足这种快速增长的原材料消费。在某种意义上，材料产业拼的就是资源，也是能源消耗的主要行业。

在大量消耗有限矿产资源的同时，这类材料的生产和使用也给人类赖以生存的生态环境带来严重的负担，排放出大量的废气、废水和废渣，污染着人类生存的环境。图 1-2 为人类面临的资源环境问题示意图。可见，最初的资源环境问题主要是局部的污染和废弃物等问题。进入 20 世纪 90 年代后，全球气候变暖、沙漠化、臭氧层破坏、食物短缺等危及全人类的生态环境和健康问题日益凸显出来。到 2050 年，地球上的人口将达 100 亿，许多矿物资源将面临枯竭。到 2070 年，石油与天然气资源将枯竭，届时人类的能源结构将发生观念性的变革。到 2100 年，地球上的人口将超出整个地球所能承载的能力。同时，由于气候变暖，海平面将上升。

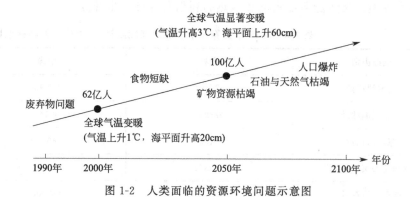

图 1-2　人类面临的资源环境问题示意图

1.2.1　全球资源和能源现状

自第一次工业革命以来，人类通过对自然资源的开发利用，创造了前所未有的经济繁荣。进入21世纪以来，人口增长对资源的需求正在超过自然资源所能承载的极限，经济膨胀已造成了全球性的资源危机，非再生资源迅速耗减，越来越多的物种濒临灭绝，淡水资源不足，森林资源持续赤字，水土流失加剧。人类所面临的已是一个资源日益短缺的星球。

在非再生矿产资源方面，截至20世纪90年代初，全世界发现的矿产近200种。根据对154个国家矿产资源的探测，在对43种非能源矿产资源的统计中，其中静态储量在50年内即将枯竭的有16种，如锰、铜、铅、锌、锡、汞、钒、金、银、硫、金刚石、石棉、石墨、石膏、重晶石、滑石。表1-2给出了全球矿产资源枯竭时间的预测。初步测算，约到2120年，如果人类不能发现新的矿产资源，全球经济将由于矿产资源的枯竭而产生重大影响。显然，资源枯竭作为一个全球问题，是近代工业化对自然资源无节制的过度消耗引起的产物。资源的不合理开发利用，导致了日益严重的环境恶化，资源的枯竭使生活贫困化加剧，影响了社会的可持续发展。

表 1-2　全球矿产资源枯竭时间的预测

2050 年	2070 年	2080 年	2120 年
一般矿产资源	金属矿产资源	石油、天然气资源	煤资源

矿物能源方面，2019年世界和中国能源消耗统计结果见表1-3。美国当年能源总消耗量为323368万吨标准煤，约占全球能源消耗总量的16.2%。中国能源消耗总量为487000万吨标准煤，占全球能源消耗总量的24.7%，已超过美国，排名第一。中国的GDP只有世界总量的16.4%，但二氧化碳和二氧化硫的排放量居世界之首。在未来一段时间里，石油、煤炭及天然气等矿物能源仍是主要的

能源消费种类。天然能源如水电和地热的利用有待进一步开发。

表 1-3　2019 年世界和中国能源消耗统计　　单位：万吨标准煤

能源类别	世界	中国
石油消耗量	585134	92043
天然气消耗量	473227	39447
煤炭消耗量	541928	280999
一次电力及其他能源①	366302	74511
能源总消耗量	1966591	487000

① 指核电、水电、风电以及太阳能发电所发出的电力。

截至 2019 年，世界已探明的矿物能源储量、2019 年产量及预计可开采年数见表 1-4。按照乐观的估计，即使将已有的矿物能源储量全部生产出来，到 21 世纪中叶，地球上的石油天然气资源也将全部枯竭。

表 1-4　世界矿物能源储量、2019 年产量及预计可开采年数

项目	石油	天然气	煤炭	铀①
已探明储量	2446 亿吨	1988000 亿立方米	10696.36 亿吨	1620 万吨
2019 年产量	44.845 亿吨	39893 亿立方米	81.294 亿吨	5.42 万吨
预计可开采年数/年	50	49.8	132	250

① 2009 年的数据。

1.2.2　中国资源和能源现状

从资源总量来看，中国在世界上无疑属于一个资源大国。资源总量大，种类齐全，数量丰富，不少资源在世界上名列前茅。例如，我国国土面积居世界第三，河川径流量居世界第六，水能资源世界第一。在不到世界 7% 的耕地上解决了世界上 22% 人口的吃饭问题。矿物能源中的煤炭资源也居世界第一。在全世界已利用的 160 多种矿藏中，我国有 148 种已探明储量。其中稀土、石墨、钨、锑、锌、镁、锰、钛、重晶石、硫铁矿等 20 多种矿产资源的储量也居世界前列。

我国钢铁、水泥、玻璃等原材料和初级产品的产量居世界第一，但由于人口基数大，使得人均资源占有量远低于世界平均水平，资源与人口的矛盾非常突出。我国自然资源的地域分布也非常不均衡，影响了资源利用与生产力的匹配。另外，我国自然资源的质量差别较大，低劣资源比例较高。特别是目前我国正处在经济大发展的高潮中，对非再生资源的需求趋于极限，引发了严重的资源短缺问题。

就矿产资源而言，在 21 世纪内能有充分保证的有煤炭、稀土、铝土和磷；能够基本保证的有铁、铝、锌、镍、钨、锡、锑、硫；缺口很大的有石油、金、铜等。目前对十五种主要矿产资源的需求量比 2000 年增长一倍以上，只有煤炭、稀土、铝土矿和磷等资源能够满足需求。其他如不增加储量，均不能满足需求，有的资源则已无矿可采了。

我国的矿产能源主要体现在结构和分布不合理。年消耗煤炭 30 亿吨以上，占我国能源总消费的 2/3 以上，造成能源效率低下，环境污染严重。中国 80％人口生活在农村，秸秆和薪柴等生物质能是农村的主要生活燃料。尽管煤炭等商品能源在农村的使用迅速增加，但生物质能仍占有重要地位，目前，农村生活用能总量约为 4 亿吨标准煤，其中秸秆和薪柴为 2 亿吨标准煤，占比超过 50％，致使森林资源遭到破坏，导致水土流失和沙漠化扩大等问题。

我国的经济规模已居世界前列，发展的速度令人瞩目，对资源的需求已达到前所未有的程度。因此我国资源的主要矛盾仍表现在资源供给不能满足经济发展的需要，另一方面，现有的资源利用效率不高，资源浪费严重。2009 年，我国每万元国民经济收入的能耗为 0.924 吨标准煤，比发达国家高出 3～11 倍。矿产资源开发总回收率只有 35％～40％，比发达国家平均低 20％左右。"高投入、低效率、高污染"的问题，在我国资源的开发和利用中仍然存在。

1.2.3 材料加工和使用过程中的资源消耗

尽管我国是一个材料生产和资源消耗大国，由于矿产资源管理、技术水平、装备等原因造成资源不合理的利用和开发，使资源效率一直较低，资源浪费严重，表 1-5 为我国几种主要原材料的单位 GDP 资源消耗率与世界平均水平的比较。由此可见，我国主要原材料如钢、铜、铝、铅、锌等单位 GDP 资源消耗率远高于世界平均水平。不合理的开采和浪费更加剧了资源的短缺。

表 1-5　我国几种主要原材料的单位 GDP 资源消耗率与世界平均水平的比较

材料	钢	铜	铝	铅	锌
单位 GDP 的资源消耗率	4.7	2.5	4.1	4.5	4.4
世界平均水平	1	1	1	1	1

（1）直接消耗

在材料的生产和使用过程中，资源消耗一般分为直接消耗和间接消耗两类。直接消耗是指将资源直接用于材料的生产和使用。表 1-6 给出了几种主要材料单位产量的资源消耗情况。显然，从资源效率来看，材料的生产和使用对环境造成很大的影响。甚至常用的原材料如煤、水泥的生产效率都低于 60％，即每生产

1t 原材料，要向环境排放 40%以上的废弃物，给环境带来难以承受的负担，远超出了环境的容纳、消耗能力。

表 1-6　几种主要材料单位产量的资源消耗情况

类别	煤	铁	钢	铝	水泥	防水涂料
资源消耗量 /（t/t）	1.9	7.9	12.1	15.5	1.7	1.27
资源效率	52.6	12.7	8.3	6.45	58.8	78.8

（2）间接消耗

材料的生产和使用对资源的间接消耗是指在材料的运输、贮存、包装、管理、流通、人工、环境迁移等环节造成的资源消耗。如材料的运输需要交通工具；贮存需要占地和建造仓库；材料产品需要包装材料；材料产品的流通需要相应的辅助设施等。

1.2.4　材料加工和使用过程中的能源消耗

材料产业的能源消耗也可分为直接消耗和间接消耗两类。我国高耗能材料有钢铁、铝、水泥、铜、铅等。其中，铝材生产主要采用电解法，用煤发电，再用电来生产铝。由于发电和送电效率的影响，造成铝材生产的能耗要比一般材料能耗高很多。2019 年，我国水泥产量已达 23.4 亿吨，占世界水泥总产量的 57.3%，位居世界第一。尽管生产一吨水泥的能耗只有 110kg 标准煤，且呈下降趋势，但整个水泥行业的能耗 2019 年已达 2.57 亿吨标准煤，较 2010 年增幅 19.7%，能耗之高也不容小视。不过，可喜的是，由于原材料行业的技术改造和产业结构调整力度加强，类似这些行业的平均综合能耗水平也在呈逐年显著下降的趋势。随着国家"碳达峰、碳中和"目标的实施、开展产业结构调整、推动节能减排和走新型工业化道路，我国的原材料工业必将逐步走上一条可持续发展的道路。

1.2.5　材料生产对环境的影响

材料的生产在大量消耗有限矿产资源的同时，也给人类赖以生存的生态环境带来严重的负担，排放出大量的废气、废水和废渣，污染着人类生存的环境。

在 20 世纪十大环境公害事件中（见表 1-7），直接与材料生产有关的环境污染事件占一半之多。如 1930 年比利时的马斯河谷烟雾事件、1948 年美国多诺拉镇的烟雾事件、1956 年日本熊本县的水俣病事件及 1972 年日本富士县的骨痛病事件都是由于炼钢、炼锌、有色金属加工，或金属表面处理等材料加工过程造成的。传统材料工业对于环境和人类健康的潜在威胁可见一斑。

表 1-7　20 世纪十大环境公害事件

时间/年	地点	事件	原因
1930	比利时,马斯河谷	烟雾	炼钢、炼锌排放的 SO_2 气体
1948	美国,多诺拉镇	烟雾	炼钢、炼锌排放的 SO_2 气体
1952	英国,伦敦	烟雾	工业排放的 SO_2 废气
1955	美国,洛杉矶	光化学雾	汽车尾气 HC、NO_x 污染
1956	日本,熊本县	水俣病	含汞废水
1961	日本,四日市	哮喘病	工业排放的 SO_2 废气
1968	日本	米糠油	多氯联苯污染的米糠油
1972	日本,富士县	骨痛病	含镉废水
1984	印度,帕博尔	农药泄漏	有机物
1986	苏联,切尔诺贝利	核泄漏	核污染

　　我国的钢铁、建材、化工等多种原材料产量位居世界第一,每年有超过 70 亿吨原材料进入经济循环,是一个名副其实的材料生产和消费大国。然而在材料生产和使用过程中,由于资金、技术、管理等原因,造成资源利用效率低下,工业废气、废水和固体废物的排放量急剧增加,加速了环境恶化和生态失衡。以原材料开采过程中产生的尾矿为例,2019 年重点工业企业尾矿产生量为 10.3 亿吨,尾矿产生量最大的两个行业是有色金属矿采选业和黑色金属矿采选业,其产生量分别为 4.6 亿吨和 4.4 亿吨。2019 年不同行业的尾矿产生量分布见图 1-3。

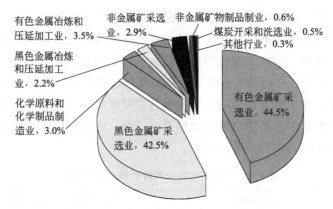

图 1-3　2019 年不同行业的尾矿产生量分布

（1）大气污染物

　　由于人类活动排放的污染物进入大气所产生的不利于动植物及设施的状况称为大气污染,混入大气的各种有害成分称为大气污染物。大气污染的危害主要是影响人类和动物的健康,使植物发生变质并枯萎;以及引起工业和生活设施老化和腐蚀破坏，影响使用年限。据统计，因大气污染引起的经济损失平均约占工业生产总值的 1.2%。在表 1-7 所列 20 世纪十大环境污染事故中，有 5 次是大气污染事故，1 次是因城市汽车尾气排放污染事故，4 次是因钢铁生产排放的含硫烟气造成的。这些数据表明，材料的生产和使用过程对大气污染有很大影响。

表 1-8 给出了大气污染物的形成和分类，可见大气污染物的形成可以分为自然源和人工源两类。自然源主要有火山爆发、森林火灾、土壤风化等，一般造成二氧化硫（SO_2）、一氧化碳（CO）以及沙尘等污染；人工污染源主要是由工业、交通运输及居民生活等方面活动造成的。交通运输行业排放的污染物主要是由汽车、飞机、铁路、海船等运输动力机械工作引起的，排放的主要污染物有碳氢化合物、CO、NO_x、有害化合物、铅（Pb）及油类等。其中飞机排放的大气污染物约占大气污染总量的 1%～2%，而海船仅占 0.05% 左右。居民生活主要由炊饮、取暖、垃圾等活动过程产生大气污染，形成的污染物有 CO、SO_2、NO_x、碳氢化合物（HC）、烟尘等。

表 1-8　大气污染物的形成和分类

污染源种类		原因	主要大气污染物
自然源		火山爆发、森林火灾、土壤风化	SO_2、CO、沙尘等
人工源	工业	电力、冶金、机械、建材、化工、轻工等	烟尘、SO_2、CO、NO_x、有害化合物等
	交通运输	汽车、飞机、铁路、海船	碳氢化合物、CO、NO_x、有害化合物、Pb、油类
	居民生活	炊饮、取暖、垃圾	CO、SO_2、NO_x、HC、烟尘

应该说，工业过程排放的废气是形成大气污染的主要缘由。人类历史上有几次较大的大气污染事故都是因为工业过程废气排放引起的，甚至直接是材料生产和加工过程引起的。一般工业过程排放的大气污染物有烟尘、SO_2、CO、NO_x、有害化合物等。表 1-9 列举了各类工业向大气排放的主要污染物。可见，冶金产业、建材产业、化工产业是形成大气污染的主要来源，其中化工行业的塑料、橡胶和化学纤维的生产也是原材料的直接生产行业。因此可以说，各种原材料及其加工业是工业大气污染的主要排放源。

表 1-9　各类工业向大气排放的主要污染物

工业门类	企业类别	排放的主要大气污染物
电力	火力发电厂	烟尘、二氧化硫、氮氧化物、一氧化碳、苯
冶金	钢铁厂	烟尘、二氧化硫、一氧化碳、氧化铁尘、氧化钙尘、锰尘
	有色冶炼厂	二氧化硫、含各种重金属的粉尘，如铅、锌、镉、铜等
	炼焦厂	烟尘、二氧化硫、一氧化碳、硫化氢、苯、酚、萘、烃类

工业门类	企业类别	排放的主要大气污染物
建材	水泥厂	水泥尘、烟尘等
机械	机械加工厂	烟尘
化工	石油化工厂	二氧化硫、硫化氢、氟化物、氮氧化物、氯化物、烃类
	氮肥厂	烟尘、氮氧化物、一氧化碳、氨、硫酸气、溶胶
	磷肥厂	烟尘、氟化物、硫酸气溶胶
	氯碱厂	氯气、氯化氢
	塑料厂	烟尘、硫化氢、烃类，以及各种有机挥发物
	化学纤维厂	烟尘、硫化氢、氨、二硫化碳、甲醇、丙酮、二氯甲苯
	合成橡胶厂	丁间二烯、苯乙烯、异己烯、异戊二烯、丙烯腈、二氯乙烷、乙烯、二氯乙醚、乙硫醇、氯代甲烷
	农药厂	砷、汞、氯、农药
	冰晶石厂	氟化氢
轻工	造纸厂	烟尘、硫醇、硫化氢
	仪表厂	汞、氰化物
	灯泡厂	烟尘、汞

材料在生产和使用过程中要消耗大量的能源。我国原材料行业的能耗约占工业总能耗40%，而各种化石能源消费过程中排放的大气污染也不容忽视。表1-10为各种化石燃料燃烧引起的大气污染物排放量。相对来说，天然气是最清洁的燃料之一，每立方米天然气燃烧后仅排放微量的一氧化碳、氮氧化物、二氧化硫以及烟尘等大气有害物。而燃烧1t煤要向大气中排放约33kg二氧化硫、9kg烟尘。中国的燃料结构主要以煤为主，这就是我国为什么大力推广清洁煤燃烧技术的主要原因。

表1-10 各种化石燃料燃烧引起的大气污染物排放量

化石燃料	CO	碳氢化合物	NO_x	SO_2	烟尘
煤/(kg/t)	22.7	0.45	3.62	33.4	9.0
石油/(kg/t)	0.24	—	8.57	37.8	1.2
天然气/(kg/t)	0.0000063		0.0018432	0.000063	0.000302

（2）水体污染物的形成与排放

由于人类活动排放的污染物进入水体造成的变质现象叫水污染，混入水的各种有害成分叫水体污染物。水污染给环境和人类带来的危害主要是影响人类以及动物的身体健康；造成水林植物变质；给渔业造成经济损失。尤其是重金属元素以可溶性离子状态溶解在水中，通过人体吸收，会造成人体严重病变。如金属镉离子污染会引起人体的骨痛病；而汞中毒可以使人中枢神经失灵，并造成永久性病变；铬、锑及其化合物具有致癌作用。

水体污染物的形成主要有两个来源。一是生活污水，一般来自居民住宅、医院、学校、商业等生活过程。二是工业废水，主要是由工业生产中一些有害物如重金属、有机物、酸碱盐、油、放射性废水等混入工业用水造成的。表 1-11 为一些水体污染物的主要来源，可见，许多有害物质是由材料的生产和应用过程中引入的。特别是一些重金属污染物，如汞、铅、铬、镉、铜、锌、镍、矾、砷、硒以及一些剧毒化合物，如氰化物、氟化物、硫化物等主要是在钢铁、有色、金属加工和表面处理过程中引入水体而造成水污染。

表 1-11　水体污染物的主要来源

污染物	主要来源
苯	橡胶、颜料
硝基苯	染料、炸药生产
酚	煤气制造、焦化炼油、塑料、染料、木材防腐
吡啶	焦化、煤气制造、制药
氰化物	煤气制造、焦化、炼油、有机玻璃制造、金属处理、电镀
氟化物	磷肥、炼铝、氟矿、烟气净化、玻璃生产、氟塑料生产
硫化物	炼油、造纸、染料、印染、制革、黏胶纤维生产
亚硫酸盐	纸浆生产、黏胶纤维生产
氨	煤气制造、焦化、氮肥
聚氯联苯	电器工业、合成橡胶、塑料
氨基化合物	染料厂、炸药厂
油	炼油厂(石油)、机械厂(机油)、选矿厂(煤油)、食品厂(油脂)
酸	矿山、电镀、金属酸洗
碱	造纸、化纤、制碱、印染、制革、电镀
汞	电解食盐、含汞农药、制汞化合物、用汞计量仪表、冶炼
铅	颜料、涂料、铅蓄电池、有色金属矿山与冶炼、印刷厂
铬	电镀、制革、颜料、催化剂、冶炼
镉	锌矿、炼锌、电镀
铜	有色金属矿山与冶炼、电镀、催化剂
锌	有色金属矿山与冶炼、电镀
镍	电镀、冶金
矾	催化剂、染料、冶炼
砷	含砷农药、焦化、磷肥、冶炼
硒	半导体材料、农药、冶炼

（3）固态污染物的形成与排放

在生产、生活及其他活动过程中产生的各种固态、半固态和高浓度液态废弃物统称为固体废物，因这些固体废物对环境造成的变质现象称为固体废物污染。相应地，这些可污染环境的固体废物称为固体污染物。表 1-12 为工业发达国家固体废物的产量统计。由此可见，欧洲的一些发达国家其工业废物排放量较小，而美国的矿业废物排放量相对较大。在英国、法国、德国和意大利等国，尽管其工业比较发达，但占其固体废物排放量最大的份额是农业废物，表明这些国家的工业废物和城市生活垃圾的处理和再利用水平较高。

表 1-12　工业发达国家固体废物的产量统计　　　　单位：$\times 10^6$ t

固体废物	英国	法国	荷兰	比利时	意大利	瑞典	芬兰	日本	德国	美国
城市垃圾	20.0	12.5	5.2	2.6	21.0	2.5	1.1	35.0	20.0	150.0
工业废物	45.0	16.0	2.0	1.0	19.0	2.0	—		13.0	60.0
污泥	—	8.0	1.0					125.0	7.0	
有害废物	5.0	2.0	1.0		—	—	0.4		3.0	57.0
炉灰	12.0								13.0	
矿业废物	60.0	42.0	—						80.0	1890.0
建筑废物	3.0	—	6.5				0.3	75.0	96.0	
农业废物	250.0	220.0	1.0		130.0	32.0	—	44.0	260.0	660.0

表 1-13 所示为 2014—2019 年间我国大中城市固体废物产生量。可见，工业固体废物的排放及其处理已成为我国环境治理的一项重要任务。而在工业固体废物中，平均约 70% 是由材料工业生产和排放的。抓好材料行业的固体废物污染治理，特别是废物的再利用和再资源化，对防治我国固体废物污染具有重要的意义。

表 1-13　我国大中城市固体废物产生量（2014—2019 年）

项目	2014 年	2015 年	2016 年	2017 年	2018 年	2019 年
一般工业固体废物/亿吨	19.2	19.1	14.8	13.1	15.5	13.8
工业危险废物/万吨	2436.7	2801.8	3344.6	4010.1	4643.0	4498.9
医疗废物/万吨	62.2	68.9	72.1	78.1	81.7	84.3
生活垃圾/万吨	16816.1	18564.0	18850.5	20194.4	21147.3	23560.2

表 1-14 为在材料生产过程中各种工业窑炉粉尘排放统计数据。可见，无论是钢铁、有色金属生产，还是建材、水泥等化工生产的各种过程中都排放大量的粉尘烟雾，其直径大都在微米级，污染环境，危害人体健康。

固体污染物的主要危害形式有侵占土地、污染土壤、污染水体、污染大气、影响环境卫生等。我国固体废弃物每年的排放量已超过 6 亿吨。固体废物的堆存占地面积已超过 100 万亩（1 亩＝666.6m²），其中农田 25 万亩。这些固体废物被雨雪淋湿，浸出大量毒物和有害物，使土地毒化、酸化、碱化，污染面积往往超过所占土地数倍。混入土壤中的各种有害成分还会导致水体污染。

表 1-14 各种工业窑炉粉尘排放统计数据

工艺过程	粉尘类别	粉尘粒径/μm	粉尘含量/(g/m³)
水泥烧结窑	水泥尘	2～4	10～50
石灰窑	石灰尘	0.5～20	21
锌矿焙烧窑	氧化锌矾飘尘	0.1～10	1～8
炼铁高炉	矿粉、焦粉	0.1～10	7～55
镍铁熔矿炉	硅粉	0.02～0.5	2～10
熔铅炉	铅尘	0.08～10	2～6
炼钢平炉	氧化铁	—	2～14
废铁炼钢平炉	氧化铁、氧化锌	—	1～34
黄铁矿焙烧炉	矿尘	—	1～40
铝矾土煅烧炉	半烧铅粉尘	—	25～30
煤粉锅炉	飘尘	—	8～30
炭黑工厂	炭尘	1～30	0.5～2.5
煤干馏炉	煤焦油	1～10	5～40
硫酸厂	硫酸雾	5～85	0.6～0.8

在材料生产中排放的固体废物，对大气造成的污染不容忽视。如尾矿和粉煤灰在 4 级以上风力作用下，可飞扬 40～50m，使其周围灰沙弥漫。长期堆放的煤矸石因硫含量高可引发自燃，向大气中散发大量的二氧化硫气体。

在固体废物的危害中，最为严重的是危险废物的污染。易燃、易爆、腐蚀性、剧毒性和放射性固体废物既易造成即时性危害，又易产生持续性的危害。如我国在有色金属冶炼过程中，每年从固体废物中约流失上千吨砷、上百吨镉、几十吨汞，其危害无法估计。

固体污染物的来源可分为工业、矿业、城市和放射性废弃物等。工业废物主要有冶金钢渣、煤灰、硫铁矿渣、碱渣、含油污泥、木屑以及各种机械加工产生的固体边角料等。矿业废物主要来自采、选矿过程中废弃的尾矿。城市固体废物主要有生活垃圾、城建渣土以及商业固体废物等。放射性废物主要有核电站运行排放的废弃核燃料及旧的核电设备等。

1.2.6 其他环境污染问题

（1）全球温室效应

全球温室效应（global warming potential，GWP）是指大气层中一些气体吸收了地球表面的红外线能量并将其反射回地球表面，引起地球表面温度上升的现象。

大气层中的许多气体，如二氧化碳、一氧化碳、二氧化硫、氮氧化物以及一些化合物气体（如甲烷、四氟化碳等）都可以吸收由地球表面反射出去的红外线能量，并将其反射回地球表面。其中，对温室效应贡献额最大的当数二氧化碳。第一是其在大气层中含量最高；第二是由于人类的能源消费活动，许多化石能源完全燃烧后的产物主要是二氧化碳；第三是人类及动物的呼吸排出物主要也是二氧化碳。因此，大气层中二氧化碳累积量越来越大，所捕获的能量越来越多，从而引起全球表面的温度上升。这就是为什么通常将二氧化碳排放量作为温室效应控制指标的主要原因。

由前面介绍可知，在材料生产过程中，需要消耗大量的能源。例如，我国材料产业的平均能耗约占工业总能耗的40%。由此，因材料的制造和使用引起的温室效应也是不可忽视的。在考虑材料对环境的影响时，温室效应是一项必不可少的指标。水泥行业是建材行业中的"碳排放大户"，也是全球二氧化碳排放的主要"贡献者"之一。以我国水泥行业为例，水泥行业碳排放主要源于燃料燃烧排放和原材料碳酸盐分解产生的二氧化碳排放。2020年，我国水泥行业碳排放达到13.75亿吨，占全国碳排放总量约13.5%。

表1-15为一次能源的含碳量及其消费过程中气体排放数据统计。可见，煤和重油在使用过程二氧化碳、氮氧化物以及硫化物的排放量都较高。我国是一个以煤为主要能源消费形式的国家，控制因使用煤而引起的大气污染和温室效应是一项艰巨的任务。相对而言，天然气是一次能源中最清洁的能源。

表 1-15　一次能源的含碳量及消费过程中气体排放数据统计

能源	含碳量/%	CO_2 排放量 /(g/kg)	NO_x 排放量 /(g/kg)	SO_2 排放量 /(g/kg)
煤	约70	772	10.26	14.74
重油	约85	782	6.86	31.85
清油	约90	679	3.86	6.34
天然气	约75	650	0.89	0.75

一般用温室效应指数（greenhouse ability index，GAI）来评价某一气体的温室效应影响。表1-16给出了某些气体的温室效应指数。通常将二氧化碳的温

室效应指标设为1，其他气体的温室效应指数主要根据其分子内部的振动和转动能级水平、易于吸收红外光谱的程度及其在大气中的寿命等因素计算而定。由表1-16可见，一氧化碳在大气中的寿命较短，除非其排放量很大，一般情况下它们的温室效应影响可忽略。氮氧化物尽管寿命很短，但其温室效应指数较高，在局部浓郁情况下，可能会造成较大的温室效应影响。

表 1-16　某些气体的 GAI 及寿命值　　　　　单位：g CO_2/kg

项目	CO_2	CO	NO_x	SO_2	CH_4	CF_4	C_2F_6
GAI	1	2	40	30	11	4500	6200
寿命	120 年	<1 月	<1 天	约 5 年	约 10 年	约 500 年	约 500 年

通常可用式(1-1)来计算某种物质消耗过程中带来的全球温室效应影响，最后是以每千克产生多少克标准二氧化碳气体量来评价其温室效应影响。

$$GWP = \sum (M_i \times GAI_i) \tag{1-1}$$

式中　GWP——全球温室效应，g CO_2；

　　　M_i——第 i 种物质所消耗的量，kg；

　　　GAI_i——该物质的温室效应指数，g CO_2/kg。

（2）区域毒性危害

区域毒性水平（local toxic level，LTL）也是材料生产和使用过程中对环境影响的一项重要指标。一般情况下，区域毒性水平是指某种有毒物质排放和泄漏后对该地区的生物产生的毒害影响。

通常可用式(1-2)来计算某种污染物的区域毒性水平：

$$LTL = W_i / C_i \tag{1-2}$$

式中　LTL——区域毒性水平；

　　　W_i——某污染物的实际排放水平，mg/L；

　　　C_i——该污染物的允许排放标准，mg/L；

表1-17给出了某些毒性化合物对人体的有害阈剂量。实际计算某一污染物的区域毒性水平时，可根据有关的环境保护排放标准来设定 C_i 值，而该污染物的排放水平 W_i 值一般要通过实际测量而得出。

表 1-17　某些毒性化合物对人体的有害阈剂量　　　　　单位：mg/L

气体		液体		固体	
污染物	阈浓度	污染物	阈浓度	污染物	阈浓度
丙烯醛	0.3	Hg	0.3	Mo	4
甲醛	5.0	甲基汞	0.2	B	30

气体		液体		固体	
污染物	阈浓度	污染物	阈浓度	污染物	阈浓度
Cl_2	40	Pd	3.0	I	30
总悬浮颗粒（TSP）	0.00015	Cd	0.4	Se	1
NO_2	0.5	HCN	0.9	Pb	76
SO_2	1.0	NH_4^+	35	F	500
CO	50	Sb	1.55	Sr	600
HF	0.0001	Cr	0.0003	Co	30
O_3	0.15	Cu	100	Cu	60
苯并芘(Bap)	0.0000015	Be	0.00001	Mn	3000
H_2S	20	HF	0.1	Zn	70

如前所述，由于材料的生产和制造要排放大量的固体废物，在雨雪的浸出作用下许多有害物将渗入地下，极易造成区域性毒害。表 1-18 为工业固体废物中无机元素及化合物浸出毒性鉴别标准值，表中所列的有害废物几乎都是在材料的生产和使用过程，特别是在有色金属和黑色金属的冶炼和加工过程中产生并排放进入环境的。

表 1-18　工业固体废物中无机元素及化合物浸出毒性鉴别标准值

单位：mg/L

项目	允许浸出浓度	项目	允许浸出浓度
汞（按总汞计）	0.1	铜（按总铜计）	100
镉（按总镉计）	1	锌（按总锌计）	100
砷（按总砷计）	5	镍（按总镍计）	5
铬（六价）	5	铍（按总铍计）	0.02
铅（按总铅计）	5	无机氟化物（不包括氟化钙）	100

（3）臭氧层破坏

氯氟烃化合物（chlorofluorocarbons，CFCs）是广泛应用于制冷、空调、电子清洗和化妆品等产品中的一类化工材料。经使用后释放的 CFCs 最终会上升到空气中的平流层，在阳光中的紫外线照射下分解产生氯原子。这些氯原子与臭氧层中的臭氧发生链式反应，一个氯原子可连续消耗 10 万个臭氧分子，严重破坏大气臭氧层，造成大气层中的臭氧空洞。

由于臭氧层破坏，来自太阳的紫外线过量照射到地球，给人类、动物、植物造成很大的危害。例如，降低人体免疫力，使某些传染病如疱疹、疟疾等发病率增加，损伤眼睛、引起白内障，并使皮肤癌发病率增加。据估计，由于臭氧层破坏，诱发眼疾白内障，导致全世界每年将新增 3 万失明的人。

为有效保护臭氧层，研究 CFCs 类臭氧消耗物质对大气环境的影响，在材料生产和使用过程中减少消耗臭氧层类物质的消耗，开发、生产理想的制冷剂以替代 CFCs 等破坏臭氧层的物质已是材料科学工作者面临的迫切任务。

（4）电磁波污染

由于信息技术的发展，电磁波对人类生存环境的污染也越来越受到重视。所谓电磁波污染主要是指由电磁波引起的对人体健康的不良影响，不包括电磁波对电子线路、电子设备的干扰。常见的电磁波污染源有计算机设备、微波炉、电视机、移动通信设备等。这些电子器件透过机壳和屏幕向空间发射电磁波，从而污染环境。

据报道，波长在 300MHz～300GHz 的微波辐射以及低频磁场对人体的电磁辐射影响最大。我国在 2015 年开始实施新的《电磁环境控制限值》标准（GB 8702—2014），新标准规定：波长在 300MHz～300GHz 范围内，安全区的电磁辐射限值应小于 $0.4～2.0W/m^2$（电磁波频率增加，安全限值也增加）。减小电磁波辐射污染的措施一方面是在电路设计时尽量减少辐射量，另一方面是开发有效的屏蔽技术，特别是屏蔽材料的加工制备。

（5）噪声污染

科学技术的高速发展，在给人们带来丰富的物质和文化生活的同时，也给人类带来了噪声的污染，引起了各国政府和有关部门对噪声防治的普遍关注。

环境噪声的来源主要有由机械振动、摩擦、撞击和气流扰动而产生的工业噪声，由汽车、火车、飞机、拖拉机、摩托车等行驶过程中产生的交通噪声，以及由街道或建筑物内部各种生活设施、人群活动产生的生活噪声等。

在工业噪声中，材料的生产和使用所产生的噪声占主要份额。如金属材料的生产和加工，无机材料如水泥、陶瓷材料的粉碎和研磨等，都产生大量的噪声，影响环境和居民的日常生活。

（6）放射性污染

放射性污染主要是指在生产和使用具有放射性物质的过程中由于辐射作用对环境造成的不良影响。放射性污染多与核能使用以及核科学试验有关，如核材料的生产与加工、核设备的制造与使用、核电站运行过程中的核废料排放、废旧核设备的替换与放置等。因此，放射性污染主要是核能和核材料加工和使用过程造成的。

除了突发性的放射性物质泄漏引起的放射性污染外，一般情况下，放射性污

 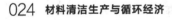

染的区域性较强，多与核电站和核科学研究地区有关。由于放射性污染的危害性较大，又与核材料或核燃料的加工和使用密不可分，在材料对环境的影响研究中，放射性污染的影响不可忽略。

（7）光污染

除了以上提到的各种环境影响外，光污染问题近年来也提到议事日程上来。特别是城市建筑中玻璃幕墙、大型建筑的外墙贴装饰性瓷砖，以及金属表面装饰性镀层的发射光污染问题，影响居民的日常生活，并往往诱发交通事故。使得材料科学工作者在考虑材料的环境影响时，不得不分析因使用材料造成的光污染问题。

以上分析探讨了从材料生产和使用过程中对环境造成的各种影响，包括能源和资源的消耗，排放的废水、废气和固态废弃物，以及其他的环境影响，如全球温室效应、区域毒性危害、臭氧层破坏、电磁波污染、噪声污染、放射性污染和光污染等。分析这些环境影响因素主要是为了具体了解材料的制造和消费对环境有哪些有害作用，从何处入手来定量分析材料对环境的影响水平，以及如何采取有效的措施来减少材料对环境的有害影响。

1.3 材料可持续发展的思考

1.3.1 材料与环境的辩证关系

（1）材料对社会发展的促进作用

人类改造物质世界，当技术或技术体系发生质的变革时，就称为技术革命。现代新技术革命是由众多新技术所引起的改造物质世界的革命。支撑人类生存大厦的主要有材料科学技术、生物科学技术、能源科学技术、信息科学技术，这些技术支撑着上到航天技术、下到海洋技术，而这些技术无一不是以材料为基础的。材料是人类社会所能接受且经济的制造器件的物质。

材料是物质文明的基础和支柱，材料在社会发展中具有显赫的地位，材料是社会发展的标志，历史学家曾用"材料"来划分时代。例如，石器时代、陶器时代、铜器时代等。材料的概念最早出现在石器时代，那时以天然的石、木、皮等材料做器件；后来陆续出现了陶器；随着冶炼技术的发展，人们又进入了铜器时代。现代科学技术的发展更是离不开材料。人类社会各个历史阶段的划分都是以材料的名称来命名的，这些事实都充分地表明了材料的发展推动了人类社会历史的进步。

（2）从唯物辩证角度探讨材料与环境的关系

不同的社会发展时期，人类活动对环境的影响不同。原始社会，人类活动对环境的影响很小；农业社会，人类的生产活动对环境造成了一定的破坏；工业社会，人类开发、利用自然资源程度和范围的扩展，给资源和环境带来了带来巨大的压力，生活排污量剧增，生产规模不断扩大，人类生活的环境越来越恶劣。目前，人类所面临的新的全球性和广域性环境问题主要有三大类：一是全球性广域性的环境污染，主要是产生了温室效应、大气臭氧层破坏，以及 NO_x 与 SO_x 等有害气体、垃圾（固体废物）、水污染等社会公害；二是大面积的生态破坏；三是突发性的严重污染事件。目前，发达国家的环境问题主要是环境污染，发展中国家的环境问题主要是环境生态破坏。而在我国，则同时存在着环境破坏和环境污染这两类环境问题，并且已经十分严重，近期突发性污染事件大量发生。

环境污染和破坏给人类所造成的经济损失是极其惊人的，这主要是由经济因素和人文社会因素双重作用造成的。首先，经济发展引起环境问题恶化，同时经济利益与环境保护产生了矛盾；其次，我国人口众多，环境的资源压力大，环境问题与人口有着密切的互为因果的联系；其三，公众环境保护意识普遍较差；其四，环境问题与贫困等其他的社会问题交叉在一起，又有形成恶性循环的趋势。

经济的发展、环境的改善是社会文明进步的重要标志。但是，在发展经济与环境保护之间却存在着既互相制约又互相促进的对立统一的辩证关系。发展经济要开发资源，发展材料工业就要排放各种废弃物，对环境造成各种各样的污染。而环境的恶化，在危害人类健康的同时，也会阻碍经济的发展。经济的高度发展，又为保护和改善环境提供了物质基础。环境的保护和改善既是保护了资源，又是保护了生产力。所以，环境的保护和改善又可以促进经济的发展，反过来作用于经济。

环境污染、生态失调、能源危机、资源短缺等问题使人类不得不重新权衡在征服自然过程中的得与失，不得不重新协调人和自然的平衡，从而达到人与自然协调发展的最佳状态。要达到这个目的，可采用三种方法：一是采用"封闭生产循环"，即实现"生产—使用—回收—资源化"循环系统；二是废弃物再资源化，辩证法思想揭示废弃物与资源本来就无绝对的界限，二者在一定的条件下可以实现转化；三是寻求生态对策的出路，生态对策的立足点是建立在人与自然对立统一关系的基础上，建立在人与自然共存共荣的基础上，建立在人与自然协调发展的基础上，是充分运用现代科学技术成果，并以对现代科学技术运用的哲理思考为指导思想的产物。

从历史唯物主义角度来看，环境与材料处在敌对与友好的协调中不断地发展。一种材料如果能够满足资源、能源、经济、环保和质量这五个判据，它就能生存下来，否则就有被淘汰的可能。资源、能源、经济、环保等有利因素将促使新材料、新工艺代替旧材料、旧工艺。20 世纪 90 年代初，国际上形成了一股研究环境友好材料（或生态环境材料）的热潮，环境友好材料的研究无论是从理论上或实际上都取得了长足的进步，材料应该首先环境友好化已成为人们的共识，现已成为支撑 21 世纪高度文明的物质基础。

1.3.2 理解材料与环境协调发展的方法

为了能正确地理解材料与环境协调发展的关系，试提出以下问题。通过对这些问题的思考，将有助于对后续章节内容的学习和应用。

① 开发高性价比的材料，实现材料的长寿命化，试综述实现材料长寿命化的技术途径并从自身科研的角度具体举例。

② 任何材料都有废弃的一天，回收利用是减缓环境压力的必备手段，材料的回收设计是材料及产品的生态设计的重要组成部分，试从生态设计的角度来规范回收及回收利用技术的研发。

③ 节约能源、使用清洁能源是研发新材料必须遵循的另一重要原则，也是清洁生产的重要组成部分。围绕着新材料的研发，论述清洁能源、节约能源相关技术的发展动态。

④ 材料在完成使命后，其首选目标是回收重复使用；但在某些情况下，材料废弃后进入垃圾系统，材料必须适应垃圾的综合利用与治理方式，以上述观点为依据，试设计可环境消纳材料的配方。

⑤ 建筑材料对环境的影响在材料工业中属首位，试预测建筑材料的发展方向，如要承担一个建材的科研项目，将从何处着手开展研究。

⑥ 材料在促进人类文明发展和社会进步的同时，也对人类社会有一定的负面影响，反思一下科研人员在这进程中所扮演的角色，在今后的学习和工作中怎样体现个人贡献，减少对社会的负面影响。

⑦ 以环境伦理学、生态工业学、清洁生产和循环经济等学科为基础，以生态设计理念为核心，实现材料的环境友好化和高质化。结合个人专业背景，考虑如何协调材料的环境友好化和高质化的关系。

⑧ 结合学科特点，分别从哲学、文学、历史、法律、社会、经济、管理、工程等方面论述实现材料与环境协调发展的必要性、可行性和紧迫性。

参考文献

[1] 赵芸芬. 全球粗钢生产消费回顾及展望 [N]. 世界金属导报，2021-01-19，A07 版.

[2] 薛惠锋. 全球视野下的中国资源环境问题 [J]. 环境经济，2008，(4)：40-44.

[3] 靳惠怡，韩玥，李媛. 碳达峰、碳中和-大国雄心，建材行业须担当 [J]. 中国建材，2021，(2)：26-33.

[4] 翁端，冉锐，王蕾. 环境材料学. 第 2 版 [M]. 北京：清华大学出版社，2011.

［5］　福建师范大学环境材料开发研究所．环境友好材料 ［M］．北京：科学出版社，2019．

［6］　中国科学院先进材料领域战略研究组．中国至 2050 年先进材料科技发展路线图 ［M］．北京：科学
出版社，2009．

［7］　毛卫民．材料与人类社会：材料科学与工程入门 ［M］．北京：高等教育出版社，2014．

［8］　曲向荣．清洁生产与循环经济．第 2 版 ［M］．北京：清华大学出版社，2014．

［9］　bp Statistical Review of World Energy 2020，https：//www.bp.com/en/global/corporate/energy-economics/sta-
tistical-review-of-world-energy.html.

［10］　Uranium 2020 Resources，Production and Demand. https：//www.world-nuclear.org/information-
library/nuclear-fuel-cycle/uranium-resources/supply-of-uranium.aspx.

［11］　王衍行．特种玻璃-国家材料发展水平的重要标志之一 ［J］．中国建材，2015，（4）：98-103.

第2章
材料的环境影响评价技术

本章介绍材料与环境及环境影响的概念，以及材料生产、加工、使用和废弃过程中常见的环境指标及其表达方法，详细阐述定量评价材料对环境负担的生命周期评价方法（life cycle assessment，LCA），简介材料的环境影响数据库及其发展趋势。

2.1 材料的环境影响评价

2.1.1 材料与环境

人类的一切活动都会对自身生活的环境产生一定的影响。环境有一定的能力来应对这一问题，以便在不造成持久损害的情况下吸收一定程度的影响。但很明显，目前人类活动越来越频繁地超过这一门槛，降低了人们现在生活的质量，并威胁到子孙后代的福祉。这种影响至少有一部分来自产品的制造、使用和处置，产品无一例外都是由材料制成的。

现在，美国的材料消耗超过每人每年 10t。全球平均消费水平仅为这一水平的八分之一，但增长速度却是这个水平的两倍。材料（以及制造和塑造它们所需的能量）来自自然资源。地球的资源不是无限的，但人们似乎总认为它们是无限的：整个 18 世纪、19 世纪和 20 世纪初，制造业对它们的需求量似乎微乎其微，新发现的速度总是超过消费的速度。

这种看法现在已经改变了。我们可能正在接近某些基本极限的认识似乎以惊人的突然性浮出水面，但资源不可能永远持续下去的警告并不新鲜。托马斯·马尔萨斯（Thomas Malthus）在 1798 年的著作中预见到了人口增长和资源枯竭之间的联系，悲观地预言"人口的力量比地球的力量更能为人类提供生存的能力，因此早逝必将以某种形式或其他形式降临到人类身上。"这份报告引起了人们的惊愕和批评，主要理由是模型过于简化，不考虑科技进步。但在过去的十年里，对这一广泛问题的思考再次被唤醒。人们越来越接受另一份杰出报告的说法：

即"……发达社会的许多方面正在接近饱和，从某种意义上说，如果不达到基本极限，事物就无法持续增长更长时间。这并不意味着经济增长将在未来十年停止，但可以预见，在许多人的有生之年，经济增长率将会下降。……对于300年的增长来说，这是一个全新的东西，需要进行相当大的调整……"

这些担忧的原因很复杂，但有一个突出的原因是人口增长。同时，全球资源消耗与人口和人均消费成正比。发达国家的人均消费正在稳定，但正如前面所说，新兴经济体的人均消费增长更快。中国和印度的人口分布占到了总量的37%，而正是这两个国家的物质消费增长最为迅速。因此，考虑到所有这些，以及随着环境特权变得越来越紧迫，探索材料在设计中的使用方式和评价方式，可能会发生什么变化是有意义的。

2.1.2 环境影响

人类经济社会活动对生态系统及其生物因子、非生物因子所产生的任何有害或有益的作用，其影响可划分为不利影响和有利影响，直接影响、间接影响和累积影响，可逆影响和不可逆影响。

① 直接影响　经济社会活动所导致的不可避免的、与该活动同时同地发生的生态影响。

② 间接影响　经济社会活动及其直接生态影响所诱发的、与该活动不在同一地点或不在同一时间发生的生态影响。

③ 累积影响　经济社会活动各个组成部分之间或者该活动与其他相关活动（包括过去、现在、未来）之间造成环境影响的相互叠加。

2.1.3 常见的环境指标及其表达方法

在对材料进行环境影响评价之前，有必要确定用哪个指标来衡量材料的环境负荷。对于衡量材料环境影响的量化指标，提出的表达方法包括能耗、环境影响因子、环境负荷单位、单位服务的材料消耗、生态指数、生态因子等，下面对这些表达方法进行简要介绍。

（1）能耗

早在20世纪90年代初，欧洲的一些旅行社为了推行绿色旅游和照顾环境保护人士的度假需求，曾用能耗来表达旅游过程对环境的影响。例如，对某条旅游线路，坐飞机的能耗是多少，坐火车的能耗是多少，自驾车的能耗是多少。这是最早的采用能量消耗的多少来表示某种过程对环境的影响的方式。

在材料的生产和使用过程中，也常用能耗这项单一指标来表达其对环境的影响。表2-1是一些典型材料生产过程的能耗比较，可见水泥的环境影响要比钢和铝材的环境影响大。由于仅采用一项指标难以综合表达对环境的复杂影响，因此在全面的环境影响评价中，能耗表示法现已基本淘汰。

表 2-1　一些典型材料生产过程的能耗比较　　　　　　　单位：MJ/t

材料	钢	铝	水泥
能耗	31.8	36.7	142.4

（2）环境影响因子

某些学者曾用环境影响因子（environmental affect factor，EAF）来表达材料对环境的影响：

$$EAF=[资源、能源、污染物排放、生物影响、区域性]　　　　　　（2-1）$$

式中　EAF——环境影响因子。

相对于能耗表示法，环境影响因子考虑了资源、能源、污染物排放、生物影响及区域性的环境影响等因素，把材料的生产和使用过程中原料和能源的投入以及废物的产出都考虑进去了，比能耗指标更为全面、综合。

（3）环境负荷单位

除环境影响因子外，一些研究单位和学者提出了用环境负荷单位（environmental load unit，ELU）来表示材料对环境的影响。所谓环境负荷单位也是用一个综合的指标，包括能源、资源、环境污染等因素来评价某一产品、过程或事件对环境的影响。这个工作主要是由瑞典环境研究所提出并完成的，现在在欧美一些国家较为流行。表 2-2 是一些元素和材料的环境负荷单位比较。可见，一些贵金属元素的环境负荷单位特别大，与实际情况基本一致。

表 2-2　一些元素和材料的环境负荷单位比较

元素和材料	ELU/kg	元素和材料	ELU/kg
铁	0.38	锡	4200
锰	21.0	钴	12300
铬	22.1	铂	42000000
钒	42	铑	42000000
铅	363	石油	0.168
镍	700	煤	0.1
钼	4200		

（4）单位服务的材料消耗

1994 年，德国渥泊塔研究所的施密特（Schmidt）教授提出了一种材料对环境的影响指标表达方法，被称为单位服务的材料消耗（materials intensity per unit of service，MIPS），简称 MIPS 方法。其意是指在某一单位过程中的材料消耗量，这一单位过程可以是生产过程，也可以是消费过程。详细介绍可参见施密特教授的《人类需要多大的世界》一书。

（5）生态指数

除上述表示材料的环境影响指标外，国外还有一种生态指数表示法（Eco-Points）。即对某一过程或产品，根据其污染物的产生量及其他环境作用大小，综合计算出该产品或过程的生态指数，判断其环境影响程度。例如，根据计算，玻璃的生态指数为 148，而在同样条件下，聚乙烯的生态指数为 220，由此即认为玻璃的环境影响比聚乙烯要小。由于同环境负荷单位、环境影响因子相同，都是无量纲的量，计算新产品或新工艺的环境影响的生态指数是一个很复杂的过程，故目前这些表达法都还不是很通用。

（6）生态因子

以上环境影响的表达指标都只是计算了材料和产品对环境的影响，在这些影响中并未将其使用性能考虑进去。由此有些学者综合考虑材料的使用性能和环境性能，提出了材料的生态因子表示法（Eco-indicators，ECOI）。其主要思路是考虑两部分内容，一部分是材料的环境影响，包括资源、能源的消耗，以及排放的废水、废气、废渣等污染物，加上其他环境影响如温室效应、区域毒性水平，甚至噪声等因素。另一部分是考虑材料的使用或服务性能，如强度、韧性、热膨胀系数、电导率、电极电位等力学、物理和化学性能。对某一材料或产品，用式（2-2）来表示其生态因子：

$$ECOI = EI/SP \qquad (2\text{-}2)$$

式中：ECOI 为该材料的生态因子；EI 为环境影响；SP 为使用性能。

因此，在考虑材料的环境影响时，基本上扣除了其使用性能的影响，在较为客观的基础上进行材料的环境性能比较。

2.2 生命周期评价

早期采用单因素法评价材料的环境影响。例如，测量材料生产过程中的废气排放量，以评估材料的空气污染影响；通过对污水排放量的测定，评价其对水污染的影响；通过对废渣排放量的测定，评价其对固体废物污染的影响。后来，科学家们发现，这样的单一因素评价不能反映其对环境的综合影响，如全球温室效应、能源消耗、资源效率等。而且，这么多单一的指标相比，实在太麻烦了，甚至有些指标不能并行比较。

20 世纪 90 年代初，环境保护专家们提出了生命周期评价（life cycle assessment，LCA）的综合方法。LCA 方法已基本被科学工作者所接受，并已成为国

 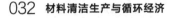

际普遍认同的物质环境影响评价方法，已被 ISO 14000 国际环境管理体系认证标准化，纳入 ISO14000 环境管理系列标准之中。

2.2.1 生命周期评价的历史和发展

消费品对环境影响的研究可以追溯到 20 世纪 60 年代和 70 年代。尤其是在比较的背景下（"产品 A 比产品 B 好吗？"），它引发了长期的，有时甚至是激烈的争论。这是可以理解的，因为替代产品通常有许多显著的特点，它们构成了产品的核心经济。

同时，人们已经认识到，对于许多这类产品来说，很大一部分环境影响不是在产品的使用上，而是在产品的生产、运输或处置上。因此，解决一种产品或几种替代产品的生命周期问题的重要性逐渐成为 20 世纪 80 年代和 90 年代的一个问题。由此产生了 LCA 的思想。下面简要介绍生命周期评价的三个发展阶段（1970—1990 年、1990—2000 年和 2001 年至今），总结过去数十年到现在的历史及未来的发展。

（1）阶段 1：1970—1990 年

最早认为，生命周期评价的研究始于 20 世纪 60 年代末和 70 年代初。最初的研究范围局限于能源分析，但后来扩大到包括资源需求、排放负荷和产生的废物。这一时期的生命周期评价研究主要集中在包装替代品上。从 20 世纪 80 年代初开始，人们对生命周期评价的兴趣迅速增长。也正是在这一时期，首次引入了影响评估方法，将空气和水传播的排放物按这些排放物的半政治标准划分，并将它们分别汇总为所谓的空气"临界体积"和水"临界体积"。

1970—1990 年是生命周期评价的前几十年，其方法、术语和结果各不相同，缺乏生命周期评价的国际科学讨论和交流平台。在 20 世纪 70 年代和 80 年代，生命周期评价采用了不同的方法，没有一个共同的理论框架。生命周期评价被很多公司反复应用以证实市场主张。即使研究对象相同，所获得的结果也有很大差异，这使得生命周期评价无法成为一种更为普遍接受和应用的分析工具。

（2）阶段 2：1990—2000 年

20 世纪 90 年代，世界范围内的科学和协调活动显著增加，这反映在国际环境毒理学和化学学会（SETAC）的研讨会和其他论坛，在这十年中，已经组织编写和出版一定数量的生命周期评价指南和手册。继 SETAC 之后，国际标准化组织（ISO）自 1994 年开始参与 LCA。尽管 SETAC 工作组侧重于方法的开发和协调，ISO 正式采用了方法和程序标准化的任务。此外，第一批科学论文也开始出现在《清洁生产杂志》《资源、保护与回收》《国际生命周期评价杂志》《环境科学与技术》《工业生态学杂志》和其他期刊上。

在此期间，生命周期评价也成为政策性文件和立法的一部分。目前仍在使用的几种著名的生命周期影响评估方法是从这一时期发展起来的。例如，CML (Center of Environmental Science of Leiden University)❶ 1992 环境主题方法、终点或损害方法，以及目前广泛接受的评估潜在人类和生态毒性排放的多媒体方法。尽管这十年主要是一个趋同，但它也是一个科学审查、研究生命周期评价基础、探索与现有学科联系的十年。例如，关于间接生命周期评价和相关分配方法的萌芽想法和其他的复杂度标志着向生命周期评价的当前十年的过渡。可以说，这是一个细化，但在方法上又是分歧的十年。

（3）阶段 3：2001 年至今

21 世纪的头十年，生命周期评价越来越受到重视。2002 年，联合国环境规划署，简称"环境署"（UNEP）和国际环境毒理学和化学学会发起了一个国际生命周期伙伴关系，称为生命周期倡议。生命周期倡议的主要目标是将生命周期思想付诸实践，并通过更好的数据和指标改进支持工具。生命周期思维在欧洲政策中的重要性也在继续增长。

欧洲生命周期评价平台成立于 2005 年，其任务是促进有质量保证的生命周期数据、方法和研究的提供、交换和使用，以便在（欧盟）公共政策和商业领域提供可靠的决策支持。在美国，美国环境保护署（U. S. Environmental Protection Agency）开始推广生命周期评价的使用，同时环境政策在全世界范围内越来越以生命周期为基础。例如，已经或正在制定一些基于生命周期的碳足迹标准。可以说，2000—2010 年是精心设计的十年。虽然对生命周期评价的需求增加，但本期间的特点是方法上再次出现分歧。由于国际标准化组织从未对生命周期评价方法进行过详细的标准化，而且在如何解释一些国际标准化组织要求方面也没有达成共识，因此在系统边界和分配方法、动态生命周期评价、空间差异生命周期评价等方面已经形成了不同的方法，生命周期成本（LCC）和社会生命周期评价（SLCA）方法已经被提出和/或发展。

（4）阶段 4：未来——生命周期可持续性分析

生命周期评价的许多最新进展是为了拓宽和深化传统的环境生命周期评价，使之成为更全面的生命周期可持续性分析（LCSA）。最近，有人建议建立一个 LCSA 框架，将生命周期可持续性问题与解决这些问题所需的知识联系起来。该框架将当前生命周期评价的范围从主要的环境影响扩大到涵盖可持续性的所有三个方面（人、地球和繁荣）。它还将范围从主要与产品有关的问题（产品层面）扩大到与部门（部门层面）甚至整个经济层面（经济层面）有关的问题。此外，

---

❶ 详见：https：//www. universiteitleiden. nl/en/science/environmental-sciences。

它还深化了当前的生命周期评价，使之不仅包括技术关系，还包括物理关系（包括可用资源和土地的限制）、经济和行为关系等。

与 LCA 不同，LCSA 是一个跨学科的模型集成框架，而不是模型本身。因此，针对不同类型的生命周期可持续性问题，构建、选择并使大量的模型切实可用是主要的挑战。虽然这完全符合 ISO 的条款"没有单一的方法进行生命周期评价"，但这是迄今为止生命周期评价实践的一个重大偏差。

目前，LCSA 的经验还很少，特别是随着 LCSA 部分的不断深入，但是 LCSA 越来越受到重视，这主要体现在越来越多的科技论文、科技期刊的版块等方面，以及 UNEP-SETAC 工作组和国际工业生态学会（ISIE）内关于 LCSA 的主题部分。

2.2.2 生命周期评价的定义

美国国家环境保护局（EPA）将生命周期评价定义为从地球获取原材料开始到所有残留物质返回地球结束，对任何产品或人类活动的污染物排放和环境影响进行估算的一种方法。美国 3M 公司对生命周期评价的定义是研究如何减少或消除制造、加工、处理和最终处置全过程中的废物作为残余危险废物。

生命周期评价的正式方法出现在由国际环境毒理学和化学学会（SETAC）组织的一系列会议上，在北欧部长理事会资助编写北欧生命周期评价指南的工作中，修订了 SETAC 对生命周期评价的定义：

"Life Cycle Assessment is a process to evaluate the environmental burdens associated with a product，process，or activity by identifying and quantifying energy and materials used and wastes released to the environment，to assess the impact of those energy and material uses and releases to the environment，and to identify and evaluate opportunities to affect environmental improvements. The assessment includes the entire life cycle of the product，process，or activity，encompassing extracting and processing raw materials，manufacturing，transportation and distribution，use，reuse，maintenance，recycling，and final disposal."

按照中文的理解，LCA 应是这样一种方法：通过确定和量化相关的能源、物质消耗和废弃物排放，来评价某一产品、过程或事件的环境负荷，并定量给出由于使用这些能源和材料对环境造成的影响；通过分析这些影响，找出改善环境的机会；评价过程应包括该产品、过程或事件的生命全程分析，包括从原材料的提取与加工、制造、运输和分发、使用、再利用、维持、循环回收直至最终废弃在内的整个生命循环过程。

1997 年，ISO 制定的 LCA 标准（ISO 14040 系列）中也给出了 LCA 和一些相关概念的定义：

"Life cycle assessment：Compilation and evaluation of the inputs，Outputs and the potential environmental impacts of a product system throughout its life cycle.

Product system：Collection of materially and energetically connected unit-processes which performs one or more defined functions.（NOTE：In this International Standard，the term " product " used alone not only includes product systems but can also include serVICe systems.）

Life cycle：Consecutive and inter-linked stages of a product system，from raw material acquisition or generation of natural resources to the final disposal. "

按照中文的理解，LCA 是对某一产品系统在整个生命周期中的环境影响进评价。这里的产品系统是指具有特定功能的、与物质和能量相关的操作过程单元的集合，该系统既包括产品的生产过程，也包括服务过程。生命周期是指产品系统中连续的和相互联系的阶段，从原材料的获得或资源的投入一直到最终产品的废弃为止。

从 SETAC 和 ISO 的这些阐述可以看到，LCA 在发展过程中，其定义不断地在完善和充实，但一些基本的思想和方法保留和固定了下来。我们可以从 LCA 的评价对象、方法、应用目的、特点等各个方面去理解 LCA 的概念、定义以及该评价方法的内涵。对材料的生产和使用过程，采用 LCA 来评价其对环境的影响是全面和综合的。其实，LCA 方法最早是由材料科学工作者完善并用于评价对环境的综合影响。早在 1989 年，欧美国家的一些材料学者就开始采用 LCA 的概念和方法评价饮料易拉罐使用的材料、有机高分子塑料袋、塑料杯和纸杯等包装材料对环境的综合影响。

2.2.3　生命周期评价的技术框架及评价过程

ISO/FDIS 生命周期评价标准（1997 年版）对 LCA 给出了以下定义：生命周期评价是一种评价环境因素和与产品相关的潜在影响的技术。包括：编制系统相关输入和输出清单；评价与这些输入和输出相关的潜在环境影响；解释与研究目标相关的清单和影响阶段的结果。简单解释如下：

① 目标和范围：为什么要进行评价？受试者是什么？其生命中的哪些部分被评估？

② 编目分析/清单汇编：消耗了哪些资源？排放物是什么？

③ 环境影响评价：资源消耗和排放对环境有什么特别的影响，有什么不好

的地方？

④ 评价结果解释：结果意味着什么？如果前面评价不好，怎么办？

因此，LCA 评价方法的技术框架主要包括以上四部分，如图 2-1 所示。

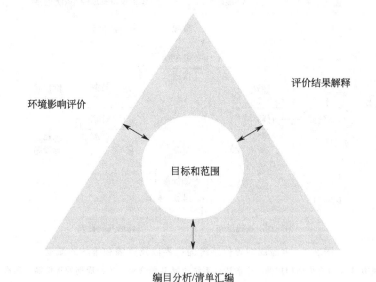

图 2-1　生命周期评价方法的技术框架

（1）目标和范围

关于目标和范围，即为什么要学习？以下一些可能的答案能够指导设计更环保的产品：

● 证明你是一个对环境负责的制造商；

● 让公众对你的产品形成自己的判断；

● 证明你的产品比竞争对手的产品更环保；

● 能够声称符合 ISO 14040 和 PAS 2050（后面介绍）等标准；

● 因为作为供应商或分包商的企业要求你这样做，这样企业才能声称符合标准；

● 动机广泛，如果有一种评价方法适合所有人的需要，那将是令人惊讶的。

关于材料生产的一个范围问题，如图 2-2 所示，生命周期评价应该从哪里开始和结束？生命周期的四个阶段，每个阶段都被视为一个独立的单元，有概念上的"门"，输入通过，输出出现。

例如，如果你是制造部门的经理，你的目的可能是评价你的工厂，忽略生命周期的其他三个阶段，因为你的"大门"之外的一切都是你无法控制的。这就是所谓的"门到门"研究；其范围仅限于标有系统边界 A 的盒子内的活动，如图

2-2 所示。

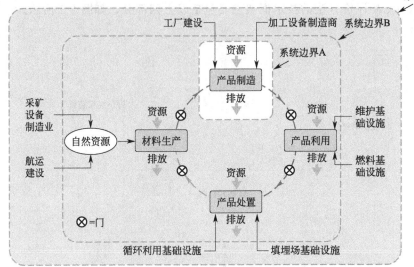

图 2-2　生命周期评价系统的边界以及资源和排放的流动

系统边界 A 包含生命周期的一个阶段；系统边界 B 包含整个生命周期的直接输入和排放；
将系统边界放置在 C 是没有意义的，C 没有明确定义的边界。

个体生命阶段有一种倾向，即寻求最大限度地减少能源使用、材料浪费和自发的内部排放成本，因为这样做可以节省资金。但一个阶段的行动可能会导致其他阶段的资源消耗和排放增加。例如，如果将汽车的制造能源和材料成本降到最低会导致汽车更重，并且在寿命结束时更难拆卸，那么在一个阶段取得的收益会导致其他两个阶段的损失。简言之，个体生命阶段趋于自我优化，而整个系统则没有。如果更广泛的目标是评价产品整个使用寿命期间的资源消耗和排放，则边界必须包括所有四个阶段（系统边界 B）。范围变为从产品出生到产品死亡，包括出生时的矿石和原料，以及死亡时的处置后果。

一些生命周期评价的支持者看到了更宏伟的目标和更宽大的范围（系统边界 C）。如果包括矿石和原料（因为它们在系统边界 B 内），为什么不包括制造用于开采它们的设备所需的能量和物质流？那么制造它们的设备的资源和排放流呢？这就是"无限衰退"问题。这里需要引入常识，把边界设为无穷远对我们毫无帮助。设备的制造设施也用于制造其他目的的设备，这会产生稀释效应：距离越远，其资源和排放量中与被评价产品直接相关的部分就越小。标准对如何处理这一点含糊不清，只是规定"应当确定"制度边界，将考核范围作为主观决定。投入产出分析给出了一个正式的结构来处理这些更遥远的贡献（后面再作讨论）。目前，切实可行的方法是只包括产品的材料、制造、使用和处置直接需要的主要流程，不包括使主要流程成为可能所需的次要流程。

LCA 的评价范围一般包括评价功能单元定义、评价边界定义、系统输入输出分配方法、环境影响评价的数学物理模型及其解释方法、数据要求、审核方法以及评价报告的类型与格式等。范围的定义应保证足够的评价广度和深度，以符合对评价目标的定义。评价过程中，范围的定义是一个反复的过程。

功能单元或性能特征的定义是 LCA 的基础，因为功能单元设置两个或多个产品的比较的尺度，包括对一个产品（系统）的改进。在清单阶段收集的所有数据都将与职能单位有关。在比较不同产品实现相同功能时，功能单元的定义尤为重要。

一个功能单元的主要目的之一是提供一个输入和输出数据标准化的参考。系统的功能单元应明确定义并可测量。性能测量的结果就是参考流。

例如，垃圾处理中城市生活垃圾的处理，无论是否对有机物进行生物处理，都可以看作是一个服务系统。该系统处理废物并产生生物肥料（有机材料好氧或厌氧降解产生的堆肥）和能源（厌氧降解产生的沼气）。通过将生产能源和肥料产生的"避免"排放纳入包括生物废物处理在内的情景，可以对不同的系统进行比较。作为替代方案，可以扩大基本方案和替代方案（包括生物废物处理）的系统边界，以便它们都产生相同数量的能源和肥料。在这种情况下，"避免"排放量的计算目前并不重要。

功能单元是指与所有环境负担相关的单元，可以是一定数量的产品或特殊服务。当评价的目的是比较具有相同功能或服务的不同方案时，确定最合适的功能单元尤为重要。虽然观察表明，没有必要在解决所有问题的功能单元的基础上展示研究的最终结果，但如果使用错误的功能表达式，则很难接受结论。

系统边界确定了哪些过程应该被包括到 LCA 评价范围中。系统边界不仅取决于 LCA 实施的评价目标，还受到所使用的假设、数据来源、评价成本等因素的影响和限制。

库存分析与生产系统密切相关，比产品本身更重要。因此，系统可以定义为一组联合执行某些特定功能的操作。一个更理想的定义是，系统包含了全球技术系统的所有内容，这些内容受到问题中特定行为的影响。这将使工作变得庞大而复杂。如果系统的某些阶段对结果的影响小于系统的所有不确定性，则可以忽略。在任何情况下，准确而清晰地定义系统对于分析来说都是至关重要的。

数据是指在 LCA 评价过程中用到的所有定性和定量的数值或信息。这些数据可能来自测量到的环境数据，也可以是中间的处理结果。数据要求包括说明数据的来源、精度、完整性、代表性和不确定性等因素，以及数据在时间上、地域上和适用技术方面的有效性等。数据要求是 LCA 评价结果可靠性的保障。

为保证 LCA 评价方法符合国际标准，评价结果客观和可靠，在 LCA 评价过程结束后可以邀请第三方对结果进行审核。审核方式将决定是否进行审核，以及由谁、如何进行审核。尽管审核并非 LCA 评价的组成部分之一，但在对多个对象进行比较研究并将结果公之于众时，为谨慎起见应该进行审核。

（2）编目分析或清单汇编

设定边界是第一步。第二步是数据收集，即收集流入系统的资源流和排放的清单。如果按数量出售的话，但很少有产品以这种方式销售和使用。更通常的情况是，这两者都不是，而是每一个功能单元，这一点将在后面的章节中讨论。软饮料容器（可乐瓶、塑料水瓶、啤酒罐）的功能是盛装液体。制瓶商可能会测量每瓶（罐）的资源流量，但如果要比较不同尺寸和材料的容器，那么合乎逻辑的测量方法是每单位体积所含液体消耗的资源。冰箱提供了一个冷却的环境，并随着时间的推移进行维护。制造商可能会测量每台冰箱的资源流量，但从生命周期的角度来看，合理的测量方法是每单位时间每单位冷却体积的资源消耗。

进入一个阶段的资源功能单元与离开一个阶段的资源功能单元是不同的。离开生命周期第 1 阶段进入第 2 阶段的物质流是按质量交易的，因此这里的功能单位是"每单位质量"。例如，铜的体现能量被列为 $68\sim74MJ/kg$。第二阶段的输出为产品；这里可以使用"每种产品"。在使用阶段，产品执行的功能至关重要，这里的逻辑度量是"每单位功能"。然后，列清单分析评价每个功能单元的资源消耗和排放量。还需要确定评价的详细程度和力度。把每个螺母、螺栓和铆钉都包括进来是没有意义的。但界线应该在哪里呢？其中一个建议是将占产品质量 95％ 的部件包括在内，但这是有风险的。例如，电子产品的质量不多，但与它们的制造相关的资源和排放量可能很大。

图 2-3 是库存分析的示意图，即与洗衣机生命周期相关的主要资源和排放物的识别。大部分零件由钢、铜、塑料和橡胶制成。材料生产和产品制造都需要以碳为基础的能源以及相关的二氧化碳、氮氧化物、硫氧化物和低热排放。使用阶段消耗水和能源，排放污染水。对洗衣机的处理会造成任何大型家电的典型负担。

在编目分析或清单汇编中通常包含以下过程或步骤：

① 系统和系统边界定义。如上所述，系统是指为实现特定功能而执行的与物质和能量有关的操作过程的集合，是生命周期评价的评价对象。一个系统通过其系统边界与外部环境分离。系统的所有输入都来自外部环境，系统的所有输出都排放到外部环境。编目分析是量化系统边界上所有物质流和能量流的过程。

系统的定义包括对系统功能、输入源、内部过程的描述，以及对区域和时间尺度的考虑。这些因素都会影响评价结果。特别是在对多种产品或服务体系进行比较评价时，所定义的体系应具有可比性。

② 系统内部流程。为了更清楚地揭示系统的内在联系，寻找改善环境的机会和途径，通常需要将产品系统分解为一系列相互关联的过程或子系统。分解的程度取决于先前的目标和范围定义，以及数据的可用性。系统中的这些过程从"上游"过程获得输入，然后输出到"下游"过程。这些过程及其投入产出关系可用流程图表示。

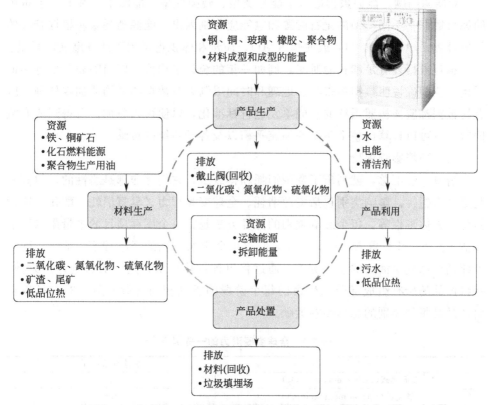

图 2-3　与洗衣机生命周期相关的主要资源和排放物的识别

在绝大多数的产品系统中都要涉及能源和运输，所以能源生产和不同运输方式的环境编目数据是基础数据，一次收集和分析之后会多次被用到。与此类似，一种材料也会在多种产品中被用到，所以对常用材料的基础评价也是非常重要并需要首先解决的问题。

③ 编目数据的收集与处理。一旦获得系统的内部流程图，就可以开始数据采集。编目数据包括流入每个过程的物质和能量，以及从这个过程流出并排放到空气、水和土壤中的物质。编目数据的来源应尽量从实际生产过程中获取。此外，相关信息还可以从技术设计师获得，也可以通过工程计算、类似系统的估

算、公共或商业数据库获得。

在编目分析中，还应注意以下两类问题的处理：

● 分配问题。当在一个产品系统中获得多个产品，或者在回收过程中处理来自多个系统的废物时，如何在多个产品或系统之间分配输入和输出数据的问题就出现了。虽然没有统一的分配原则，但分配通常可以根据系统中的物理化学过程，根据质量或热力学标准，甚至经济考虑。

● 能源问题。能源数据应考虑能源类型、转换效率、能源生产和能源消费中的编目数据。不同类型的化石能源和电能应分别列出，能源消耗量应根据相应的热值计算，单位为焦（J）或兆焦（MJ）。质量和体积也可用于计算燃油消耗量。

编目数据要有足够长的时间，例如一年的统计平均值，以消除非典型行为的干扰。应明确说明数据的来源、地理和时间限制以及数据的平均或加权处理。所有的数据都应该按照系统的功能单元进行标准化，以便可以叠加。在得到所有数据后，就可以计算出整个系统的物流平衡以及各子系统的贡献。

（3）环境影响评价

清单一经汇总，就列出了资源消耗和排放量，它们并非都是恶性的，但有一些更令人担忧。影响类别包括资源消耗、全球变暖潜力、臭氧消耗、酸化、富营养化、人体毒性等。每个影响类别的计算方法是将每个库存项目的数量乘以影响评估系数2，该系数衡量给定库存类型对每个影响类别的贡献程度。表 2-3 列出了评估全球变暖潜力的一些例子。通过将每种排放量乘以适当的影响评估系数，并将产品的所有组成部分在生命的每个阶段的贡献相加（参考图 2-2），可以得出产品对每种类别的总体影响贡献。

表 2-3   全球变暖潜力的一些例子

气体	影响评价因子
二氧化碳（carbon dioxide，CO_2）	1
一氧化碳（carbon momoxide，CO）	1.6
甲烷（methane，CH_4）	21
一氧化二氮（di-nitrous monoxide，N_2O）	256

环境影响评价（EIA）是以编目分析为基础的。其目的是为了更好地了解编目分析数据与环境的相关性，评价各种环境损害所造成的总体环境影响的严重程度。即利用定量调查得到的环境负荷数据，定量分析对人类健康、生态环境和自然环境的影响及其相互关系，并根据分析结果，采用其他评价方法对环境进行综合评价。

目前，环境影响评价的方法很多，但基本上包括分类、表征、归一化和评价四个步骤，如图 2-4 所示。

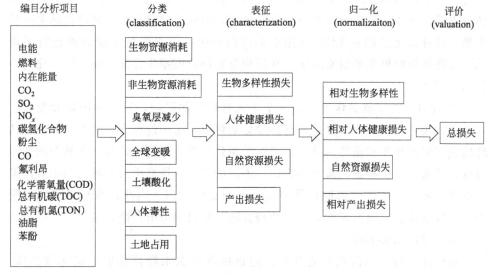

图 2-4 环境影响评价示意图

① 分类。分类是先将编目项目与环境损害类别相关联并分组排列的过程。这是一个基于自然科学知识的定性过程。在生命周期评价中，环境损害分为三类：资源消耗、人类健康和生态环境影响。然后再将其细分为许多特定类型的环境损害，如全球变暖、酸雨、臭氧层减少、荒漠化、富营养化等。编目条目可能与一个或多个特定的环境损害有关。

② 表征。例如二氧化硫和氮气氧化可能会引起酸雨，但酸雨浓度造成的量是不一样的。表征是比较分析和量化的过程。这是一个基于自然科学的定量过程。

通常，在表征中采用计算"当量"的方法来比较和量化差异。将等值与实际编目数据量相乘，可以比较相关编目项目的环境影响程度，常用表征指标见表2-4。

表 2-4　常用表征指标

环境损害类型	指标名称	参照物
温室效应	GWP(100 年)	CO_2
臭氧层减少	ODP	CFC 11
酸雨	AP	SO_2
富营养化	NP	P

③ 归一化。环境影响因素有多种，如资源消耗、能源消耗、废气、废水、废渣、温室气体效应、酸雨、有机挥发物、区域毒性、噪声、电磁波污染、光污

染等。每个影响因素的计量单位是不同的。为了实现量化，编目分析和表征结果的数据通常采用加权或分级的方法进行处理，简化了评价过程，使评价结果一目了然。这种量化过程在 LCA 应用中称为归一化。该方法对环境因素进行了简化，最终评价结果用单因素表示。在环境影响评价模型中详细介绍了归一化的一些数学方法。

④ 评价。为了从整体上总结一个系统对环境的影响，对各种因素和数据进行分类、表征和归一化，然后进行环境影响评价。这一过程主要是对不同类型的环境损害进行比较和量化，并给出最终的量化结果。环境评价是一个典型的数理过程，经常采用各种数理模型和方法。不同的方法往往有个人和社会的主观因素和价值判断。这是评价结果容易引起争议的主要原因。因此，在环境评价过程中，一般有必要明确而详细地给出数理方法、假设和价值判断依据。

（4）评价结果解释

这些库存和影响值意味着什么？应该做些什么来降低他们的破坏性品质？ISO 标准要求回答这些问题，但除了暗示这是专家的问题外，对如何达到这些问题几乎没有给出指导。所有这一切使得一个完整的生命周期评价是一个耗时的问题，需要专家。专家时间是昂贵的。一个完整的生命周期评价不是轻率的。虽然它非常详细，但不一定非常精确。

当生命周期评价方法在 20 世纪 90 年代初首次提出时，生命周期评价的第四部分称为环境改善评价，其目的是寻找减少环境影响、改善环境状况的机会和途径，判断和评价这种改善环境方式的技术合理性。即分析原材料和工艺变化对环境的影响和改善效果的过程。目的也在于表明所有产品系统或多或少都会对环境产生影响，并有改进的空间。另外，也强调了生命周期评价方法应该用于改善环境，而不仅仅是评价现状。由于许多改善环境的措施都涉及具体的关键技术、专利等知识产权问题，许多企业对环境改善评价过程持矛盾态度，担心技术优势外泄。而且，在环境改善过程中没有普遍适用的原则，难以规范。如同一废水排放处理，有的有机物含量高，有的有害金属离子含量高，有的需要氧化法处理，有的需要还原法处理。不可能使用相同的工艺或方法来处理所有废水。鉴于此，国际标准化组织于 1997 年将环境改善评价的步骤从生命周期评价标准中删除。但这并不否定生命周期评价在环境改善中的作用。

在新的生命周期评价标准中，第四部分由环境改善评价改为解释过程。主要是综合编目分析和环境影响评价的结果，对过程、事件或产品的环境影响进行阐述和分析，最后给出评价结论和建议。例如，在决策过程中，根据第一部分确定的评价目标和范围，为决策者提供直接需要的相关信息，而不仅仅是简单的评价数据。

经过 20 多年的发展，生命周期评价方法作为一种有效的环境管理工具，已广泛应用于生产、生活、社会、经济等领域和活动中，评价这些活动对环境的影响，寻求改善环境的途径，为设计过程中减少环境污染提供最佳判断。

图 2-5 是生产铝罐的生命周期评价结果的一部分（它停在制造厂的出口大门处，因此这是"从摇篮到大门"的研究，而不是"从摇篮到坟墓"的研究）。功能单位是"每 1000 个铝罐"。有三种数据：第一种是矿石、原料和能源资源的清单；第二种是气体和颗粒物的排放目录；第三种是对影响的评估，图 2-5 中仅显示了部分影响。尽管生命周期评价方法存在形式主义，但其结果仍存在相当大的不确定性。资源和能源投入可以直接和合理精确的方式进行监测。影响评估取决于每种排放对每种影响类别的边际影响值，其中许多都有更大的不确定性。

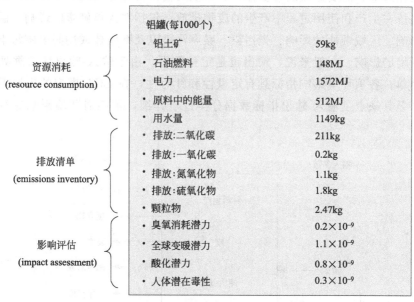

图 2-5 典型的生命周期评价产出显示了三个类别：
生产铝罐的资源消耗、排放清单和影响评估

还有两个困难都很麻烦。首先，设计师应该如何处理这些数字？设计师在寻求处理任何设计所涉及的许多相互依赖的决策时，不可避免地会发现很难知道如何最好地使用图 2-5 中的数据。能源或二氧化碳和硫氧化物的排放如何与资源消耗、能源消耗、全球变暖潜能或人类毒性相平衡？它们不是用相同的单位测量的，在图 2-5 的例子中，它们相差六个数量级。其次，如何支付评估费用？完整的生命周期评价需要几天或几周的时间。结果是否证明了这一大笔开支的合理性？生命周期评价作为一种产品评价工具具有价值，但它不是一种设计工具。

2.3 常用的生命周期评价模型

在 LCA 过程中，经常会用到一些数学模型和方法，简称 LCA 模型。到目前为止，生命周期评价模型可分为精确法和近似法。前者包括输入-输出法，后者包括线性规划法、层次分析法等。

2.3.1 输入-输出法

输入-输出法是最简单、常用的生命周期评价模型，如图 2-6 所示。在评价过程中，只考虑系统的输入和输出，从而定量计算系统对环境的影响。系统的输入主要包括整个过程所需的能源和资源消耗，如煤炭、石油、天然气、电力和原材料的输入等，需要定量的数据输入。系统的输出首先是系统有前途的产品，然后是系统在生产和使用过程中产生的废物排放，包括对人体健康的影响、温室气体的影响、区域毒性的影响、光污染、噪声污染以及系统建成期间电磁污染等对生态环境的影响。一般来说，输出也是定量数据。由于输入-输出法数据处理和计算简单，各项环境影响指标具有定量性和针对性，在 LCA 模型的应用上相对成熟。但其缺点是输入-输出指标数据分类过于详细，不能对环境影响进行综合评价。

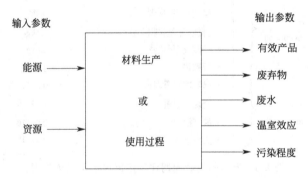

图 2-6　材料生产或使用过程的 LCA 输入-输出法框架

2.3.2 线性规划法

线性规划法是一种常用的系统分析方法。其原理是在一定的约束条件下求目标函数的极值。当约束和目标函数为线性问题时，系统分析方法称为线性规划法。在环境影响评价过程中，无论是资源和能源的消耗，还是污染物的排放，以及温室效应等其他环境影响，一般都在线性范围内，因此，线性规划法可以用来定量分析系统的环境影响因素。例如，系统的环境影响因素通过线性规划法定义为如下数学模型：

$$[A_{i,j}][B_{i,j}] = [F_{i,j}]\ (i 、j = 1,2,\cdots,n) \tag{2-3}$$

式中：A 为环境影响的分类因子；B 为各环境影响因子在系统各个阶段的环境影响数据；F 为该环境影响因子的环境影响评价结果；i、j 为系统各阶段序号。

由式(2-3)可知，各阶段的环境影响因子及其环境影响数据构成一个矩阵序列。通过矩阵求解，得到各因子的环境影响评价结果。

线性规划法是评价和管理产品系统环境绩效的常用方法。它不仅可以解决环境负荷分配问题，而且可以定量分析环境性能优化问题。由于 LCA 方法讨论了人类行为与环境负荷之间的一些线性关系，因此线性规划法可以定量地应用于环境影响评价的各个领域。

2.3.3 层次分析法

层次分析法（AHP）是一种实用的多准则决策方法。层次分析法的过程是根据问题的性质和要达到的目标，将复杂的环境问题分解为不同的组合因素，并根据各因素之间的隶属关系和相互关系的程度进行分组，形成一个不相交的层次，而上层对相邻下一层的全部或部分要素起主导作用，从而形成"自上而下"的逐层主导关系。

图 2-7 为层次分析法示意图。可以看出，层次分析法的结构可分为目标层、准则层和方案层。目标层可以作为生命周期评价应用的指标，用于界定范围，相当于环境影响因子。准则层可以作为生命周期评价应用的数据层。不同的环境影响因子在系统的各个阶段有不同的数据。最终方案层与环境影响评价结果相对应。

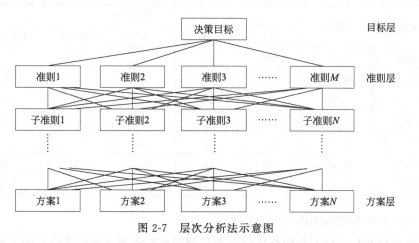

图 2-7　层次分析法示意图

2.4　生命周期评价应用举例

近十年来,通过 ISO14000 环境管理系列标准的实施,生命周期评价已应用于社会、经济、生产和生活的各个方面。在材料领域,生命周期评价在环境影响评价中的应用日趋完善。目前,LCA 已应用于钢铁、有色金属、玻璃、水泥、塑料、橡胶、铝合金、镁合金等材料,以及集装箱、包装、复印机、电脑、汽车、船舶、飞机、洗衣机、其他家用电器等产品。下面举例介绍生命周期评价应用。

2.4.1　再生混凝土生命周期评价

混凝土是重要的建筑材料。据估计,到 2050 年,全球对混凝土的需求将上升到 180 亿吨,这将导致巨大的总需求。根据美国 Freedonia 集团研究报告显示,2015 年,全球建筑市场骨料需求量约为 483 亿吨。如此巨大的骨料需求必然导致大量岩石的开采和骨料资源的逐渐枯竭,建筑业可持续发展与骨料短缺的矛盾将日益突出。再生混凝土是将废弃混凝土经破碎、清洗、分级后,按一定级配混合而成的集料。它不仅可以减少天然骨料的开采,而且可以减少废弃混凝土填埋对土地的永久性占用和相应的环境污染。国内外开始研究再生混凝土在生命周期中对环境的影响。在这种情况下,采用再生混凝土的配合比设计方法,并利用现有的试验数据(见表 2-5)对不同的再生混凝土配合比设计方法下再生混凝土的环境影响进行了评价。

表 2-5　再生混凝土配合比试验数据

编号	水灰比	质量/kg				
		水泥	水	砂	天然骨料	再生骨料
NAC	0.45	412	185	587	1090	0
DVR-30	0.45	412	185	587	774	316
EMV-30	0.45	379	170	540	869	316
DVR-50	0.45	412	185	587	563	527
EMV-50	0.45	357	160	509	720	527
DVR-70	0.45	412	185	587	352	738
EMV-70	0.45	335	150	477	573	738

(1)目标与范围的确定

研究目的是评价不同配合比设计方法制备再生混凝土对环境影响的差异。考虑到影响混凝土使用和废弃的因素较多,采用"从摇篮到浇口"的系统边界,如

图 2-8 所示。功能单元是生命周期评价系统输入、输出功能的量度。

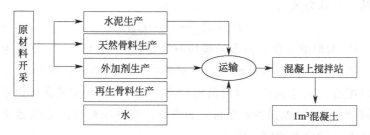

图 2-8　再生混凝土生产的系统边界

首先，选取 $1m^3$ 混凝土作为功能单元，分析不同的配合比设计方法下再生混凝土的环境影响；其次，由于再生骨料的替代率会影响混凝土的强度，因此从体积和强度两方面分析再生混凝土对环境的影响。

（2）清单分析

再生混凝土生产涉及的环境影响阶段主要包括：①生产各种原材料和水资源；②原材料运输；③混凝土制备。由于全球变暖、臭氧层破坏、富营养化和固体废物污染等环境影响的广泛性，考虑到应对气候变化的紧迫性，本案例重点关注混凝土的碳排放。表 2-6 给出了再生混凝土生命周期评价的清单数据。原材料的运输距离对再生混凝土碳排放量的计算有一定的影响。运输距离与实际情况密切相关，需要调查后确定。而且，每种情况下的运输距离不同，这对分析结果不具有普遍性。因此，运输阶段的碳排放量应根据调查的基准运输距离确定。

表 2-6　再生混凝土生命周期评价的清单数据

清单	水泥	天然粗骨料	再生粗骨料	天然细骨料	水
碳排放系数 /(kg/t)	842.000	2.900	4.830	3.700	0.213
运输距离/km	20	100	50、25、200	100	0
运输碳排放 /[kg/(km·t)]	0.111	0.235	0.235	0.235	—
混凝土制备 碳排放/kg	7.7				

水泥同城采购，平均运输距离 20km。天然骨料平均运输距离 100km，再生骨料平均运输距离 50km。一般来说，对于一个特定的城市，天然骨料的运输距离是确定的，而再生骨料的运输距离是可变的。在此情况下，选取再生粗集料基本运输距离的一半和天然细集料运输距离的两倍进行参数分析，以确定缩短或增加再生集料运输距离对碳排放计算结果的影响。

（3）影响评价

再生混凝土的碳排放可分为原材料生产的碳排放、运输的碳排放和混凝土制备的碳排放，计算公式为

$$C_e = C_{rm} + C_t + C_p \tag{2-4}$$

式中：C_e 为混凝土生产阶段的碳排放总量；C_{rm}、C_t、C_p 分别为原材料生产、运输、混凝土制备的碳排放量。原材料生产阶段的碳排放量 C_{rm} 可根据各类混凝土的配合比设计和实际材料消耗量确定，并乘以相应的碳排放系数；运输阶段的碳排放量 C_t 可根据各种原材料的质量、各种原材料运至项目现场的距离以及所使用的运输设备确定，即

$$C_{rm} = \sum_i Q_i \times RM_{C-i} \tag{2-5}$$

$$C_t = \sum_i Q_i \times D_i^j \times TC_i^j \tag{2-6}$$

式中：Q_i 为第三种物料的数量；RM_{C-i} 为第二种材料每单位质量的碳排放量；D 为使用运输设备运输第二种材料运至项目现场的距离；TC 为运输 1t 材料和设备，运输距离为 1km 所产生的碳排放。

（4）评价结果

根据不同配合比设计方法及相应的清单数据，得出各混凝土单位体积（$1m^3$）生命周期的碳排放量计算结果，见表 2-7。

表 2-7　单位体积（$1m^3$）混凝土生命周期碳排放计算结果（基准运输距离）

过程	碳排放/kg						
	NAC	DVR-30	DVR-50	DVR-70	EMV-30	EMV-50	EMV-70
原材料生产	352.28	351.36	323.67	350.75	304.60	350.14	285.53
运输	39.62	35.91	37.02	33.43	35.26	30.95	33.52
混凝土制备	7.70	7.70	7.70	7.70	7.70	7.70	7.70
合计	399.60	394.97	368.40	391.88	347.57	388.79	326.76

从表 2-7 可以看出，无论采用何种配合比设计方法，原材料生产阶段碳排放占总排放的比例最大，运输阶段次之，混凝土制备阶段最小。

图 2-9 显示了再生骨料运输距离变化时，两种制备方法下再生混凝土碳排放的差异。可以看出，无论再生骨料的运输距离如何变化，EMV 法配制的再生混凝土的水泥消耗量都显著降低，且水泥消耗量随再生骨料替代率的增加而降低，因此，在再生骨料替代率相同的情况下，EMV 法制备的再生混凝土的碳排放量低于 DVR 法制备的再生混凝土。当再生骨料的替代率由 30％提高到 70％时，碳排放的减少率由 6％提高到 15％。

因此，在比较单位体积碳排放量时，与传统的 DVR 法相比，EMV 法具有更大的环境保护优势。另外，随着再生骨料运距的增加，DVR 法制备的再生混

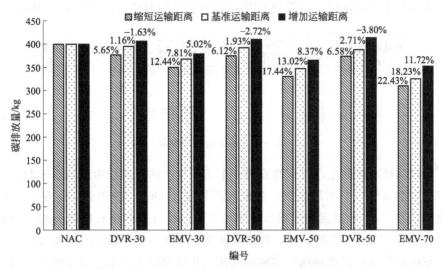

图 2-9　两种配制方式下再生混凝土碳排放差异

凝土的碳排放量将大于普通混凝土,这表明再生骨料运输距离存在一个临界值,即当再生混凝土的运输距离超过某一临界值时,再生混凝土将对环境造成更大的影响。

2.4.2　聚碳酸酯新型生产工艺的生命周期评价

聚碳酸酯（PC）作为一种具有优异力学性能的热塑性树脂,已成为工程塑料中发展最快的通用工程塑料之一。由于其特殊的结构,PC 具有良好的光学性能、韧性、耐酸碱性、耐油性和阻燃性。目前,PC 广泛应用于汽车制造、航空航天、电子技术、建材等重要领域。

据统计,截至 2016 年 11 月底,全球聚碳酸酯总产能已超过 500 万吨/年,到 2020 年达到 560 万吨/年。随着 PC 产量的增加,合成加工过程中的环境问题越来越突出,已成为工业界亟待解决的问题。非光气熔融酯交换法是聚碳酸酯合成过程中一种无光气的绿色环保合成工艺,是聚碳酸酯合成的发展方向。首先以二氧化碳、甲醇和环氧乙烷为原料合成碳酸二甲酯,然后以碳酸二甲酯和苯酚为原料合成碳酸二苯酯。最后,以碳酸二苯酯和双酚 A 为原料,采用熔融酯交换法合成了聚碳酸酯。苯酚是一种副产品,可回收用于合成碳酸二苯酯。然而,非光气熔融酯交换法还不成熟,仍处于研究阶段。世界上只有少数制造商在工业生产中使用它。虽然没有大规模工业化,但由于清洁环保,原料利用率接近100%。因此,本案例使用此方法来评价 PC 生产过程的生命周期。

（1）清单数据收集:系统边界的确定

本案例所研究的系统边界包括环氧乙烷的生产、公路运输、碳酸二甲酯的合成、碳酸二苯酯的合成、双酚 A 的生产和聚碳酸酯的合成，如图 2-10 所示。

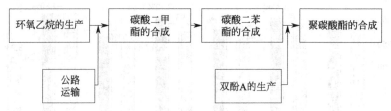

图 2-10　系统边界的确定

假设环氧乙烷的生产过程是在另一个工厂生产的，则应考虑运输问题，其他生产过程都在同一个工厂完成。假设两厂相距 100km，采用公路运输，重型卡车载质量为 10t，公路运输能耗以柴油为主，折算为三种化石能源消耗。排放的主要气体为 CO_2、CO 和 SO_2，其他微量气体忽略不计。能源消耗被天然气、原油、硬煤和其他化石燃料或核燃料所取代。所研究的生产工艺是绿色环保的，环境排放主要来自能源消耗。所涉及的环境影响类型有全球变暖潜力、酸化潜力、中国资源消耗潜力和工业用水潜力，可吸入无机化合物有五种。假设各种反应相对完整，产生的微量气体排放量可以忽略不计，因此不考虑其他环境影响。设定参考流量为 1t 聚碳酸酯，系统边界如图 2-10 所示。

（2）清单数据收集：清单分析

收集的聚碳酸酯生产的生命周期清单数据见表 2-8，数据主要来源于生命周期评价软件 ebalance 的内置数据库，软件的基础数据主要来自中国生命周期基础数据库（clcd）等权威数据库。数据处理方法基于 ebalance 软件中的核对表数据平衡功能，最大限度地计算非光气熔融酯交换法生产的环保潜力。本案例涉及的能源消耗由原来的化石能源替代，功能单位为转换后的能源计量单位 MJ。

表 2-8　聚碳酸酯生产的生命周期清单数据

产品投入		资源投入		环境排放	
名称	消耗量/t	名称	消耗量/MJ	名称	消耗量/t
苯酚	7.93	硬煤	2.95×10^4	二氧化碳	1.37
丙酮	5.26	铀	4.61×10^2	一氧化碳	3.60×10^{-2}
二氧化碳	1.57	原油	1.37×10^4	二氧化硫	8.38×10^{-3}
甲醇	2.18	天然气	1.18×10^4	废水	2.80
氧气	0.78			废物	1.30
乙烯	1.10			有机废物	0.341
淡水	33.7			甲醇	0.549
冷却水	3.47×10^2				
涡轮水	7.80				

由表 2-9 可以看出，在聚碳酸酯的整个生命周期中，聚碳酸酯的合成消耗的能源最多，能耗占比 37.52%。分析了该生产工艺能耗高的原因：双酚 A 与碳酸二苯酯缩聚反应的热力学条件高，反应时间长，为了保证足够的能量完成缩聚反应，需要消耗大量的能量。除聚碳酸酯合成能耗大外，碳酸二苯酯合成能耗和双酚 A 生产能耗排名第二和第三，分别占总生产过程的 28.9% 和 18.49%，双酚 A 生产中存在的主要问题是转化率低、原料消耗大、反应时间长。

表 2-9 聚碳酸酯生命周期的能源消耗

过程	能耗/MJ	能耗占比/%
环氧乙烷的生产	5.51×10^3	9.89
公路运输	0.278×10^3	0.50
碳酸二甲酯的合成	2.62×10^3	4.70
碳酸二苯酯的合成	16.1×10^3	28.90
双酚 A 的生产	10.3×10^3	18.49
聚碳酸酯的合成	20.9×10^3	37.52
合计	55.7×10^3	100

各生产工艺排放的废气主要来自化石能源的消耗。从清单中的数据可以看出，能耗较大的工艺排放的废气也较多。如果各生产工艺采用绿色环保合成工艺，反应过程本身废气较少，基本可以忽略不计。并且废水和废弃物排放较少，主要排放在环氧乙烷、双酚 A 和聚碳酸酯的生产过程中。从整体环境排放情况来看，聚碳酸酯生产全生命周期的排放量相对较小，说明采用非光气熔融酯交换法生产聚碳酸酯的工艺符合绿色环保和可持续发展的原则。

（3）特征化：环境影响类型分类

在清单分析结果的基础上，开展了影响评价工作。在进行特征化和标准化前，应对清单数据进行分类，即将清单数据中的资源消耗和环境排放划分为不同的环境影响类型。本案例涉及的环境影响类型分为酸化潜值、中国资源消耗潜值、全球变暖潜值、全球变暖潜值、可吸入无机物和工业用水量有五种，如表 2-10 所示（其中 eq 为当量）。

表 2-10 环境影响类型分类

简称	环境影响类型	单位
AP	酸化潜值	kg SO_2/eq
GADP	中国资源消耗潜值	kg Coal-R/eq
GWP	全球变暖潜值	kg CO_2/eq
RI	可吸入无机物	kg PM2.5/eq
IWU	工业用水量	kg

（4）特征化：环境影响类型的表征因子

根据环境影响类型的划分，将聚碳酸酯的生命周期清单数据转化为相应的指标。本案例涉及的相关环境影响类型的表征因子如表 2-11 所示（来自 ebalance 数据库）。

表 2-11 环境影响类型的表征因子

项目	环境影响类型				
	AP	GADP	GWP	RI	IWU
特征化基准	kg SO_2/eq	kg Coal-R/eq	kg CO_2/eq	kg PM2.5/eq	kg
CO_2	—	—	1.00	—	—
CO	—	—	—	1.04×10^{-3}	—
SO_2	1.00	—	—	7.80	—
原油	—	26.4	—	—	—
硬煤	—	1.00	—	—	—
天然气	—	9.14	—	—	—
淡水	—	—	—	—	1.00

根据表 2-11 和清单数据，借助 ebalance 软件，计算出聚碳酸酯生命周期各阶段的特征化结果，如表 2-12 所示。

表 2-12 聚碳酸酯生命周期各阶段的特征化结果   单位：kg

过程	特征化指标				
	AP	GADP	GWP	RI	IWU
总量	8.38	1.30×10^4	1.37×10^3	0.687	3.37×10^4
聚碳酸酯的合成	7.95	3.51×10^3	7.64×10^2	0.653	0
碳酸二甲酯的合成	2.60×10^{-2}	5.75×10^2	29.0	2.20×10^{-3}	1.57×10^4
碳酸二苯酯的合成	0.385	4.63×10^3	2.29×10^2	3.00×10^{-2}	1.80×10^4
公路运输	2.01×10^{-2}	1.70×10^2	18.5	1.72×10^{-3}	0
双酚 A 的生产	0	2.76×10^3	1.36×10^2	2.75×10^{-4}	0
环氧乙烷的生产	0	1.36×10^3	1.94×10^2	0	0

（5）归一化

采用非光气熔融酯交换法生产的聚碳酸酯生命周期的归一化结果和标准化结果如图 2-11 和图 2-12 所示。

（6）结果解释

从图 2-12 可以看出，聚碳酸酯生产生命周期的环境负荷主要来自聚碳酸酯

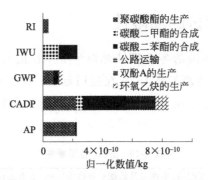

图 2-11 聚碳酸酯生产过程生命周期各环境类型的归一化结果

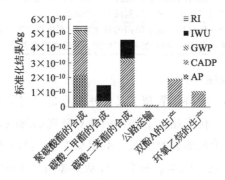

图 2-12 聚碳酸酯生产过程生命周期的标准化结果

的合成、碳酸二苯酯的合成和双酚 A 的生产。三种工艺的环境负荷分别占聚碳酸酯全生命周期环境负荷的 34.70％、29.25％和 15.91％。碳酸二苯酯的合成工艺在中国资源消耗潜值中占比最大，高于聚碳酸酯。虽然碳酸二苯酯的合成不是能源消耗总量最大的工艺，但却是原油消耗量最大的工艺。

从图 2-11 可以看出，聚碳酸酯合成的主要环境影响类型为酸化潜值、中国资源消耗潜值和全球变暖潜值。这是因为该工艺是聚碳酸酯整个生命周期排放废气的主要来源之一。更深层次的原因是该工艺的能耗在所有工艺中占比最大，能耗大意味着化石燃料燃烧量大，废气排放必然更多。

从图 2-12 可以看出，聚碳酸酯生产生命周期的主要环境影响类型是中国资源消耗潜值、酸化潜值和工业用水量，其次是全球变暖潜值和相对可忽略的可吸入无机物，依次为 CADP＞IWU＞AP＞GWP＞RI。

聚碳酸酯生产全生命周期的主要环境负荷来自能源消耗。但由于整个生产过程所采用的工艺基本符合绿色环保的原则，环境负荷较小，生产阶段和运输阶段的环境负荷远远小于能耗。

2.5 生命周期评价的局限性

虽然 LCA 在世界各国的各个领域都得到了广泛的应用，但随着 LCA 应用经验的不断积累，人们逐渐发现 LCA 在应用范围、评价范围甚至评价方法本身等方面还存在一些不足。表 2-13 给出了一些关于生命周期评价局限性的初步考虑。

表 2-13   LCA 的局限性

应用范围局限性	只考虑产品、事件以及活动对环境的影响，不考虑技术、经济或社会效果，也不考虑诸如质量、性能、成本、利润、公众形象等影响因素
评价范围局限性	在不同的时间范围、地域范围及风险范围内，会有不同的环境编目数据，相应的评价结果也只适用于某个时间段和某个区域
评价方法局限性	由于评价目标以及所采用的量化方法、评价模型的可选择性，使其对 LCA 结果的客观性有很大的影响；另外，权重因子的选择和定义也不确定

（1）应用范围局限性

生命周期评价作为一种环境管理工具，并不总是适用于所有的环境影响评价。例如，生命周期评价只评价产品、事件和活动对环境的影响，即只考虑生态环境、人体健康、资源和能源消耗的影响因素，不涉及技术、经济或社会效果的评价，也没有考虑质量、性能绩效、成本、利润、公众形象等影响因素，因此在决策过程中，不可能依靠 LCA 方法解决所有问题，必须结合其他因素进行综合评价。

（2）评价范围局限性

在生命周期评价过程中有一个范围界定。在实践中，这种范围界定往往会导致生命周期评价结果的一些错误。生命周期评价结果存在一定的误差。生命周期评价的范围一般包括时间范围、区域范围和风险范围。

生命周期评价的原始数据和评价结果都具有时间和地域上的局限性。在近期和区域内，会有不同的环境编目数据，相应的评价结果只适用于一定时期和一定区域。这是由系统的时间和空间特性决定的。一般来说，生命周期评价对象的周期越长，对环境的影响越小。因为当污染物排放量固定时，时间越长，单位时间的排放量越小。相反，在相同环境负荷下，评价周期越短，单位时间排放量增加，对环境的影响越大。

在生命周期评价应用过程中，除了时间范围外，区域范围的界定也存在一定的局限性。与时间范围的定义相同，一般来说，区域范围的定义越大，评价结果对环境的影响就越小。当污染物总量固定时，面积越大，单位空间污染物排放量越小，反之亦然。

生命周期评价除了受时间和地理范围的影响外，还存在风险范围界定的局限性。生命周期评价的应用不可能涵盖所有与环境有关的问题。由于生命周期评价不能定量描述未来和未知的环境风险，导致生命周期评价的风险范围受到限制。例如，生命周期评价只考虑已经发生或将要发生的环境影响，没有考虑可能的环境风险和必要的预防和应急措施。生命周期评价方法不要求必须考虑环境法的规定和限制。但这些都是环境决策和经济活动决策过程中非常重要的方面。

（3）评价方法局限性

生命周期评价方法不仅包括客观因素，还包括系统边界的确定、数据源的选择、环境损害类型的选择、计算方法的选择、评价过程的选择等主观因素。无论评价对象和范围是什么，所有的生命周期评价过程都包含着假设、价值判断和妥协等主观因素。因此，有必要对生命周期评价得出的结论进行完整的解释，以便将实验测量得到的结果与基于假设和判断的结论区分开来。

评价方法的局限性首先体现在生命周期评价的标准化上。生命周期评价作为一种环境影响评价方法，最重要的是保证其评价结论的客观性。由于评价目标和定量方法的选择性，对生命周期评价结果的客观性有很大影响。减少这种影响的唯一方法是使生命周期评价标准化。其目的是建立普遍适用的原则和方法，为生命周期评价的应用提供统一的方案和指导。只有通过规范的评价过程，才能减少人为因素，提高评价结果的客观性和一致性，有利于评价结论的交流和交流。

由于缺乏普遍适用的原则和方法，生命周期评价实施的许多方面难以实现标准化，只能提供一些指导性的建议。事实上，由于环境问题的复杂性，不可能在生命周期评价的每个环节都实现完全的标准化。也就是说，生命周期评价实施的每一步不仅取决于生命周期评价的标准，还取决于实施者对生命周期评价方法和评价体系的理解，以及自己的评价经验和习惯。显然，这些不可避免的非标准化因素会影响生命周期评价结果的客观性。

2.6 材料的环境性能数据库

从生命周期评价过程可以看出，LCA 的环境影响主要是一个数据处理过程。显然，计算机评估可以批量处理和重复，具有明显的优势。此外，通过建立生命周期评价数据库，可以对评价结果进行平行比较（见表 2-14）。

表 2-14　建立材料环境性能数据库的基本原则

通用性	兼容不同领域、类型、行业、层次的用户
可比性	不同国家、地区的材料环境性能可以比较
服务性	为用户提供咨询服务
预测性	为研制新材料提供环境性能数据

大量实例表明，数据的收集和编目分析对评价结果有显著影响。此外，为了使评价结果具有可比性和互换性，还需要一定的数据积累和比较方法。由此产生了材料环境性能数据库和 LCA 评价软件的需求。

2.6.1 建立材料环境性能数据库的基本原则

为了使材料环境性能数据库得到广泛的应用和运行，需建立材料环境性能数据库的基本原则。

① 数据库应具有通用性，能够兼容不同领域、不同类型、不同行业、不同层次的用户使用。

② 材料环境性能数据库应具有可比性，也就是说，不同国家和地区的数据库可以在相同条件下对同一种材料进行比较，从而判断不同地区的材料在生产和使用过程中对环境的影响。

③ 数据库应具有服务功能，为用户面临的环境问题提供决策信息咨询服务，使数据库具有可持续发展的可能性。

④ 材料环境性能数据库应具有预测功能，以提高新开发材料的环境性能，为材料的生态设计提供可靠的依据和手段。

2.6.2 常用环境数据库简介

大多数从事生命周期评价研究的单位基本上经历了从具体生命周期评价案例分析到建立环境影响数据库的过程。自 20 世纪 90 年代初以来，世界上围绕生命周期评价研究建立了 1000 多个环境影响数据库，其中著名的有 10 多个。目前，材料类别和用途的生命周期评价数据库也正在建立。由于生命周期评价数据具有很强的区域性，所有国家和地区都需要建立自己的环境影响数据库。表 2-15 列出了一些国家与材料相关的环境影响数据库。可以看出，生命周期评价存在地区和国家的差异。

表 2-15　一些国家与材料相关的环境影响数据库

建立时间/年	数据库建立组织	内容	环境指标
1990	瑞士联邦环境局	包装材料	生态指数
1992	国际 LCA 发展组织	产品	单项
1993	荷兰莱登大学	产品	加权系数
1993	美国中西研究所	容器、包装材料	单项
1994	瑞典环境所	汽车、钢铁	环境因子
1994	欧洲塑料协会	塑料	单项
1995	德国斯图加特大学	塑料、汽车	单项
1996	日本三菱电力	发电	单项
1996	中国清华大学	涂料	生态因子
1998	中国"863"计划	原材料	单项

图 2-13 为某一材料环境影响数据库的框架结构。可以看出，数据库包括两部分，一部分为 LCA 软件，由数据输入、评价、输出、打印等部分组成。包括输入-输出法、线性规划法、层次分析法等多种生命周期评价的数理模型。另一部分为材料的环境性能数据，包括表面处理工艺、涂料、建材、稀土等材料的环境影响数据。

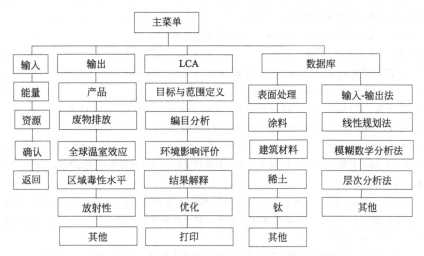

图 2-13　某一材料环境影响数据库的框架结构

不同的材料有不同的生产工艺，同一种材料也有不同的生产工艺，其对环境的影响也不同。通用数据库应包含不同的材料、不同的属性、不同的环境影响等，如何合理地构建数据库框架和软件是一个基本问题。为了方便 LCA 数据的交换和使用，国际 LCA 发展组织（society for promotion of life-cycle-assessment development，spold）提出了一种统一的编目数据格式（spold 格式），得到了广泛的认可。同时，spold 还计划建立 spold 数据库网络。这个数据库网络由世界各地提供的 spold 格式的目录数据组成。这些数据根据各自的功能定义组织成数据集。数据集包含多个数据域，记录了评价体系的描述、系统的输入和输出以及数据的来源和有效性。用户可以通过查询 spold 数据目录找到所需的数据集，并自动向数据提供商发送数据下载请求。

我国材料环境影响数据库的研究始于 20 世纪 90 年代中期，如在国家高技术研究发展计划（简称"863"计划）的支持下，清华大学建立了涂料和表面材料环境影响数据库、重庆大学建立了金属材料环境影响数据库等，国内多家单位联合开展了材料环境影响评价技术研究。其中，一项任务是为材料的环境性能建立一个数据库框架。数据库框架包括钢铁、有色金属、陶瓷、塑料、橡胶、涂料等材料的环境性能数据。目前该数据库已基本建成，并逐步完善和丰富，对推动我国环境材料的研究具有重要意义。

参考文献

[1] Ashby M F. Introduction：Material dependence［M］. Materials & the Environment，2013：1-14.

[2] 刘江龙. 环境材料导论［M］. 北京：冶金工业出版社，1999.

[3] Ashby M F. Materials and the Environment（Second Edition）［M］. Elsevier，2013.

[4] 翁端，余晓军. 环境材料研究的一些进展［J］. 材料导报，2000，14（11）：19-22.

[5] 王天民. 生态环境材料［M］. 天津：天津大学出版社，2000.

[6] 山本良一. 王天民译. 环境材料［M］. 北京：化学工业出版社，1997.

[7] Guinee J B，Heijungs R，Huppes G，et al. Life cycle assessment：past，present，and future［J］. Environmental Science & Technology，2011，45（1）：90.

[8] Jensen A A，Elkington J，Christiansen K，et al. Life cycle assessment（LCA）-a guide to approaches［M］，experiences and information sources. 1998.

[9] 胡敏，卫振林. LCA——一种新型的环境影响评价方法［J］. 环境导报，1997，000（004）：23-25.

[10] 环境保护部. 中华人民共和国国家环境保护标准环境影响评价技术导则 生态影响［M］. 中国环境科学出版社，2011.

[11] 王伟晗，崔伟强，王清成. 基于产品全生命周期评价的环境影响分析［J］. 应用技术学报，2020（2）.

[12] 葛鑫，赖麒，姜维，等. 聚碳酸酯新型生产工艺的生命周期评价［J］. 内蒙古科技大学学报，2019，3（04）：102-106.

[13] 章玉容，徐雅琴，姚泽阳，等. 配合比设计方法对再生混凝土生命周期评价的影响［J］. 浙江工业大学学报，2020，48（06）：62-67.

[14] Guidelines for Life Cycle Assessment：A 'Code of Practice'（Edition 1）［M］. SETEC，1993.

[15] 佟景贵，曹烨. 生命周期评价在环境管理中应用的局限性及其技术进展研究［J］. 环境科学与管理，2017（10）.

[16] 曹烨，邹振东，邱国玉. 环境管理生命周期评价技术的基本范畴及其适用局限性浅析［J］. 科技导报，2018，36（8）：79-86.

[17] 张亚平，左玉辉，邓南圣，等. 生命周期评价数据库分析与建模［J］. 云南环境科学，2006，25（4）：8-11.

[18] 李小青，龚先政，聂祚仁，等. 中国材料生命周期评价数据模型及数据库开发［J］. 中国材料进展，2016，035（003）：171-178.

第3章

材料清洁生产

3.1 清洁生产概述

3.1.1 清洁生产的产生与发展

3.1.1.1 清洁生产的产生

环境问题由来已久。人类文明的演化和人与自然的关系表明，人类生存繁衍的历程是人类社会同大自然互相作用、共同发展和不断进化的历史，尤其是工业革命后随着生产力和科技水平的大幅提高，人类干预自然的能力极大增强，社会财富快速膨胀，环境问题日益严重。环境问题已经从区域性发展为全球性的生态危机，成为危害人类生存的最大隐患。

到20世纪中叶，随着世界人口的快速增长和工业经济的迅猛发展，资源消耗的速度加快，废物排放量大大增加。许多国家因经济高速发展造成了大量严重的环境污染和生态破坏，并导致了一系列举世震惊的环境公害事件，加上人们认识上的局限性，环境问题变得越来越严重，从而使全球变暖（温室效应）、臭氧层破坏、酸雨、生物多样性锐减、有毒化学物质的泛滥和积累，都严重威胁着整个世界。人类生活环境和社会经济的发展、经济增长与资源环境之间的矛盾日益突出。

1970年以后，部分西方国家的企业开始采取措施将污染物转移到海洋或大气中，认为自然界可以自行消化吸收这些污染物。然而，自然界在一定时期内吸收和承受污染的能力是非常有限的，人类不断地向环境中排放废弃物，超越了自然的净化能力。因此，根据环境的承载能力，人们又计算出污染物在自然界中所被允许的排放标准，再采取稀释污染物的对策来解决污染物的排放。通过大量的实践表明，该方法并没有有效降低工业生产对环境的污染。

少数西方工业化国家开始试图利用各种方法和技术对生产过程中产生的污染

物和废弃物进行治理，以减少排放量，并减轻其对环境的危害，即在生产过程结束时通过各种方式和手段处理废物，即所谓的"末端治理"。末端治理的重点是污染物产生后的处理，这在客观上导致了生产过程与环境处理的分离。末端治理可以减少工业废物向环境的排放，但很少影响到生产的核心过程。作为传统生产工艺的后端延伸，末端治理这种污染治理方法不仅需要生产者投入昂贵的设备费用、惊人的维护成本和最终治理成本，同时末端治理的设备在运行时又消耗了大量的资源和能源，大多数情况下还会使污染在时空上发生转移，如从水污染转移到固体废物污染、从大气污染转移到固体废物污染，造成二次污染，很难从根本上消除污染。因此，面对日益严重的环境污染和日益匮乏的资源，发达国家重新考虑了污染控制程序，逐渐意识到要从根本上解决工业污染问题，必须注重预防和清除污染物，而不能局限于末端治理。

清洁生产是国际社会在总结环境和资源危机背景下，在各国工业污染治理经验的基础上提出的一种新的预防污染的环境战略。自 20 世纪 70 年代中期以来，许多发达国家的政府和主要企业集团已经研究并采用了源头削减、清洁技术（无废少废）、污染预防、废物减量化和环境友好技术等措施，虽然在不同阶段或不同国家或地区有不同叫法，但是核心本质和基本内涵是一致的，其基本精神都是对产品及生产过程开辟新的污染预防方法来减少或遏制污染物的产生，从而满足人类社会和自然界可持续发展的需要。这些国家和地区开辟的一系列新的污染预防方法引起了联合国的注意。

1989 年 5 月，在总结各国开展的与清洁生产有关的活动之后，联合国环境规划署工业与环境规划活动中心（UNEPIE/PAC）正式确定了《清洁生产计划》，该计划主要包括建立国际清洁生产信息交换中心、组建工作组、开展出版工作和培训活动等方面内容，并选定了产品设计、技术创新和原材料、过程管理和信息收集的规范。这是一个使用相同内容和清洁生产方法的完整框架，将清洁生产的定义明确并上升为一种战略。这种清洁生产战略作用对象为工艺和产品，具有持续性、预防性和一体化的特性。这一清洁生产战略获得了国际社会的普遍关注、认可和接受。从那时起，世界上许多国家/地区都引入了各种法规、政策来开展本国/本地区的清洁生产。

随着时间的推移和人类认识水平的提高，清洁生产的定义不断更新，内容进一步丰富，扩展到服务业、农业、消费、产品等多个方面，不仅广泛应用于废水、废气、固体废物的污染防治，同时还延伸到了技术升级、管理经验、经济结构调整、环境贸易、环保产业以及法律等众多领域，使人类开始探索建立新型循环经济和循环社会。

在 1992 年的联合国环境与发展会议上，各国承诺协调其生产和消费结构，广泛应用无害环境的技术和清洁生产方法，尽可能节约资源和能源，从而减少废物排放，并执行可持续发展战略。会议上正式确立了"可持续发展"作为人类发展的总目标，以及应采取的一系列行动计划，同时将"清洁生产"作为正式名称写入《21世纪议程》中，成为通过预防实现可持续工业发展的一个专业术语。从那时起，全世界的清洁生产活动达到了顶峰。

经过几十年世界各国或地区的不断创新、丰富和发展，清洁生产现已成为国际环境保护的主流理念，在世界范围内大力推动了可持续发展的进程。清洁生产的整个产生过程就是人类寻求实现社会、经济、环境和资源协调可持续发展的途径的过程。清洁生产是污染防控模式中由被动向主动的巨大改变，是人类社会实施可持续发展的必经之路。

3.1.1.2　清洁生产的发展

（1）发达国家清洁生产的发展

清洁生产是实现可持续发展的根本途径，经过多年的实践和发展，结合工业污染治理的经验教训，清洁生产已逐步成熟。

回顾历史，清洁生产最早的概念大约可以追溯到1976年，欧洲共同体在巴黎举行了无废工艺和无废生产国际研讨会，首次提出了清洁生产的概念，并提出要"消除造成污染的根源"这一思想。1979年4月，欧洲共同体理事会正式宣布实施清洁生产政策，开始拨款支持建立清洁生产示范项目，先后于1984年、1985年、1987年3次拨款自助建设清洁生产示范工程，同时制定了两个法规来促进清洁生产的发展，从而明确了对清洁生产过程示范项目的财政支持。1984年有12个试点项目、1987年有24个试点项目得到了财政支持。欧洲共同体建立了一个信息交流网络，向成员国提供有关环境保护技术和市场的相关信息。

许多欧洲国家已将清洁生产作为其重要的国家政策。瑞典是第一个进行清洁生产的国家，1987年就开展了"废物最小化评估"活动。此后，荷兰、丹麦、德国和奥地利等国家也纷纷进行了清洁生产，荷兰在利用税法条款推进清洁生产技术开发和利用方面做得比较先进。随着减少生产过程中的废物的想法的普及，一些国家开始要求企业进行废物注册和环境审核，并且工业污染管理已经开始从末端治理到减少废物的战略过渡。在20世纪90年代初期，政府推荐并采用了许多环境管理工具，如减少废物的机会分析、环境审计、风险评估和安全审计等。

1984年，美国国会通过了《资源保护与恢复法　固体及有害废物修正案》，该法案中明确规定，废物最小化是美国的一项国策，即在可行的环节将有害废物尽可能地削减和消除，要求产生有毒有害物质的单位应向环境保护部门申报废物产量、削减废物的措施和数量，并制定本单位废物最小化的规划。其中两个主要途径是在污染预防的基础上开展源削减和再循环。废物最小化成功实践后，1990

年 10 月美国国会又通过了《污染预防法》，将污染预防作为一项国家政策来对待，代替了长期进行的末端治理政策，将原先仅针对有害废物拓展到各种污染物的生产排放活动，用污染预防替代了废物最小化这一术语，允许工业企业通过设备升级、技术改造、工艺改进、重新设计产品、原材料替换以及在每个生产环节中促进企业内部管理来减少污染物排放，同时在组织机构，工艺技术、资金支持和宏观政策等方面给出了具体的细节。时任美国总统的老布什指出："着力于管道末端和烟囱顶端，着力于清除已经造成的损害，这一环境计划已不再适用，我们需要新的政策、新的工艺、新的过程，以便能预防污染或使污染减少至最小，即在污染产出之前就加以制止"。

1990 年，在英国坎特伯雷召开了首届促进清洁生产高级研讨会，正式推出了清洁生产的定义。清洁生产是指对工艺和产品不断运用综合性预防战略，以减少其对人体和环境的危害。会上提出了一系列的建议，如支持世界不同地区发起和制定国家级的清洁生产计划，支持创办国家级的清洁生产中心，并进一步与有关国际组织结成网络，确定每两年召开一次高层国际研讨会，定期评估清洁生产的进展，国际社会定期交流经验，以便于发现问题和提出新的清洁生产目标，全力推进清洁生产的发展。

这一系列发达国家工业污染预防和控制战略引起了联合国环境规划署的高度重视。1992 年 6 月，在巴西里约热内卢举行了联合国环境与发展会议。大会在推行可持续发展战略的《里约环境与发展宣言》中明确了地球具有整体性和互相依存性，环境保护工作应是发展进程中的一个组成部分，各国应当减少甚至消除不能持续的生产和消费方式等内容。本次会议将清洁生产作为实施可持续发展战略的关键措施正式写入实施可持续发展行动纲领《21 世纪议程》，将清洁生产视为实现可持续发展、提高能源效率并为所有国家的工业界开发更先进的清洁技术的重要组成部分。清洁生产可用于更新和替换对环境有害的原材料和产品，实现对环境和资源的保护和合理利用。美国、丹麦、日本、加拿大、荷兰、法国、德国、泰国、韩国等国家宣布了清洁生产法规和清洁生产行动计划。世界各地涌现出了大量清洁生产国家技术中心和非官方的倡议、手册、期刊和书籍，同时实施了许多清洁生产示范项目。联合国工业发展组织和联合国环境署率先在 9 个国家（包括中国）资助建立了国家清洁生产中心（37 个），世界银行等国际金融组织积极资助在发展中国家开展清洁生产的培训工作和建立示范工程，国际标准化组织（ISO）制定并发布了国际环境管理系列标准 ISO14000。美国污染预防圆桌会议的交流形式迅速向其他地区和国家扩散，地区性的研讨会使清洁生产活动遍及了世界各大洲，推动了清洁生产在世界范围内的实施。在联合国的大力推动下，清洁生产逐渐为各国企业和政府所认可，清洁生产进入了一个快速发展时期。

　　自 1990 年以来，联合国环境规划署每两年举行一次国际清洁生产高级研讨会。1992 年 10 月，联合国环境规划署在巴黎召开了清洁生产部长会议并举行了一次高级别研讨会，指出当下工业不仅面临环境的挑战，也正获得新的市场机遇。1994 年，联合国工业发展组织和联合国环境规划署共同发起了"在发展中国家建立清洁生产中心的全球方案"。这些国家清洁生产中心与数十个发达国家建立了庞大的国际清洁生产网络。1998 年，在韩国举办了第五次国际清洁生产研讨会，出台了《国际清洁生产宣言》，包括中国在内的 13 个国家的部长及其他高级代表与 9 位公司领导人共 64 位与会者首批签署了宣言，表明清洁生产不断获得世界各国政府和工商界的普遍响应。截至 2010 年，全世界已经有 89 个国家或地方政府（包括 54 个国家政府、35 个省级地方政府）、220 家企业和 220 个组织共 529 个签署人签署了该宣言，并已经被翻译成 15 种语言。《国际清洁生产宣言》在世界范围内的广泛签署，极大地推进了清洁生产事业的发展。

　　2000 年 10 月，联合国环境规划署在加拿大蒙特利尔举办的第 6 届国际清洁生产高级会议上总结了清洁生产的发展状况："对于清洁生产，我们已在很大程度上达成了全球共识。但距离最终目标还有很长的路要走，因此还需要作出更多的承诺。本次会议对清洁生产进行了全面系统的总结，将清洁生产形象地概括为技术革新的推动者、改善企业管理的催化剂、工业运动模式的革新者、连接工业化和可持续发展的桥梁。"

　　2002 年 4 月，来自政府和工商业的 350 多位高级决策人参加了在布拉格的第 7 届国际清洁生产高级研讨会，他们强调无论是作为个体的公民还是机构的成员，每个人都应该通过改变生产和消费方式来促进可持续发展。该研讨会传达了一个明确的信息，即进一步把清洁生产与可持续消费结合起来至关重要。同时，联合国环境规划署和环境毒性化学协会（SETAC）共同发起了"生命周期行动"，试图在全球范围内推广生命周期思维。

　　2005 年 2 月 16 日，联合国历史上第一个具有法律约束力的温室气体减排协定，即《京都议定书》生效。2007 年 9 月，亚太经济合作组织（APEC）领导人会议首次将气候变化和清洁发展作为主要议题。

　　近年来，美国、澳大利亚、丹麦和荷兰等发达国家在清洁生产法、组织结构、科学研究、信息交流、试点项目和公共关系方面取得了重大成就。发达国家的清洁生产有两个重要趋势：其一是将清洁生产技术逐渐转向产品的整个生命；其二是更加重视扶持中小企业，如财务援助、项目支持、技术服务和信息提供等措施。

　　清洁生产是在较长的工业污染防治进程中逐步形成的，也是国内外几十年来工业污染防治工作基本经验的结晶。现在全世界已经有 70 多个国家全面开展清洁生产，包括美国、加拿大、日本、澳大利亚、新西兰及欧盟各国（以法国、荷兰、丹麦、瑞典、瑞士、英国、奥地利等国为主）在内的发达国家，以及中国、巴西、捷克、南非等近 50 个发展中国家。

（2）发展中国家清洁生产的发展

发展中国家的清洁生产工作主要是依靠联合国有关机构的支持与资助逐步开展起来的。20 世纪 90 年代初，国际社会开始支持发展中国家开展清洁生产。1994 年，联合国工业发展组织和联合国环境规划署在全球范围内启动了"发展中国家国家清洁生产中心项目计划"。该计划旨在帮助发展中国家不重蹈发达国家走过的"先污染后治理"的旧路，而是提倡污染预防与清洁生产的先进理念。通过咨询服务、培训、工业企业试点示范、政策建议、协助技术转让、加强机构能力建设等活动，截至 2010 年，共有 47 个发展中国家和经济转型国家建立了国家级或地区级清洁生产中心，培训了大批清洁生产专家，完成了大量企业清洁生产审核，并对审核成果和经验进行了宣传推广，从而推动了清洁生产在这些国家的发展。中国作为首批 8 个国家之一参加了该项目，于 1995 年正式成立了"中国国家清洁生产中心"，并且得到了原国家环境保护局的大力支持。1995—1997年，"中国国家清洁生产中心"连续三年获得了联合国工业发展组织与联合国环境规划署的资金资助和技术支持。国家清洁生产中心的建立为我国清洁生产初期工作提供了有力的技术支持和人员保证。发展中国家的国家清洁生产中心通过不定期的国际清洁生产研讨会以及各种多边或双边的国际合作项目逐渐建立起了稳定联系，初步形成了全球清洁生产网络的框架。2009 年，联合国工业发展组织与联合国环境规划署正式筹备并建立了"全球资源高效利用与清洁生产网络"，进一步加强了各成员国之间正式的信息联络，分享各成员国在高效资源与清洁生产方面的经验与成果。在此基础上，同一地区内的各国国家清洁生产中心也开始在区域范围内加强合作，共同获取相关知识、分享信息与资源。例如，拉丁美洲已经建立起了"拉丁美洲清洁生产网"，共有 12 个国家清洁生产中心加入，共同实施清洁生产项目。该网络的关键要素就是在瑞士和奥地利政府的资助下开发了"知识管理系统"，为在拉丁美洲区域范围内获得清洁生产专家资源提供了便捷渠道。非洲各国国家清洁生产中心也带动了整个区域在可持续消费与生产方面的区域机构建设的进程，共同建立了"非洲可持续消费与生产圆桌会议"，并制定了"非洲可持续消费与生产 10 年框架计划"，"非洲环境部长联席会议"已经批准了该计划。同样，在亚洲，各国国家清洁生产中心支持并协助组织了"亚太地区可持续消费与生产圆桌会议"。另外，亚洲 9 个国家的清洁生产中心和其他相关机构还共同合作完成了一项为期 3 年的项目，该项目主要是在制浆造纸、水泥、钢铁、化工以及陶瓷这 5 个行业示范应用清洁生产方法节约能源、削减温室气体。通过在 38 个试点企业的示范应用，每年共削减温室气体排放 100 多万吨 CO_2 当量。

上述证明，通过相对稳定的网络联系，各国的经验得到了有效传播与推广，同时专家资源、清洁生产技术以及清洁生产领域的最新研究成果也通过网络得到了顺利沟通与共享。

我国从 1995 年以来与全球发展中国家清洁生产网络保持较为密切的联系，积极参与网络内的各项会议及交流活动。我国在清洁生产立法、政策推行、能力建设、清洁生产技术以及清洁生产审核实践经验等方面所积累的大量经验，也通过网络与联合国及网络成员国进行着广泛交流。期间越南清洁生产代表团专程访问我国，对我国清洁生产立法及政策进行了专项调研，为越南国内清洁生产法律、法规与政策的制定提供了良好的借鉴经验。

（3）我国清洁生产的发展

我国从 20 世纪 70 年代开始致力于环境保护，当时主要通过"末端治理"来解决环境问题。随着国际社会对解决环境问题的反思，在 20 世纪 80 年代开始寻求从生产过程中消除污染的方法。首先通过国际合作项目正式引入清洁生产这一概念，实施各类清洁生产试点示范及推广项目、能力建设项目等多边或双边合作，逐渐积累了较丰富的实践经验。与此同时，我国充分借鉴了美国、加拿大、澳大利亚、荷兰、丹麦等发达国家在清洁生产立法、组织机构建设、科学研究、信息交换、示范项目和推广等领域所取得的成功经验。

我国清洁生产的形成和发展的第一阶段为从 1983 年至 1992 年开始实行清洁生产的消化阶段，这一阶段的显著特点是清洁生产从萌芽状态逐步发展到理念的形成，并作为环境与发展的对策。1983 年，第二届全国环境保护大会明确提出了经济、社会和环境效益"三统一"的指导方针，同年国务院颁布了技术改造和工业污染防治的相关规定。1989 年，联合国环境规划署发布实施清洁生产的行动计划后，清洁生产的概念和方法开始引入我国，有关部门和单位也开始研究如何实施我们国家的清洁生产。1992 年，中国积极响应联合国环境与发展会议倡导的可持续发展战略。清洁生产已正式写入我国的《环境与发展十大对策》。

第二阶段为从 1993 年至 2002 年开始实行清洁生产的立法阶段，这一阶段的显著特点是清洁生产从战略到实践均取得了重大进展。在 1993 年召开的第二届全国工业污染防治工作会议上，明确提出工业污染防治应从简单的后处理转变为生产中的全过程控制，积极促进清洁生产，走可持续发展道路。其后，我国先后制定并颁布了《中国 21 世纪议程》《中华人民共和国大气污染防治法（修订稿）》《关于环境保护若干问题的决定》《关于推行清洁生产的若干意见》等多部政策及法律、法规，极大地推动了清洁生产的发展。

第三阶段是以 2003 年 1 月 1 日起实施的《中华人民共和国清洁生产促进法》为标志，我国推行清洁生产从此进入依法全面推行清洁生产的新阶段，表明我国推行清洁生产的步伐开始加快。随后国务院及部委颁布了《关于加快推行清洁生产的意见》《清洁生产审核暂行办法》《重点企业清洁生产审核程序的规定》《关于深入推进重点企业清洁生产的通知》《中央财政清洁生产专项资金管理暂行办法》等，为进一步推行清洁生产工作提供了保障，逐步完善了清洁生产政策法规体系，并稳步建立了清洁生产的支撑机构，如国家级、省部级清洁生产中心的建立，在清洁生产政策建设、清洁生产理念传播、清洁生产咨询及技术推广等方面发挥了重要作用。2002 年，我国咨询机构仅有 39 家，到 2013 年底，咨询服务机构数量增长到 934 家（见图 3-1），以挂靠科研院所、高校和行业协会为主。截至 2015 年底，我国清洁生产咨询服务机构数量已有 1013 家，专职人员总数9525 人。清洁生产咨询机构以清洁生产审核为主要形式，通过分析和发现企业的清洁生产潜力，协助提出清洁生产方案，为推动各地清洁生产工作开展发挥了重要作用。

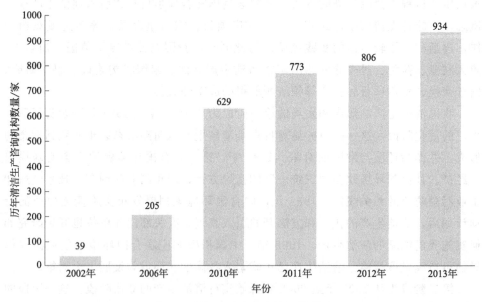

图 3-1　历年清洁生产咨询机构数量

清洁生产工作跨学科、综合性强，需要高素质的专业人员。我国开展清洁生产工作以来，国家十分重视人员培训工作，通过培训使其了解并掌握清洁生产内涵、清洁生产审核程序、方法与操作实践技巧以及典型行业清洁生产关键技术等。截至 2013 年底，全国共 27996 人参加了国家层次的清洁生产培训。2006 年以来国家清洁生产审核培训人员增长幅度较为显著，这与我国 2005—2010 年推进制度的颁布和实施直接相关，在这些制度的激励下，重点企业清洁生产审核工作全面展开，极大地调动了清洁生产咨询人才需求。这些人才已成为我国清洁生产领域的骨干力量，为促进行业和地方清洁生产工作发挥了不可或缺的作用。此外，各省市还通过清洁生产知识普及型培训、讲座或者企业内审员培训班等多种途径开展清洁生产能力建设。据不完全统计，仅 2013 年就培训相关人员 16 万余人，为当年国家培训总数的 70 余倍。这些工作大大增强了我国清洁生产技术力量，为开展清洁生产工作创造了基础条件。

清洁生产在中国蕴藏着很大的市场潜力。随着市场竞争的加剧、经济发展质量的提高，我国企业开展清洁生产的积极性会越来越高，这也必将拉动需求市场的发展。清洁生产将会在中国形成一个快速生长期，为进一步促进中国经济的良性增长和可持续发展做出积极的贡献。党的十九大报告把坚持人与自然和谐共生作为基本方略，进一步明确了建设生态文明、建设美丽中国的总体要求，集中体现了习近平新时代中国特色社会主义思想的生态文明观。报告提出壮大节能环保产业、清洁生产产业、清洁能源产业，要在这些绿色产业培育形成更多市场主体和新的增长点。推进能源生产和消费革命，要紧跟世界能源技术进步和产业变革新趋势，构建清洁低碳、安全高效的能源体系。推进资源全面节约和循环利用，就是要坚持节约资源的基本国策，推进节能、节水、节地、节材、节矿，节约一切自然资源。

3.1.2 清洁生产概念和主要内容

3.1.2.1 清洁生产的定义

(1)《中华人民共和国清洁生产促进法》的定义

"清洁生产是指不断采取改进设计，使用清洁的能源和原料，采用先进的工艺技术与设备、改善管理、综合利用等措施，从源头削减污染，提高资源利用效率，减少或者避免生产、服务和产品使用过程中污染物的产生和排放，以减轻或者消除对人类健康和环境的危害。"

(2) 联合国环境规划署的定义

1989 年："清洁生产是指对工艺和产品不断运用综合性的预防战略，以减少其对人体和环境的风险。"

1996 年："清洁生产是一种新的创造性的思想，该思想将整体预防的环境战略持续地应用于生产过程、产品和服务中，以增加生态效率和减少人类和环境的风险。"

——对于生产过程，要求节约原材料和能源，淘汰有毒原材料，降低所有废弃物的数量和毒性；

——对于产品，要求减少从原材料提炼到产品最终处置的整个生命周期的不利影响；

——对于服务，要求将环境因素纳入设计和所提供的服务中。

以上诸定义尽管表述方式不同，但其内涵是统一的。从清洁生产的定义可以看出，实施清洁生产体现以下 3 个方面的原则。

持续性原则：清洁生产并非一时的权宜之计，需要对服务、产品或过程进行持续不断的改进。清洁生产是对现状的不断改进，经过不断改进，企业在生产、管理、工艺、技术和设备方面才能不断进步，达到更高水平，从而节省资源，保护环境。

预防性原则：清洁生产强调在服务、产品或过程的整个生命周期内，从原材料获取到产品的最终消费废弃，要实现全过程污染预防，对污染从源头上削减，而不是在污染之后才进行治理。

综合性原则：清洁生产不仅影响到企业，还涉及整个社会、公众和政府部分。它不仅仅是对企业的一种约束，还应该看成企业整体整理的一部分，应贯彻落实到企业的各个部门。随着消费者的环保意识增强，环保政策和法律越来越完善，清洁产品的市场影响力增大，清洁生产对整个社会也将产生深远的影响。

值得注意的是，清洁生产是一个相对的概念，所谓清洁的工艺、产品以至能源都是和现有的工艺、产品、能源比较而言的，因此，清洁生产是一个持续进步、创新的过程，而不是一个用某一特定标准衡量的目标。随着经济发展和科技的进步，需要不断地提出新的目标，达到更高的清洁生产水平。

3.1.2.2 清洁生产的主要内容

由清洁生产的定义可知，清洁生产的核心内涵是从源头削减污染和对生产或服务的全过程控制。从产生污染物的源头开始削减污染，其本质是使原料更多地转换成产品，具有一种积极、预防性、事半功倍的效果。同时，对整个生产或服务进行全过程控制，即从原料的选择、设备水平、管理水平、废物循环再利用等全方位的控制。由此可知，清洁生产的内容主要包括三个方面：

（1）清洁的原料和能源

首先要求清洁的原料能在生产中被充分利用，减少废弃物的排放量。其次要求清洁的原料不含有毒有害物质。清洁生产应通过技术改进，淘汰有毒有害的原材料，采用无毒或低毒的原料。此外，在生产中应尽量使用清洁的能源。清洁的能源是指新能源的开发以及各种节能技术的开发利用，可再生能源的利用，如使用风能、太阳能、潮汐能等，常规能源的清洁利用，如使用型煤、煤制气和水煤浆等洁净煤技术。

（2）清洁的生产工艺

清洁的生产工艺可以使生产中产生的废物减量化、资源化、无害化，甚至不产生废弃物，通过改善生产工艺，选用先进的设备；尽量避免生产过程中的各种危险性因素，如高温、高压、低温、低压、易燃、易爆、强噪声、强振动等；采用可靠和简单的生产操作和控制方法；对物料进行内部循环利用（包括厂内和厂外）；科学完善生产管理。

（3）清洁的产品

产品的设计应考虑节约资源和能源，少用或不用昂贵和稀缺的原料；尽量使用二次资源做原料。产品在使用过程中以及废弃后不含有危害人体健康和破坏生态环境的因素；产品的包装合理；不设计繁复的多层过度包装；产品使用后易于回收、重复使用和再生；使用寿命和使用功能合理；产品应精简零件，易于拆卸，可重复使用。

3.1.3 清洁生产的作用

（1）清洁生产的过程控制

清洁生产包括两个全过程控制。一方面是宏观层次的全过程控制，即组织工业生产的全过程控制，包括资源分配和废物交换的规划、组织、实施、运营、评价等过程；另一方面是微观层次的全过程控制，即产品转换的全过程控制，包括物料的采集、储存、预处理、加工、成型、包装、产品的贮存等环节。

（2）清洁生产的作用

① 清洁生产的微观作用：就是实施清洁生产的组织或企业能获得的效益。清洁生产审核是推行清洁生产的有效手段。清洁生产审核将有效地评估和分析企业进行的工业生产所产生的污染，通过审核制定经济有效的废物控制对策，提高企业经济效益和产品质量的同时，获得较高的环境效益。

② 清洁生产的宏观作用：就是实施清洁生产后整个社会所获得的社会效益。根据清洁生产的定义和内涵，清洁生产可以促进社会和经济的发展，预防环境污染，改善环境质量，因此，清洁生产应贯穿于社会经济发展的方方面面，达到经济发展的同时还保护环境的目的。清洁生产是一个大目标，社会各界尤其是工业界都应该努力实现这个目标。清洁生产具有预防性和综合性，为了减少污染的产生和排放，社会生产和活动都要按照清洁生产的途径进行清洁审核，筛选出合适的清洁生产方案。实现清洁生产是一项整个社会都应参与的宏大的系统工程。

3.1.4 清洁生产的实施途径

清洁生产是一个系统工程，需要对生产全过程以及产品的整个生命周期采取污染预防和资源消耗减量的各种综合措施，包括合理布局，产品优化、原料选择、工艺改革、节约能源与原材料、资源综合利用、技术进步、加强管理、实施生命周期评价等方方面面。既涉及生产技术问题，又涉及管理问题。推进清洁生产就是在宏观层次上实现对生产的全过程调控，在微观层次上实现对物料转化的全过程控制，通过将综合预防的环境战略持续地应用于生产过程、产品和服务中，尽可能地提高资源和能源的利用效率，减少污染物的产生量和排放量，从而实现环境影响的最小化和社会经济效益的最大化。实施清洁生产的途径归纳如下：

（1）优化和调整经济结构和产业结构

在宏观层次上合理地布局、优化和调整经济结构和产业结构，可以解决环境的"结构化"污染和资源能源的浪费。此外，组织合理的工业生态链，进行生产力的科学配置，优化产业结构体系，可以实现能源、资源和物料的闭合循环，可以在区域内削减和消除废物。

例如，广西作为全国食糖主产区，制糖企业的生存和发展面临着严峻的考验，必须加快转型及产业结构调整步伐，坚持"降本增效"，在甘蔗种植、制糖生产及企业管理等方面走制糖企业市场化、现代化的路子。某制糖厂通过调整优化产业结构、建立高效节水灌溉平台、提高甘蔗单产量、采用甘蔗高效节水灌溉技术等应用模式，实现水、肥、药一体化，提高糖料蔗生产的科技水平，改变"靠天种蔗"的被动局面，达到节约农业用水、降低甘蔗生产成本的目的，同时提高甘蔗产量和品质。此外，结合蔗区甘蔗生产实际情况，进行甘蔗区域新品种试验，改善甘蔗品种结构，提高抗自然风险能力和经济效益。

（2）重视产品设计和原料选择

清洁生产要求在产品设计和原料选择时，优先选用无毒或低毒、无污染的原辅材料替代毒性较大的原辅材料，防止有毒有害的原辅材料及产品对人类和环境的危害。

例如，Ecover公司是比利时一家生产绿色清洁剂的公司，年销售额超过2亿美元，是世界上最大的绿色清洁公司之一。自从1980年该公司开发了一系列无磷清洁剂以来，就一直致力于寻求绿色环保的原料。Ecover公司以植物性物质为原料，从药草、淀粉、木质纤维（纤维素）、油菜籽、棕榈、椰子油以及一些植物油中提取精华。此外，公司也会利用一些矿物质和沙子、石灰、沸石和硅酸盐等矿物质的衍生物。可持续发展必须植根于每个企业的发展战略。在用尽石油之前，石油时代就会结束，人们必须为生态经济创造一个可持续的转变过程。因此企业必须找到并使用生物原料，如该公司的硬表面清洗剂配方中就采用了生物表面活性剂、葡萄糖和菜籽油。

（3）改革生产工艺，开发高新技术

通过改革已有的生产工艺，开发高新技术，淘汰老旧设备，更新生产设备可以实现节能、减排、降耗、增效的目的。采用新设备、新工艺替代落后的设备和工艺能够使原材料转化率提升，资源和能源的利用率提高，污染物减量，实现无废/少废生产。

硫酸是一种重要的基本化工原料，广泛用于化肥、电镀、钢铁等行业中。1988年我国硫酸产量为1911.4万吨，2018年为9129.76万吨。我国由于天然硫资源的缺乏，长期以来主要采用硫酸铁矿制取硫酸，其产量近年来占硫酸总产量的80%以上。硫铁矿氧化焙烧生产硫酸过程中产生大量烧渣，每生产1t硫酸产生0.9t左右的烧渣，据统计，我国每年堆置的硫酸矿烧渣达近千万吨，约占化工废渣的1/3。大量烧渣除极少部分作为水泥生产配料外，堆积如山，不仅占用宝贵的土地资源，而且因其颗粒细造成环境污染。采用清洁焙烧工艺，可充分合理地利用资源，对稳定生产、提高硫的烧出率都是十分重要的。近年来，磁性焙烧、硫酸化焙烧等技术逐步得到应用，这些工艺既是生产流程，又是污染预防流程，有效削减了烧渣污染的产生。严格控制焙烧炉的氧硫比，选择合适的空气过剩系数、焙烧温度均能保证操作的正常进行，提高烧渣的利用率。

（4）节约资源、能源和原材料

尽量采用新工艺、新设备提高资源和能源的利用水平，实现物尽其用，减少废弃物的排放和能源的浪费。通过资源、能源、原料的节约和合理利用，使原材料中的组分在生产过程中最大限度地转换为产品，削减了废弃物的产量，从而实现清洁生产。

如浙江杭州某金属材料企业热处理车间年加工热处理零件36000t，有十多条网带生产线，淬火后零件进行回火时会产生大量油烟，严重污染作业环境，所以回火前需采用热水进行清洗，每年消耗蒸汽约3600t，折合标准煤368t。通过在炉口安装与清洗水槽连接的水箱，利用炉口余热循环对清洗槽内的水进行加热，可显著提高淬火后零件的去油清洗效果和清洁度，从而可以减少回火时油烟的产生，降低蒸汽的用量，既节约能源，提升了工序质量，又大大改善作业现场的环境，每年可减少油烟排放6万立方米，节约蒸汽的用量3000t，节约标准煤306.9t。

（5）开展资源综合利用

资源的综合利用尽可能多地采用物料循环系统，同一种资源有不同的利用形式，生产不同的产品，可找到不同的用途，如水的循环使用以及水的重复利用。开展资源综合利用，可以使废弃物资源化、减量化和无害化，进而减少污染物排放。

例如，近年来我国汽车产业高速发展，自2009年起我国汽车产销量已连续11年位居全球第一，坐实了世界汽车大国的地位。随着我国汽车产销量的逐年增长，汽车保有量和报废量也呈现攀升趋势，2019年我国汽车保有量达到2.6亿辆、报废量约为456万辆，报废汽车资源综合利用市场规模超过100亿元。汽车产业是资源密集型产业，每年用于汽车制造的金属、塑料、橡胶等材料超过6000万吨。如果汽车报废后材料能够得到有效的再利用，将成为城市矿产的重要组成部分，预计到2025年，报废汽车拆解后的钢铁可达2684万吨、有色金属212万吨、废塑料528万吨、废橡胶172万吨，可以部分缓解我国的资源紧缺压力。当下，我国逐渐重视汽车资源综合利用管理工作。2017年4月，工业和信息化部、国家发展和改革委员会、科技部发布《汽车产业中长期发展规划》，预计到2025年汽车实际回收利用率将达到国际先进水平的目标。

(6) 提高企业技术创新能力

现代科技飞速发展，依靠科技的进步，可以有效提高企业创新能力，加快企业技术革新步伐，提高企业工艺装备和水平，开发、示范和推广无废/少废的清洁生产技术和装备。

例如，我国是电解锌生产和消费大国，锌的产能产量连续20余年居世界首位，消费量仅次于铜和铝，在有色金属消费中位居第三，广泛应用于食品卫生、电子技术、环境保护、航空航天等领域，是经济发展和国防建设不可或缺的基础物资。锌是典型的有色金属，也是涉重金属污染的主要有色金属之一。我国锌电解车间技术装备落后、自动化水平低，诸多工序仍普遍依赖人工手动操作，人工操作＋机械化/部分自动化在我国大部分电解锌企业仍占主导地位，技术装备落后、工艺技术路线不清洁是造成锌电解过程重金属污染的主要原因。针对锌电解车间工序多、流程长，且十几个工序孤立零散，重金属废水产生过程源头多、面域大、移动性强以及空间发散的复杂性等问题，某企业通过对工艺路线的优化和新工艺流程装备化的突破，研制设计了大型锌电解整体工艺重金属废水智能化源削减成套技术和装备，实现生产和减污协同。在工艺路线优化方面，根据"先减量、再循环"的原则，将阴、阳极板从电解出槽到入槽的工艺流程按照清洁生产原则进行调整、优化和重新设计，创新性提出了以污染物"六次减量、三次循环"为特征，将减污技术嵌入长流程主体生产工序中的锌电解新工艺流程，可削减锌电解车间废水产生量及废水中铅等一类重金属80％以上，实现电解车间无废水外排处理，大幅提升锌电解车间自动化、清洁化水平，部分工序可实现智能化操作。

(7) 强化管理

国内外数十年的实践表明，工业污染有很大一部分是由于生产过程中管理不善造成的，只要改进操作、改善管理，不需要花费很大的代价。科学管理的主要办法有：落实岗位责任，杜绝跑冒滴漏，严防生产事故，使人为资源浪费和污染排放减少到最小；加强设备管理，提高设备完好率和运行率，降低设备故障率；开展物料、能源清洁生产审核；科学安排生产，改进操作程序；组织安全文明生产，把绿色文明渗透到企业文化中。推行清洁生产的过程也是加强生产管理的过程，很大程度上丰富和完善了生产管理的内涵。

例如，新疆某油田作业区通过强化管理保障可持续清洁生产，通过清洁生产的强化管理，实施了多项预防污染方案，使作业区领导干部和广大员工认识到清洁生产的必要性和紧迫性，也体会到实施清洁生产过程中的益处。为了使清洁生产工作在厂内长期、持续地推行下去，作业区应增设专人负责清洁生产方面的工作。在清洁生产过程中，应强化作业区的科学有效的管理手段，及时将高效科学的管理纳入清洁生产过程中的关键操作规程、技术规范和日常管理制度中去，最终实现并巩固清洁生产成效。

（8）开发、生产对环境无害或者低害的清洁产品

改进产品设计的目的在于将环境因素纳入产品开发的全过程，使其在使用过程中效率高、污染少，在使用后易回收再利用，在废弃后对环境危害小。因此，从产品的设计开始，就要预防性地将环境因素加入到产品的设计中，并考虑其整个生命周期对环境的影响。

例如，传统的机床产品生产效率低、成本高、加工质量不稳定、劳动强度大、油污严重，而微量润滑技术、油雾回收技术以及水溶性切削液等先进技术和产品的广泛应用，使得机床产品逐步向着绿色环保、清洁生产迈进，这种绿色机床产品也保障了机床操作工人的身体健康。绿色制造和清洁生产将越来越引起人们的重视，我国在这方面虽然起步较晚，但近些年来，在政府的大力提倡之下，我国在推进绿色制造业方面也正在取得可喜的进步。

以上途径并不是互相独立的，可以单独实施，亦可以组合起来综合实施，在实际推行清洁生产的过程中应采用系统工程的思想，以资源利用率最大化、污染物最小化为目标，综合推进清洁生产，同时与企业的其他工作共同推进、相互促进。

3.2 清洁生产相关法律、法规及政策

立法是有效推进清洁生产的最重要的手段之一。这是由于企业作为清洁生产的主体，企业内部存在一系列实施清洁生产的障碍约束，而在现行条件下，要使企业完全自发地采取自觉主动的清洁生产行动是极其困难的。同时，仅仅依靠培训和企业清洁生产示范来推动清洁生产，其作用也不能保证清洁生产广泛、持久

地实施。因此，促进中国清洁生产发展的关键是需要通过政府建立起适应清洁生产特点和需要的、能够使其有效推进的相关法律、法规及政策，来营造有利于调动企业实施清洁生产的外部环境。

我国的清洁生产法律、法规及政策主要体系是由相关国家法律、法规、政府规定、政府文件以及清洁生产标准等组成。从我国开始推行清洁生产以来，在原有的环境和资源立法的基础之上，逐步制定、颁布和实施了多项促进清洁生产相关的法律、法规及经济政策、产业政策，使清洁生产取得了较快的发展，为推动我国清洁生产向纵深发展提供了重要的法律、法规及政策保障。

3.2.1　我国关于环境法律、法规及政策的发展

从 20 世纪 70 年代开始，我国与环境相关的政策发展主要经历了四个阶段的发展。第一阶段为起步构建阶段，该时期我国比较重视工业"三废"危害，强调综合利用，先后实施了"三同时"制度、排污收费制度和环境影响评价制度；第二阶段为形成框架体系阶段，逐步形成预防为主、防治结合，谁污染，谁治理，以及强化环境管理的"三大政策"，并围绕其提出"新五项制度"；第三阶段为实现战略转变的阶段，开始实施以污染预防为主要特征的"三大转变"；第四阶段为 21 世纪初开始的全面综合决策阶段。从第二阶段开始，我国先后制定和颁布了多项较重要的决策，使我国的清洁生产取得了较快的发展。我国先后颁布和实施的关于环境法律、法规及政策主要有：

1989 年 12 月 26 日，第七届全国人民代表大会常务委员会第十一次会议通过了《中华人民共和国环境保护法》，并于 2014 年 4 月 24 日修订，自 2015 年 1 月 1 日起施行。该法律将环境保护作为我国的基本国策。即国家采取有利于节约和循环利用资源、保护和改善环境促进人与自然和谐的经济、技术政策和措施，使经济社会发展与环境保护相协调。该法律的立法目的就是为了保护和改善环境，防治污染和其他公害，保障公众健康，推进生态文明建设，促进经济社会可持续发展而制定。

1992 年 5 月，国家环境保护局与联合国环境规划署联合在中国举办了首届国际清洁生产研讨会，启动了《中国清洁生产行动计划》（草案），标志着中国清洁生产实践的开放。

1992 年 8 月 10 日，经党中央和国务院批准，同年 9 月 16 日公布的《中国环境与发展十大对策》就明确实施可持续发展战略，其中提出了在新建、扩建、改建项目时，技术起点要高，尽量采用能耗物耗小、污染物排放量少的清洁工艺。

1993 年 10 月，国家环境保护局和国家经济贸易委员会在上海召开的第二次

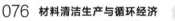

全国工业污染防治工作会议并讨论"关于进一步加强工业污染防治工作的决定"等内容，提出了工业污染防治必须从单纯的末端治理向对生产全过程控制转变，即实行清洁生产，明确了清洁生产在我国工业污染防治中的地位。与此同时，国家制定并修改了部分法律、法规，对全过程控制和清洁生产作出了较为明确的规定。

1994年3月25日，《中国21世纪议程——中国21世纪人口、环境与发展白皮书》经国务院第16次常务会议讨论通过。该议程作为我国实施可持续发展战略的行动纲领，将实施清洁生产列入了实现可持续发展的主要对策：强调污染防治逐步从浓度控制转变为总量控制、从末端治理转变到全过程防治，推行清洁生产；鼓励采用清洁生产方式使用能源和资源；并配套制定相应的法规和经济政策，开发无公害、少污染、低消耗的清洁生产工艺和产品。国家经济贸易委员会与国家环境保护局利用世界银行技术援助贷款进行"推行中国清洁生产"项目研究，选定25家企业进行示范。同年12月成立了第一批国家、行业、地方清洁生产中心。

1995年8月8日，国务院为了加强淮河流域水污染防治，保护和改善水质，保障人体健康和人民生活、生产用水，公布并开始施行了《淮河流域水污染防治暂行条例》。该条例防治的目标是1997年实现全流域工业污染源达标排放；2000年淮河流域各主要河段、湖泊、水库的水质达到淮河流域水污染防治规划的要求，实现淮河水体变清。

1995年8月29日，第八届全国人民代表大会常务委员会第十五次会议《关于修改〈中华人民共和国大气污染防治法〉的决定》，对1987年由第六届全国人民代表大会常务委员会第二十二次会议通过的《大气污染防治法》进行了第一次修订，之后又于2000年、2015年和2018年进行了修订，其中的多项条款强调要采用清洁生产工艺、推广清洁能源的生产和使用、推广传统能源的高效利用等控制大气污染物排放的措施。

1995年10月30日，第八届全国人民代表大会常务委员会第十六次会议通过的《中华人民共和国固体废物污染环境防治法》第一次将"清洁生产"的概念写进我国法律中。该法律之后于2004年、2016年和2020年进行了多次修订，不断强化清洁生产的重要作用。其第三条规定："国家推行绿色发展方式，促进清洁生产和循环经济发展。"第十条规定："国家鼓励、支持固体废物污染环境防治的科学研究、技术开发、先进技术推广和科学普及加强固体废物污染环境防治技术支撑"等。

1996年5月15日，第八届全国人民代表大会常务委员会第十九次会议修订并颁布了《中华人民共和国水污染防治法》，该法律于2008年和2017年进行了修订，现行版本为 2017 年 6 月 27 日第十二届全国人民代表大会常务委员会第二十八次会议修正，自 2018 年 1 月 1 日起施行。该法律是为了保护和改善环境，防治水污染，保护水生态，保障饮用水安全，维护公众健康，推进生态文明建设，促进经济社会可持续发展。其第三条规定："水污染防治应当坚持预防为主、防治结合、综合治理的原则，优先保护饮用水水源，严格控制工业污染、城镇生活污染，防治农业面源污染，积极推进生态治理工程建设，预防、控制和减少水环境污染和生态破坏。"第四十八条规定："企业应当采用原材料利用效率高、污染物排放量少的清洁工艺，并加强管理，减少水污染物的产生。"与此同时，2000 年 3 月 20 日，国务院又发布了《中华人民共和国水污染防治法实施细则》，详细制定了关于水污染防治的监督管理、防止地表水污染、防止地下水污染等多方面的规定，该细则于 2018 年 4 月 4 日废止。

1996 年 8 月 3 日，为进一步落实环境保护基本国策，实施可持续发展战略，贯彻《中华人民共和国国民经济和社会发展"九五"计划和 2010 年远景目标纲要》，实现到 2000 年力争使环境污染和生态破坏加剧的趋势得到基本控制，部分城市和地区的环境质量有所改善的环境保护目标，国务院颁发了《国务院关于环境保护若干问题的决定》，该决定就实行环境质量行政领导负责制、认真解决区域环境问题、坚决控制新污染、加快治理老污染、禁止转嫁废物污染、维护生态平衡，保护和合理开发自然资源、切实增加环境保护投入、严格环保执法、强化环境监督管理、积极开展环境科学研究，大力发展环境保护产业、加强宣传教育，提高全民环境意识等问题都作出了具体规定。如其中明确规定："所有大、中、小型新建、扩建、改建和技术改造项目，要提高技术起点，采用能耗物耗小、污染物产生量少的清洁生产工艺，严禁采用国家明令禁止的设备和工艺。"

1996 年 12 月，国家环境保护局主持编写的《企业清洁生产审核手册》，由中国环境科学出版社发行。该书吸取了国内外进行企业清洁生产审核的原理和方法，总结了我国十几个行业、几十家清洁生产审核示范企业的实践经验，对企业开展清洁生产审核的方法、程序、原理、内容、重点和关键技术作了比较全面而详细的阐述。

1997 年 4 月 14 日，国家环境保护局发布的《国家环境保护局关于推行清洁生产的若干意见》中再次强调："清洁生产是实现经济和环境协调持续发展的一项重要措施"。该意见指出，我国"九五"期间推行清洁生产的总体目标是：以实施可持续发展战略为宗旨，切实转变工业经济增长和污染防治方式，把推行清洁生产作为建设环境与发展综合决策机制的重要内容，与企业技术改造、加强企业管理、建立现代企业制度，以及污染物达标排放和总量控制结合起来，制定促进清洁生产的激励政策，力争到 2000 年建成比较完善的清洁生产管理体制和运行机制。同时，将清洁生产概括为："采用清洁的能源和原材料，通过清洁的生产过程，制造出清洁的产品。清洁生产把综合预防的环境策略持续应用于生产过程和产品中，从而减少对人类和环境的风险；是推进经济增长方式转变和实现污染物总量控制目标的重要手段。"

1997年6月5日，机械工业部、国家经济贸易委员会、国家环境保护局发布了《关于公布第一批严重污染环境（大气）的淘汰工艺与设备名录的通知》，再次强调"谁污染，谁负担"的原则，各地要组织有关企业积极筹措资金，实施转产改造工作，有关部门在政策、技术和资金上应给予必要的支持。

1997年11月1日，第八届全国人民代表大会常务委员会第二十八次会议通过《中华人民共和国节约能源法》，自1998年1月1日起施行。该法律先后于2007年、2016年和2018年进行了三次修订，是为了推动全社会节约能源，提高能源利用效率，保护和改善环境，促进经济社会全面协调可持续发展。

1998年6月，国家环境保护局升格为国家环境保护总局（正部级），是国务院主管环境保护工作的直属机构（国发［1998］5号，国办发［1998］80号）。

1998年11月29日，由国务院发布《建设项目环境保护管理条例》，是为防止建设项目产生新的污染、破坏生态环境制定的，并于2017年7月16日进行了修订。其中第四条中明确规定："工业建设项目应当采用能耗物耗小、污染物排放量少的清洁生产工艺，合理利用自然资源，防治环境污染和生态破坏。"

1999年，全国人民代表大会环境与资源保护委员会将《中华人民共和国清洁生产法》的制定列入立法计划。

1999年1月22日，国家经济贸易委员会发布了《淘汰落后生产能力、工艺和产品的目录（第一批）》，这是为了制止低水平重复建设，加快结构调整步伐，促进生产工艺、装备和产品的升级换代而制定的目录。涉及10个行业的114个项目。随后，第二批于1999年12月30日公布，自2000年1月1日起施行，涉及8个行业，共119项，第三批于2002年6月2日公布，自2002年7月1日起施行，涉及15个行业、120项内容。

1999年5月10日，原国家经济贸易委员会办公厅发布了《关于实施清洁生产示范试点计划的通知》。再次强调"清洁生产的核心是从源头抓起，预防为主，生产全过程控制，实现经济效益和环境效益的统一。实施清洁生产不仅可以避免重蹈发达国家'先污染，后治理'的覆辙，而且实现了经济效益与环境效益的有机结合，能够调动企业防治工业污染的积极性。国内外污染防治经验表明，清洁生产是工业污染防治的最佳模式，是转变经济增长方式的重要措施，也是实现工业可持续发展的必由之路。"并选择北京、上海等10个城市作为全国清洁生产试点城市，选择石化、冶金等5个行业作为全国清洁生产试点行业。与此同时，许多省市也制定和颁布了地方性的清洁生产政策和法规。

1999 年 12 月 25 日，中华人民共和国第九届全国人民代表大会常务委员会第十三次会议修订通过了《中华人民共和国海洋环境保护法》，该法律是为了保护和改善海洋环境，保护海洋资源，防治污染损害，维护生态平衡，保障人体健康，促进经济和社会的可持续发展而制定的法律，自 2000 年 4 月 1 日起施行。该律法分别于 2016 年 11 月 7 日和 2017 年 11 月 4 日进行了两次修订。

2000 年 2 月 15 日，国家经济贸易委员会公布了《国家重点行业清洁生产技术导向目录》（第一批）的通知，目录涉及冶金、石化、化工、轻工和纺织 5 个重点行业，共 57 项清洁生产技术。随后在 2003 年 2 月 27 日，国家经济贸易委员会和国家环境保护总局发布第二批目录，涉及冶金、机械、有色金属、石油和建材 5 个重点行业，共 56 项清洁生产技术。2006 年 11 月 27 日，国家发展和改革委员会和国家环境保护总局发布第三批目录，涉及钢铁、有色金属、电力、煤炭、化工、建材、纺织等行业，共 28 项清洁生产技术。这些技术是经过生产实践证明，具有明显的经济和环境效益，可以在本行业或同类性质生产装置上推广应用。

2001 年 7 月 3 日，为了促进节水技术，设备水平的提高，国家经济贸易委员会和国家税务总局于发布了《当前国家鼓励发展的节水设备（产品）目录》（第一批）。其中确定了当前国家鼓励发展的节水设备（产品）的原则；公布的节水设备（产品）包括换热设备、污水处理设备、化学水处理设备、供水及排渣处理设备、海水和苦咸水等利用设备、节水监测仪器及水处理药剂等 6 类，共 30 项，以及有关鼓励和扶持政策。随后于 2003 年 1 月 29 日公布了第二批目录。

2002 年 6 月 29 日，第九届全国人民代表大会常务委员会第二十八次会议通过了《中华人民共和国清洁生产促进法》，自 2003 年 1 月 1 日起施行。这是一部冠以"清洁生产"的法律，表明了国家鼓励和促进清洁生产的决心，确立了我国清洁生产的政策框架和实施要求。该法律结合中国的实际和国际惯例，科学地定义了清洁生产：清洁生产是指持续采用设计改进，采用先进的技术和设备，使用清洁的原材料和能源，改进管理和综合利用措施，控制和减少污染源的污染，尽可能提高资源的利用效率，减少或避免产品生产、使用和服务中污染物的产生和排放。该法律最新修订是根据 2012 年 2 月 29 日第十一届全国人民代表大会常务委员会第二十五次会议《关于修改〈中华人民共和国清洁生产促进法〉的决定》修正，自 2012 年 7 月 1 日起施行。

2003 年 4 月 18 日，国家环境保护总局发布了石油炼制业、炼焦行业以及制革行业的"清洁生产标准"，其后又陆续发布了多项标准，截至 2010 年 9 月，共发布了 58 项，用于企业的清洁生产审核和清洁生产潜力与机会的判断，以及清洁生产绩效评估和清洁生产绩效公告。

2003 年 12 月 17 日，国务院办公厅转发了国家发展和改革委员会等 11 个部门《关于加快推行清洁生产意见的通知》，以明确推行清洁生产的基本原则，提高清洁生产的整体水平，推进企业实施清洁生产，加强对推行清洁生产工作的领导等内容，达到加快推行清洁生产，提高资源利用效率，减少污染物的产生和排放，保护环境，增强企业竞争力，促进经济社会可持续发展的目的。

2004 年 8 月 16 日，国家发展和改革委员会、国家环境保护总局制定并审议通过了《清洁生产审核暂行办法》，自 2004 年 10 月 1 日起施行，该办法第五条规定："清洁生产审核应当以企业为主体，遵循企业自愿审核与国家强制审核相结合、企业自主审核与外部协助审核相结合的原则，因地制宜、有序开展、注重实效。"。该法于 2016 年 7 月 1 日废止，由 2016 年 5 月 16 日修订通过的《清洁生产审核办法》替代并实施。

2005 年 6 月 27 日，国务院发布了《关于做好建设节约型社会近期重点工作的通知》，其指导思想就是坚持资源开发与节约并重，把节约放在首位的方针，以提高资源利用效率为核心，以节能、节水、节材、节地、资源综合利用和发展循环经济为重点，逐步形成节约型的增长方式和消费模式，以资源的高效和循环利用，促进经济社会可持续发展。

2005 年 9 月 8 日，国务院发布了《关于加快发展循环经济的若干意见》，意见强调要按照"减量化、再利用、资源化"原则，采取各种有效措施，以尽可能少的资源消耗和尽可能小的环境代价，取得最大的经济产出和最少的废物排放，实现经济、环境和社会效益相统一，建设资源节约型和环境友好型社会。

2005 年 10 月 27 日，国家发展和改革委员会、国家环境保护总局等 6 个部门联合发布了《关于组织开展循环经济试点（第一批）工作的通知》，在重点行业、重点领域、产业园区和省市组织开展循环经济试点工作。并于 2007 年发布了第二批试点企业名单。

2005 年 12 月 13 日，国家环境保护总局制定了《重点企业清洁生产审核程序的规定》，明确了重点企业的确定及公布程序，以规范有序地开展全国重点企业清洁生产审核工作。

2006 年 4 月 23 日，国家发展和改革委员会发布了七个行业的《清洁生产评价指标体系（试行）》，用于评价企业的清洁生产水平，作为创建清洁生产企业的主要依据，并为企业推行清洁生产提供技术指导。至 2009 年 2 月，国家发展和改革委员会已组织编制并颁布了 30 个重点行业的《清洁生产评价指标体系（试行）》，并于 2015 年颁布了《稀土行业清洁生产评价指标体系》。

2006 年 8 月 6 日，国务院下发了《关于加强节能工作的决定》，以落实节约资源的基本国策，调动社会各方面力量进一步加强节能工作，加快建设节约型社会，实现"十一五"规划纲要提出的节能目标，促进经济社会发展切实转入全面协调可持续发展的轨道。

2006 年 8 月 23 日，国家环境保护总局发布了《国家鼓励发展的环境保护技术目录》（第一批）和《国家先进污染治理技术示范名录》（第一批）（逐年更新），用以引导循环经济和环保产业发展，推动我国环境保护和污染治理技术的发展和应用。

2006 年 12 月 24 日，国家发展和改革委员会发布了《"十一五"资源综合利用指导意见》，在分析我国资源综合利用现状的基础上，提出了 2010 年资源综合利用目标、重点领域、重点工程和保障措施。这是我国"十一五"期间资源综合利用工作的指导性文件，也是引导投资及决策重大项目的依据，以促进循环经济发展，加快建设资源节约型、环境友好型社会。

2007 年 5 月 17 日，国务院办公厅发布《关于印发第一次全国污染源普查方案的通知》，目的是全面掌握各类污染源的数量、行业和地区分布，主要污染物及其排放量、排放去向、污染治理设施运行状况、污染治理水平和治理费用等情况，为污染治理和产业结构调整提供依据，并通过普查工作的宣传与实施，动员社会各界力量广泛参与污染源普查，提高全民环境保护意识。

2007 年 7 月 18 日，国家环境保护总局发布《关于落实环保政策法规防范信贷风险的意见》，加强对企业环境违法行为的经济制约和监督，改变"企业环境守法成本高、违法成本低"的状况，提高全社会的环境法治意识，促进完成节能减排目标，努力建设资源节约型、环境友好型社会。

2007 年 10 月 9 日，国务院发布并实施了《全国污染源普查条例》，该条例是为了科学、有效地组织实施全国污染源普查，保障污染源普查数据的准确性和及时性制定的，并于 2019 年 3 月 2 日，国务院总理李克强签署国务院令（第709 号），3 月 18 日发布《国务院关于修改部分行政法规的决定》进行了修订。污染源普查的任务是，掌握各类污染源的数量、行业和地区分布情况，了解主要污染物的产生、排放和处理情况，建立健全重点污染源档案、污染源信息数据库和环境统计平台，为制定经济社会发展和环境保护政策、规划提供依据。

2007 年 12 月 4 日，国家环境保护总局和中国保险监督管理委员会联合发布《关于环境污染责任保险工作的指导意见》，利用保险工具来参与环境污染事故处理，有利于分散企业经营风险，促使其快速恢复正常生产；有利于发挥保险机制的社会管理功能，利用费率杠杆机制促使企业加强环境风险管理，提升环境管理水平；有利于使受害人及时获得经济补偿，稳定社会经济秩序，减轻政府负担，促进政府职能转变。

2008 年 3 月 28 日，国务院发布了《关于印发国家环境保护"十一五"规划的通知》，要求各地区、各部门必须深入贯彻科学发展观，转变经济发展方式，下大力气解决危害人民群众健康和影响经济社会可持续发展的突出环境问题，努力建设环境友好型社会。

2008 年 7 月 1 日，为进一步发挥清洁生产在污染减排工作中的重要作用，加强重点企业的清洁生产审核工作，环境保护部发布了《关于进一步加强重点企业清洁生产审核工作的通知》（环发〔2008〕60 号），以及《重点企业清洁生产审核评估、验收实施指南（试行）》，用于《清洁生产促进法》中规定的"污染物排放超过国家和地方规定的排放标准或者超过经有关地方人民政府核定的污染物排放总量控制指标的企业；使用有毒、有害原料进行生产或者在生产中排放有毒、有害物质的企业"，也适用于国家和省级环保部门根据污染减排工作需要确定的重点企业。

2008 年 8 月 29 日，中华人民共和国第十一届全国人民代表大会常务委员会第四次会议通过了《中华人民共和国循环经济促进法》，自 2009 年 1 月 1 日起施行。该法律是为了促进循环经济发展，提高资源利用效率，保护和改善环境，实现可持续发展而制定的。最新修改是根据 2018 年 10 月 26 日第十三届全国人民代表大会常务委员会第六次会议《关于修改〈中华人民共和国野生动物保护法〉等十五部法律的决定》，自公布之日起施行。

2009 年 8 月 12 日，国务院第 76 次常务会议通过《规划环境影响评价条例》，自 2009 年 10 月 1 日起施行。该法律是为了加强对规划的环境影响评价工作，提高规划的科学性，从源头预防环境污染和生态破坏，促进经济、社会和环境的全面协调可持续发展。

2009 年 12 月 26 日，中华人民共和国第十一届全国人民代表大会常务委员会第十二次会议通过了《中华人民共和国可再生能源法》，自 2010 年 4 月 1 日起施行。该法律是为了促进可再生能源的开发利用，增加能源供应，改善能源结构，保障能源安全，保护环境，实现经济社会的可持续发展制定。

2011 年 10 月 17 日，国务院发布了《关于加强环境保护重点工作的意见》，该意见强调我国由于产业结构和布局仍不尽合理，污染防治水平仍然较低，环境监管制度尚不完善等原因，环境保护形势依然十分严峻，因此应全面提高环境保护监督管理水平，着力解决影响科学发展和损害群众健康的突出环境问题，改革创新环境保护体制机制。

2011 年 12 月 15 日，国务院发布了《关于印发国家环境保护"十二五"规划的通知》，强调我国环境状况总体恶化的趋势尚未得到根本遏制，环境矛盾凸显，压力继续加大。同时，随着人口总量持续增长，工业化、城镇化快速推进，能源消费总量不断上升，污染物产生量将继续增加，经济增长的环境约束日趋强化。因此，必须深化主要污染物总量减排，努力改善环境质量，防范环境风险，全面推进环境保护历史性转变，积极探索代价小、效益好、排放低、可持续的环境保护新道路，加快建设资源节约型、环境友好型社会。

2014年12月19日，工业和信息化部、科技部、环境保护部发布《国家鼓励发展的重大环保技术装备目录》，加强环保技术装备研发与产业化对接，加快新技术、新产品、新装备的推广应用，提高我国环保技术装备水平，引导环保产业发展。其后又在2017年和2020年进行了修订。

2015年，中央办公厅、国务院办公厅印发《生态环境损害赔偿制度改革试点方案》（中办发〔2015〕57号），在吉林等7个省市部署开展改革试点，取得明显成效。

2016年4月28日，国务院办公厅发布了《关于健全生态保护补偿机制的意见》，树立创新、协调、绿色、开放、共享的发展理念，探索建立多元化生态保护补偿机制，逐步扩大补偿范围，合理提高补偿标准，有效调动全社会参与生态环境保护的积极性，促进生态文明建设迈上新台阶。

2016年5月28日，国务院发布了《关于印发土壤污染防治行动计划的通知》，强调我国目前土壤环境总体状况堪忧，部分地区污染较为严重，已成为全面建成小康社会的突出短板之一，因此制定本行动计划来切实加强土壤污染防治，逐步改善土壤环境质量。

2016年10月20日，国务院发布了《关于开展第二次全国污染源普查的通知》，以2017年12月31日为普查标准时点，在全国范围内开展污染源普查。并于2017年9月21日，国务院办公厅发布了《关于印发第二次全国污染源普查方案的通知》，普查范围包括：工业污染源、农业污染源、生活污染源、集中式污染治理设施，以及移动源及其他产生、排放污染物的设施。

2016年10月27日，国务院发布了《关于印发"十三五"控制温室气体排放工作方案的通知》，以顺应绿色低碳发展国际潮流，把低碳发展作为我国经济社会发展的重大战略和生态文明建设的重要途径，采取积极措施，有效控制温室气体排放。深度参与全球气候治理，为促进我国经济社会可持续发展和维护全球生态安全做出新贡献。

2016年11月10日，国务院办公厅发布了《关于印发控制污染物排放许可制实施方案的通知》，以进一步推动环境治理基础制度改革，改善环境质量为目标，解决我国目前存在的排污许可制定位不明确，企事业单位治污责任不落实，环境保护部门依证监管不到位，管理制度效能难以充分发挥等问题。

2016年11月24日，国务院发布了《关于印发"十三五"生态环境保护规划的通知》，强调我国目前经济社会发展不平衡、不协调、不可持续的问题仍然突出，多阶段、多领域、多类型生态环境问题交织，生态环境与人民群众需求和期待差距较大，提高环境质量，加强生态环境综合治理，加快补齐生态环境短板，是当前核心任务。

2016 年 12 月 20 日，国务院发布了《关于印发"十三五"节能减排综合工作方案的通知》，强调随着工业化、城镇化进程加快和消费结构持续升级，我国能源需求刚性增长，资源环境问题仍是制约我国经济社会发展的瓶颈之一，因此节能减排依然形势严峻、任务艰巨。通知要求各地区、各部门要采取更有效的政策措施，切实将节能减排工作推向深入。

2016 年 12 月 22 日，中共中央办公厅、国务院办公厅印发《生态文明建设目标评价考核办法》，以加快绿色发展，推进生态文明建设，规范生态文明建设目标评价考核工作。评价重点评估各地区上一年度生态文明建设进展总体情况，引导各地区落实生态文明建设相关工作，每年开展 1 次。考核主要考查各地区生态文明建设重点目标任务完成情况，强化省级党委和政府生态文明建设的主体责任，督促各地区自觉推进生态文明建设，每个五年规划期结束后开展 1 次。

2016 年 12 月 25 日，中华人民共和国第十二届全国人民代表大会常务委员会第二十五次会议通过了《中华人民共和国环境保护税法》，自 2018 年 1 月 1 日起施行。该法律根据 2018 年 10 月 26 日第十三届全国人民代表大会常务委员会第六次会议《关于修改〈中华人民共和国野生动物保护法〉等十五部法律的决定》进行了修正。该法律第二条规定"在中华人民共和国领域和中华人民共和国管辖的其他海域，直接向环境排放应税污染物的企业事业单位和其他生产经营者为环境保护税的纳税人，应当依照本法缴纳环境保护税。"2017 年 12 月 27 日，国务院又发布了《关于环境保护税收入归属问题的通知》，该通知决定环境保护税全部作为地方收入。2017 年 12 月 30 日，由国务院发布了《中华人民共和国环境保护税法实施条例》。

2017 年 3 月 18 日，国务院办公厅发布了《关于转发国家发展改革委住房城乡建设部生活垃圾分类制度实施方案的通知》，该通知强调了遵循减量化、资源化、无害化的原则，实施生活垃圾分类，可以有效改善城乡环境，促进资源回收利用，加快"两型社会"建设，提高新型城镇化质量和生态文明建设水平。

2017 年 5 月 31 日，国务院办公厅发布了《关于加快推进畜禽养殖废弃物资源化利用的意见》，以加快推进畜禽养殖废弃物资源化利用，改善农村居民生产生活环境，促进农业可持续发展。

2017 年 7 月 18 日，国务院办公厅发布了《关于印发禁止洋垃圾入境推进固体废物进口管理制度改革实施方案的通知》，该通知的制定是为了全面禁止洋垃圾入境，推进固体废物进口管理制度改革，促进国内固体废物无害化、资源化利用，保护生态环境安全和人民群众身体健康。

2017年9月20日，中共中央办公厅、国务院办公厅印发了《关于建立资源环境承载能力监测预警长效机制的若干意见》，以深化生态文明体制改革的战略部署，推动实现资源环境承载能力监测预警规范化、常态化、制度化，引导和约束各地严格按照资源环境承载能力谋划经济社会发展。

2017年9月30日，中共中央办公厅、国务院办公厅印发了《关于创新体制机制推进农业绿色发展的意见》，要求以绿水青山就是金山银山理念为指引，以资源环境承载力为基准，以推进农业供给侧结构性改革为主线，尊重农业发展规律，转变农业发展方式，节约利用资源，保护产地环境，全力构建人与自然和谐共生的农业发展新格局，推动形成绿色生产方式和生活方式，为建设美丽中国、实现经济社会可持续发展提供坚实支撑。

2017年12月17日，中共中央办公厅、国务院办公厅印发了《生态环境损害赔偿制度改革方案》，自2018年1月1日起在全国试行，要求各地区各部门结合实际认真贯彻落实。通过该赔偿制度，进一步明确生态环境损害赔偿范围、责任主体、索赔主体、损害赔偿解决途径等，形成相应的鉴定评估管理和技术体系、资金保障和运行机制，逐步建立生态环境损害的修复和赔偿制度，加快推进生态文明建设。

2018年2月8日，环境保护部发布《关于发布＜排污许可证申请与核发技术规范　总则＞国家环境保护标准的公告》（HJ942—2018），并于2017—2020年间先后发布70余项排污许可证申请与核发技术规范，这些规范的实施对推进行业排污许可制度改革、指导相关行业排污许可证申请与核发、提升污染防治水平、全面提升行业的环境管理水平等都具有重要意义。

2018年6月16日，党中央、国务院发布了《关于全面加强生态环境保护坚决打好污染防治攻坚战的意见》，要求健全生态环境保护法治体系，达到全面加强生态环境保护，打好污染防治攻坚战，提升生态文明，建设美丽中国的目的。

2018年9月18日，国务院办公厅发布了《关于开展生态环境保护法规、规章、规范性文件清理工作的通知》，要求各地区、各部门要依据党中央、国务院有关生态环境保护文件精神和上位法修改、废止情况，逐项研究清理。规章、规范性文件的主要内容与党中央、国务院有关生态环境保护文件相抵触，或与现行生态环境保护相关法律、行政法规不一致的，要予以废止；部分内容与党中央、国务院有关生态环境保护文件相抵触，或与现行生态环境保护相关法律、行政法规不一致的，要予以修改。

2019年1月21日，国务院办公厅发布了《关于印发"无废城市"建设试点工作方案的通知》，目的是建设以创新、协调、绿色、开放、共享的新发展理念为引领，通过推动形成绿色发展方式和生活方式，持续推进固体废物源头减量和资源化利用，最大限度减少填埋，将固体废物环境影响降至最低的城市发展模式的"无废城市"。要通过"无废城市"建设试点，统筹经济社会发展中的固体废物管理，大力推进源头减量、资源化利用和无害化处置，坚决遏制非法转移倾倒，探索建立量化指标体系，系统总结试点经验，形成可复制、可推广的建设模式。

2019年6月6日，中共中央办公厅、国务院办公厅印发实施了《中央生态环境保护督察工作规定》，该规定是为了规范生态环境保护督察工作，压实生态环境保护责任而制定的。通过强化督察问责、形成警示震慑、推进工作落实、实现标本兼治，来不断满足人民日益增长的美好生活需要。

2020年2月28日，国务院办公厅发布了《关于生态环境保护综合行政执法有关事项的通知》，以扎实推进生态环境保护综合行政执法改革，统筹配置行政执法职能和执法资源，切实解决多头多层重复执法问题，严格规范公正文明执法。随后，为了落实该通知，2020年3月12日，生态环境部印发了《生态环境保护综合行政执法事项指导目录（2020年版）》。

2020年5月28日，十三届全国人大三次会议表决通过了《中华人民共和国民法典》，自2021年1月1日起施行。这是新中国第一部以法典命名的法律，在法律体系中居于基础性地位，也是市场经济的基本法。该法律第七编侵权责任中的第七章为环境污染和生态破坏责任，其中明确规定了污染环境、破坏生态造成他人损害的侵权人应当承担侵权责任、赔偿责任以及修复责任等。

2020年12月9日，国务院第117次常务会议通过《排污许可管理条例》，自2021年3月1日起施行。该条例是为了加强排污许可管理，规范企业事业单位和其他生产经营者排污行为，控制污染物排放，保护和改善生态环境而制定的。其中的法律责任部分强调了对违反规定的惩处，其中第三十三条规定，排污单位如果未取得排污许可证排放污染物的，将由生态环境主管部门责令改正或者限制生产、停产整治，处20万元以上100万元以下的罚款；情节严重的，吊销排污许可证，报经有批准权的人民政府批准，责令停业、关闭。

2020年12月14日，国务院办公厅转发国家发展改革委等部门《关于加快推进快递包装绿色转型的意见》通知要求，强化快递包装绿色治理，加强电商和快递规范管理，增加绿色产品供给，培育循环包装新型模式，加快建立与绿色理念相适应的法律、标准和政策体系，推进快递包装"绿色革命"。同时要求完善快递包装法律法规和标准体系，推动电子商务、邮政快递等行业管理法律法规与固体废物污染环境防治法有效衔接，进一步明确市场主体法律责任和政府监管责任，加快形成有利于完善快递包装治理的法律法规体系。研究修订《快递暂行条例》，细化快递包装生产、使用、回收、处置各环节管理要求。制定《邮件快件包装管理办法》，进一步健全快递包装治理的监管手段和具体措施。

2020年12月26日，中华人民共和国第十三届全国人民代表大会常务委员会第二十四次会议通过《中华人民共和国长江保护法》，自2021年3月1日起施行。制定该法律是为了加强长江流域生态环境保护和修复，促进资源合理高效利用，保障生态安全，实现人与自然和谐共生、中华民族永续发展。

2021年1月6日，生态环境部发布《关于优化生态环境保护执法方式提高执法效能的指导意见》，该意见突出精准治污、科学治污、依法治污，不断严格执法责任、优化执法方式、完善执法机制、规范执法行为，全面提高生态环境执法效能，切实改善生态环境质量，保障人民群众环境权益。

2021年2月22日，国务院发布的《关于加快建立健全绿色低碳循环发展经济体系的指导意见》（国发〔2021〕4号）中强调，建立健全绿色低碳循环发展经济体系，促进经济社会发展全面绿色转型，是解决我国资源环境生态问题的基础之策。因此必须推动完善促进绿色设计、强化清洁生产、提高资源利用效率、发展循环经济、严格污染治理、推动绿色产业发展、扩大绿色消费、实行环境信息公开、应对气候变化等方面法律法规制度，以强化执法监督，加大违法行为查处和问责力度，加强行政执法机关与监察机关、司法机关的工作衔接配合。

在国家相关环境政策的指导下，多个省、市各级地方性清洁生产法规及指导性文件也相继出台。如《太原市清洁生产条例》（2000）、浙江省《清洁生产审核机构管理暂行办法》（2008）、山西省《清洁生产审核实施细则》（2010）、广东省《清洁生产技术服务单位管理办法》（2010）、《广东省城乡生活垃圾管理条例》（2021）等，这些都对清洁生产的推行起到了非常积极的促进作用。

近年来，清洁生产的发展已经进入一个全新的阶段，主要体现在清洁生产审核的强制性不断加强，清洁生产实施也从被动转变为主动发展，清洁生产管理与考核力度加大，并成为促进经济社会又好又快发展的积极推动力。目前我国已经建立较为完善的法律制度体系对清洁生产提供保障，可见我国对清洁生产的重视程度。

3.2.2 促进清洁生产的主要政策

（1）经济促进政策

经济政策是推行清洁生产的重要手段，它是根据价值规律，利用价格、税收、信贷、投资、微观刺激和宏观经济调节等多种形式作为经济杠杆，来影响或调整有关当事人产生和消除污染行为的一类政策。在市场经济条件下，可采用多种形式和内容的经济政策及措施来推动企业积极开展。经济政策虽然没有直接干预企业的清洁生产行为，但它可使企业的经济利益与其对清洁生产的决策行为或实施强度结合在一起，以一种与清洁生产目标一致的方式，通过对企业成本或效益的调控作用有力地影响着企业的生产行为。

近年来，我国为了加大环境保护工作的力度，采用多种形式鼓励和引导企业实施清洁生产，并制定了一系列有利于清洁生产的税收优惠政策及财政鼓励政策。包括：

① 税收优惠政策

税收鼓励政策的主要目的是通过调整比价和改变市场信号，以影响特定的消费形式或生产方法，从而降低生产和消费过程中产生的污染物排放水平，并鼓励有益于环境的利用方式。如果产品的当前价格中没有包括产品的全部社会成本，没有将产品生产和使用对人体健康和环境的影响包括在产品价格中，就可以通过税收的手段，将产品生产和消费的单位成本与社会成本联系起来，为清洁生产的推行创造一个良好的市场环境。运用税收杠杆，采用税收鼓励或税收处罚等手段，促进经营者、引导消费者选择绿色消费。

税收优惠是指国家运用税收政策在税收法律、行政法规中规定对某一部分特定企业和课税对象给予减轻或免除税收负担的一种措施，优惠方式包括免税、减税、加计扣除、加速折旧、减计收入、税额抵免等。我国为促进企业积极开展清洁生产，制定的主要税收优惠政策包括增值税优惠、所得税优惠、关税优惠、营业税优惠、投资方向调节税优惠、建筑税优惠、消费税优惠等。

a. 增值税优惠：企业购置清洁生产设备允许抵扣进项增值税额，刺激清洁生产设备的需求；对利用废物生产产品和从废物中回收原料的企业，税务机关按照国家有关规定，减征或者免征增值税；污水处理费免征增值税。

b. 所得税优惠：减免企业投资采用清洁生产技术生产的产品或有利于环境的绿色产品的生产经营的所得税及其他相关税收；允许用于清洁生产的设备加速折旧，以此来减轻企业税收负担，增加企业税后所得，激活企业对技术进步的积极性。如《中华人民共和国企业所得税法》第二十七条中规定，从事符合条件的环境保护、节能节水项目的所得，可以免征、减征企业所得税。符合条件的环境保护、节能节水项目，包括公共污水处理、公共垃圾处理、沼气综合开发利用、节能减排技术改造、海水淡化等。企业所得税法第三十四条规定："企业购置用于环境保护、节能节水、安全生产等专用设备的投资额，可以按一定比例实行税额抵免。"此处所称税额抵免，是指企业购置并实际使用《环境保护专用设备企业所得税优惠目录》《节能节水专用设备企业所得税优惠目录》和《安全生产专用设备企业所得税优惠目录》规定的环境保护、节能节水、安全生产等专用设备的，该专用设备的投资额的 10％可以从企业当年的应纳税额中抵免；当年不足抵免的，可以在以后 5 个纳税年度结转抵免。

c. 关税优惠：对出口的清洁产品实施退税，提高我国环保产品的价格竞争力，开拓海外市场；对进口的清洁生产技术、设备实行免税，加快企业引进清洁生产技术和设备的步伐，消化吸收国外先进的技术。如对城市污水和造纸废水部分处理设备实行进口商品暂定税率，享受关税优惠。

d. 营业税优惠：对从事提供清洁生产信息、进行清洁生产技术咨询和中介服务机构采取一定的减税措施。促进多功能全方位的政策、市场、技术、信息服务体系的形成，为清洁生产提供必要的社会服务。

e. 投资方向调节税优惠：在固定资产投资方向调节税中，对企业用于清洁生产的投资执行零税率，提高企业投资清洁生产的积极性。如建设污水处理厂、资源综合利用等项目，其固定资产投资方向调节税实行零税率。

f. 建筑税优惠：建设污染治理项目，在可申请优惠贷款的同时，该项目免交建筑税。

g. 消费税优惠：对生产、销售达到低污染排放限值的小轿车、越野车和小客车减征一定比例的消费税。

② 财政鼓励政策

财政政策也是推行清洁生产的重要手段之一，通常采用的形式是优先采购、补贴或奖金、贷款或贷款加补贴等，以鼓励相关企业实施清洁生产计划项目。我国的很多企业在推进清洁生产项目的过程中面临的最大障碍就是资金问题，特别是众多中小型企业，即使其有实现减污降耗的先进技术和改造方案由于缺乏资金，也无法付诸实施。因此，采取积极的财政鼓励政策，帮助企业在一定程度上解决技术改造的资金问题，对加速我国清洁生产的实施具有关键性的作用。目前，我国在财政方面对清洁生产主要采取以下鼓励政策：

a. 各级政府优先采购或按国家规定比例采购节能、节水、废物再生利用等有利于环境与资源保护的产品。一方面通过对清洁产品的直接消费，为清洁生产注入资金；另一方面通过政府的示范、宣传，鼓励和引导公众购买、使用清洁产品，从而促进清洁生产的发展。

b. 建立清洁生产表彰奖励制度，对在清洁生产及推广工作中做出显著成绩的单位和个人，由政府给予表彰和奖励。

c. 国务院和县级以上各级地方政府在本级财政中安排资金，对清洁生产研究、示范、推广和培训以及实施国家清洁生产重点技术改造项目给予资金补助。

d. 政府鼓励和支持国内外经济组织通过金融市场、政府拨款、环境保护补助资金、社会捐款等渠道，依法筹集中小型企业清洁生产投资资金。开展清洁生产审核以及实施清洁生产的中小型企业可以向投资基金经营管理机构申请低息或无息贷款。

e. 列入国家重点污染防治和生态保护的项目，国家给予资金支持；城市维护费可用于环境保护设施建设；国家征收的排污费优先用于污染防治。

（2）其他相关促进政策

① 对中小型企业的特别扶持政策

中小型企业实施清洁生产可获得国家的特别扶持，主要包括：

a. 企业产业范围若符合《中小企业发展产业指导目录》的内容，可以向"中小企业发展专项资金"申请支持。

b. 企业生产或开发项目若是"具有自主知识产权、高技术、高附加值，能大量吸纳就业，节能降耗，有利于环保和出口"的项目，可以向"国家技术创新基金"申请支持。

c. 企业的产品若符合《当前国家鼓励发展的环保产业设备（产品）目录》的要求，根据具体情况，可以获得相关的鼓励和扶持政策支持，如抵免企业所得税、加快设备折旧、贴息支持或补助等。

d. 对利用废水、废气、废渣等废弃物作为原料进行生产的中小型企业，可以申请减免有关税负。

② 对生产和使用环保设备的鼓励政策

为了满足节能减排工作需要，提高我国环保技术装备水平，培育新的经济增长点，促进资源节约型、环境友好型社会建设，原国家经贸委和国家税务总局联合先后发布公告，公布了第一批（2000 年）和第二批（2002 年）《当前国家鼓励发展的环保产业设备（产品）目录》，包括空气污染治理设备、水污染设备、固体废弃物处理设备、噪声与振动控制设备、环境监测设备节能与可再生能源利用设备、资源综合利用与清洁生产设备、环保材料与药剂等八类。该目录于 2007 年和 2010 年又进行了修订。

相关的鼓励和扶持政策包括：

a. 企业技术改造项目凡使用目录中的国产设备，按照财政部、国家税务总局《关于印发〈技术改造国产设备投资抵免企业所得税暂行办法〉的通知》（财税字〔1999〕290 号）的规定，享受投资抵免企业所得税的优惠政策。

b. 企业使用目录中的国产设备，经企业提出申请，报主管税务机关批准后，可实行加速折旧办法。

c. 对专门生产目录内设备（产品）的企业（分厂、车间），在符合独立核算、能独立计算盈亏的条件下，其年净收入在 30 万元（含 30 万元）以下的，暂免征收企业所得税。

d. 为引导环保产业发展方向，国家在技术创新和技术改造项目中重点鼓励开发、研制、生产和使用列入目录的设备（产品）；对符合条件的国家重点项目，将给予贴息支持或适当补助。

e. 使用财政性质资金进行的建设项目或政府采购，应优先选用符合要求的目录中的设备（产品）。

③ 对相关科学研究和技术开发的鼓励政策

国家对相关科学研究和技术开发的鼓励政策和促进措施主要包括：

a. 遵照《中华人民共和国清洁生产促进法》，各级政府应在各个方面对清洁生产科学研究和技术开发提供支持，包括制定相应的财税政策、提供相关信息、组织科技攻关等。

b. 国家和行业科技部门，应将阻碍清洁生产的重大技术问题列入国家或行业科研计划，组织跨行业、跨部门的研究力量进行联合攻关或直接从国外引进此类技术；国家有关部门应针对行业清洁生产技术规范、与清洁生产相关的科研成果及引进的清洁生产关键技术，组织有关专家进行评价、筛选，为清洁生产的企业减少技术风险。

c. 国家应促进相应研究和开发的支持及服务系统的建设，加强、改进信息的搜集与交流、各类标准的制定与实施、科研设备的配置等。

d. 国家应努力推动技术成果的转化，推进科技成果的产业化。

e. 国家应通过有效的政策措施，鼓励企业消化吸收国外的先进技术和设备，提高清洁装备的国产化水平。

④ 对国际合作的鼓励政策

通过国际合作，学习国外的先进经验，吸引外资和国外的先进技术来开展清洁生产，对于弥补我国在清洁生产经验和资金上的不足，是一条行之有效的途径。为此，《中华人民共和国清洁生产促进法》第六条提出，国家鼓励开展有关清洁生产的国际合作。在具体的国际合作方面，合作类型包括各种多边及双边合作，合作方式可以多种多样，如合作开发、技术转让、培训、建立机构、资金支持、政策与法律支持等。

近年来，我国在鼓励清洁生产领域的国际合作方面做了非常多的工作，从中央政府到地方政府都对该领域的合作给予广泛的关注，促进了多边以及双边合作的广泛开展。例如：联合国环境规划署参与并且世界银行贷款支持的"中国环境技术援助项目清洁生产子项目"（B-4 项目）、世界银行赠款的 JGF 项目——"中国乡镇企业废物最小化管理体系的建立研究"、中加清洁生产合作项目以及亚洲银行资助的清洁生产项目等，都对我国清洁生产工作发挥了重要的推进作用。

3.2.3 清洁生产标准

《清洁生产标准》是原国家环境保护总局组织的为了贯彻落实《中华人民共和国环境保护法》和《中华人民共和国清洁生产促进法》，以及为了进一步促进中国的清洁生产，保护生态环境，保障人民健康，提高经济发展而制定和发布的系列行业标准，该系列标准能够为企业发展清洁生产提供技术支持和方向引领。

《清洁生产标准》是资源节约和综合利用标准化工作的重要组成部分，标准代号为"HJ/T"或"HJ"，属于环境保护行业推荐性标准或强制性标准，是所有企业必须执行的标准，体现了国家对于污染预防与环境保护以及资源节约与利用思想的基本要求，重视符合产品生命周期的分析理论，并且覆盖了原材料的选取到生产过程和产品销售的各个阶段。原国家环境保护总局将清洁生产的使用范围确定在企业清洁生产审核、企业清洁生产潜力与机会的判断以及清洁生产绩效评定和公告上。

2001年9月国家环境保护总局发布《关于开展清洁生产审计机构试点工作的通知》（环发〔2001〕154号文），启动了行业清洁生产标准编制工作。根据环发〔2002〕2号文，2002年3月，在北京召开了46家编制单位参加的启动工作会议。2002年8月，在新疆乌鲁木齐召开了督促检查工作会议。2003年4月18日，《清洁生产标准》发布，2003年6月1日正式实施。从环境保护的理念来看，落实《中华人民共和国清洁生产促进法》是环境保护部门的职责，是引领和发展企业清洁生产的需求；是提高环境各项指标，促进实现环境优化、增加经济收入的重要举措；同时也是完善国家环境标准体系，加强污染预防治理的需求。

近些年来，经过国家的大力推广和宣传，《清洁生产标准》已经在全国环保系统、工行业和各个企业中具备广泛的影响。各级环保部门对于清洁生产标准非常重视，逐步将其作为环境管理工作、重点企业清洁生产审核、环境影响评价、绿色环保企业评估、资源重复利用和可持续发展建设等工作的重要依据。

3.2.3.1 清洁生产标准的基本体系

根据污染预防思想、产品的使用周期和企业的发展战略以及各个行业的生产过程、工艺特点、装备水平、行业技术、管理水平不同，将清洁生产指标主要分为六个大类，每个指标分为三个等级。划分指标的重点是考察生产工艺技术与设备选择的先进性、资源能源的最大化利用和产品的可持续性、污染物排放最小化、废弃物处置的安全性和环境管理的有效性。清洁生产的环境标准基本内容和框架体系主要包括以下方面。

（1）六类指标

六类指标包括生产工艺与装备要求（定性）、资源能源利用指标（定量）、产品指标（定量）、污染物产生指标（末端处理前）（定量）、废物回收利用指标（定量）和环境管理要求（定性）。前五类指标是技术性指标，表示技术手段对于提高清洁生产的要求；后一类是管理性指标，表示管理手段对于提高清洁生产的要求。

（2）三个等级环境标准

第一级为该行业国际清洁生产先进水平，代表目前国际上相关行业清洁生产的发展方向，目的是为了让相关环境管理部门清楚和掌握国内行业的生产发展水平和国际之间的差距，使企业朝着更高的标准前进；

第二级为该行业清洁生产国内先进水平，代表目前国内相关行业清洁生产的发展方向，目的是企业能够根据自生的实际发展情况从而选择合适的发展目标；

第三级为该行业清洁生产基本要求，代表目前在国家技术许可的前提下，进行清洁生产的企业应该达到的最基本要求，在达到要求的基础上，企业还应该向着更高的方向前进。

3.2.3.2 中国行业清洁生产标准

自国家发布"环发〔2002〕2号文"以来，国家环境保护总局委托中国环境科学研究院组织开展了50多个行业的清洁生产标准制定工作，先后分批发布了共计57个清洁生产行业标准，见表3-1，其中有8项已经废止。2008年11月27，环境保护部对 HJ/T 314—2006《清洁生产标准 电镀行业》进行了修订，自2009年2月1日起实施。2009年3月25日，环境保护部发布 HJ 469—2009《清洁生产审核指南 指订技术导则》。但是由于目前中国新发布的行业清洁生产标准速度较慢和考虑的情况有限，部分材料行业清洁生产标准见表3-1。因此在一定程度上还不能满足国内的行业数量对于清洁生产环境标准的需求。

表 3-1 部分材料行业清洁生产标准

序号	标准名称		标准号	发布日期	实施日期
1	清洁生产标准	石油炼制业	HJ/T 125-2003	2003-04-18	2003-06-01
2	清洁生产标准	炼焦行业	HJ/T 126-2003	2003-04-18	2003-06-01
3	清洁生产标准	电解铝业	HJ/T 187-2006	2006-07-03	2006-10-01
4	清洁生产标准	基本化学原料制造业(环氧乙烷/乙二醇)	HJ/T 190-2006	2006-07-03	2006-10-01
5	清洁生产标准	铁矿采选业	HJ/T 294-2006	2006-08-15	2006-12-01
6	清洁生产标准	钢铁行业(中厚板轧钢)	HJ/T 318-2006	2006-11-12	2007-02-01
7	清洁生产标准	镍选矿行业	HJ/T 358-2007	2007-08-01	2007-10-01
8	清洁生产标准	钢铁行业(烧结)	HJ/T 426-2008	2008-04-08	2008-08-01
9	清洁生产标准	钢铁行业(高炉炼铁)	HJ/T 427-2008	2008-04-08	2008-08-01
10	清洁生产标准	钢铁行业(炼钢)	HJ/T 428-2008	2008-04-08	2008-08-01
11	清洁生产标准	煤炭采选业	HJ 446-2008	2008-11-21	2009-02-01

序号	标准名称		标准号	发布日期	实施日期
12	清洁生产标准	水泥工业	HJ 467—2009	2009-03-25	2009-07-01
13	清洁生产标准	造纸工业（废纸制浆）	HJ468-2009	2009-03-25	2009-07-01
14	清洁生产标准	钢铁行业（铁合金）	HJ 470-2009	2009-04-10	2009-08-01
15	清洁生产标准	氧化铝业	HJ 473-2009	2009-08-10	2009-10-01
16	清洁生产标准	废铅酸蓄电池铅回收业	HJ 510-2009	2009-11-16	2010-01-01
17	清洁生产标准	粗铅冶炼业	HJ 512-2009	2009-11-13	2010-02-01
18	清洁生产标准	铅电解业	HJ 513-2009	2009-11-13	2010-02-01
19	清洁生产标准	铜冶炼业	HJ 558-2010	2010-2-01	2010-5-01
20	清洁生产标准	铜电解业	HJ 559-2010	2010-2-01	2010-5-01

3.2.3.3 强制性清洁生产审核制度

中国建立和实施强制性清洁生产审核制度的主要原因有以下 3 个方面。

（1）强制性清洁生产审核制度适用于中国目前的发展状况

目前，中国的工业污染物排放量和环境事故增长率仍然是长期需要解决的问题。在调查研究中，许多企业每年的污染物排放量都超过相应规定的标准，无法达到国家或地方污染排放物的要求。如水体污染主要来源于工业废水。随着工业生产的发展和社会经济的繁荣，大量的工业废物排入水体，产生的危害主要有：渗入土壤，造成土壤污染，影响植物生长；工业废水中的有毒物质进入人体，危害人的身体健康；对海洋生态环境和养殖业损失巨大；工业废水的气味恶臭难闻，会污染空气。据环保部门监测，全国城镇每天至少有 1 亿吨污水未经处理直接排入水体，全国七大水系中一半以上河段水质受到污染。例如，淮河水污染事件、北江镉污染事故，后果都很严重。

因此，建立和实施强制性清洁生产审核制度全覆盖环境污染率较大的"双超"和"双有"企业，可促进这些企业通过清洁生产审核和清洁生产方案的实施，提高生产技术和装备水平、资源利用水平和环境管理水平，起到节能省源、降低污染排放的绿色环保的作用。

（2）强制性清洁生产审核制度适用于我国现有的环境管理制度

1973 年 8 月 5 日，第一次全国环境保护会议在北京召开，揭开了中国环境保护事业的序幕。经过近 50 年的积极探索环境管理的办法中，中国找到了具有明显特色的八项制度，即环境保护目标责任制度、城市环境综合整治与定量考核制度、污染集中控制制度、限期治理制度、排污申报登记和排污许可证制度、环境影响评价制度、"三同时"制度、排污收费制度。

这八项制度在保护环境、防治污染及工业污染源的管理中起到了重要作用。但是从各项制度的内涵进行分析和探讨，依然可以发现这些制度存在着明显的弊端。例如，"城市环境综合整治定量考核制度"只是定量考核对城市政府在推行城市环境综合整治中的活动予以管理和调整，是事后总结实践经验，体现了"末端治理"的思想；"三同时验收制度"其实质是鼓励性治理设施；"环境影响评价制度"虽然体现了贯彻预防为主的原则，但是评价工作的中心是污染物达标排放，并没有重视资源和能源的利用率。因此，建立和实施强制性清洁生产审核制度对于建设环境管理制度意义重大。

另外，从对新老污染物管理的层面上来讲，新污染物来源广泛，种类繁多，涵盖生活消费、工业生产等领域，如药品、个人护理用品、卫生保健等。因新污染物本身具有的特点，即使通过环境影响评价和三同时验收，但是管理需要大尺度区域协同防控，污染治理措施往往不能正常运行，污染物排放现象长期存在；对老污染源的管理更加困难，原因在于许多"双超"企业的违法成本过低；技术和工艺落后造成污染减排整改存在难度；环保老污染企业多存在历史遗留问题。出现这种情况的一条重要原因，就是现有的八项环境管理制度并没有渗透到生产全过程。而实施强制性清洁生产审核正是对现有环境管理制度的有效补充，融入贯通于企业的生产、销售和服务过程的污染预防。通过各级环保部门和监督和各行业的自我约束，充分运用清洁生产审核的方法和手段，找出"高排放、高污染、高能耗"的原因，从根源上提出对策，从实际生产中制定方案，在保证"节能、减污、降耗、增效"的基础上，最大程度的提高企业的发展前景。

（3）推行强制性清洁生产审核制度适用于我国提出的节能降耗和污染减排等目标规划

我国《国家环境保护"十三五"规划》中明确规定，到2020年实现生态环境质量总体改善的目标。其中约束性指标是12项，分别是地级及以上城市空气质量优良天数、细颗粒物未达标地级及以上城市浓度、地表水质量达到或好于Ⅲ类水体比例、地表水质量劣Ⅴ类水体比例、森林覆盖率、森林蓄积量、受污染耕地安全利用率、污染地块安全利用率，以及化学需氧量、氨氮、二氧化硫、氮氧化物污染物排放总量。

清洁生产是实现节能减排目标的重要手段，而清洁生产审核则是实施清洁生产的前提和基础，通过对生产过程和产业结构的调整和优化，达到环境保护和经济发展共同进步的目的。清洁生产审核制度是重要的监督管理减排措施，是对现有环境管理制度的有效补充，对于我国企业的污染排放和资源节能起着明显的作用。

3.3　材料清洁生产行业现状及案例

3.3.1　水泥清洁生产案例

3.3.1.1　资源能源消耗及环境污染问题

水泥是现代经济建设重要的生产建设材料，但水泥生产却带来一系列的能源和环境问题。特别是我国目前有数量众多的小型水泥企业，不仅规模小，达不到规模经济的要求，且造成严重的环境污染。

水泥工业是污染大户，主要的环境污染产物有粉尘、废气、废水和噪声。其中，粉尘污染是造成水泥工业高污染的主要因素，而有害气体 SO_2、NO_x 和温室气体 CO_2 的排放量也非常大，烟尘和粉尘（统称工业颗粒物）排放量在所有工业行业中排名第一。根据国家环境保护总局统计国内水泥工业企业的相关数据：1999 年水泥工业排放的工业粉尘和烟尘总量为 972 万吨，占当年水泥产量的 1.7%，占全国总排放量的 42%；2000 年排放的工业颗粒物总量 809 万吨，占全国排放总量 2045 万吨的 40%，而粉尘排放量为 768 万吨，占全国总排放量 1092 万吨的 70%；2002 年烟尘和粉尘排放总量是 809 万吨（大部分来自中小型水泥厂），占全年排放总量的近 40%，按 13 亿人口计算，人均负荷达 6.2kg；2005 年粉尘排放量约占 27%，CO_2 排放量占 22%，SO_2 排放量约占 5%；2013 年水泥工业的烟（粉）尘排放量是世界平均值的 8.45 倍，占全国工业粉尘排放总量的 39%。同时，水泥工业企业已成为造成温室效应的 CO_2 和形成酸雨的 SO_2 及其 NO_x 的排放大户。因此治理大气污染，除了火力发电行业和交通等方面要减排，水泥行业也成为减排重点。

水泥工业也是资源和能源的消耗大户。据统计，2002 年全球水泥产量约为 17 亿吨，我国占 7 亿吨，2012 年世界水泥总产量约 39 亿吨，我国水泥产销量 21.84 亿吨，占世界总量的 55%，至 2020 年我国水泥产量已经高达 23.77 亿吨。由于水泥工业产量巨大，每年消耗大量资源，其中绝大部分是化石类不可再生资源，资源消耗严重。能源消耗方面，2002 年我国水泥工业煤炭消耗量为 9360 万吨，占全年煤炭生产总量的 8.5%；2005 年增至约 1 亿吨（标准煤），同时消耗 1200 亿度电力，11 亿吨石灰石，1.5 亿吨黏土；2012 年规模以上水泥企业煤炭消耗量为 2.08 亿吨，电力消耗 1680 亿千瓦·时。根据目前的技术水平和水泥发展的需求，水泥工业已经面临资源、能源和环境问题的多重严峻挑战。

鉴于上述情况，作为传统产业的水泥工业应该如何适应新的形势，以及在新的经济和社会环境中开拓自己的道路成为行业亟待解决的问题。自 1992 年里约热内卢世界环发大会以来，绿色发展和循环经济已经成为世界各国长期发展的指导方针和战略目标。水泥工业要想跟上时代步伐，就必须采用清洁生产。水泥企业实施清洁生产，是落实科学发展观的具体要求，是与发展循环经济和推进新型工业化的要求一致。

3.3.1.2 水泥工业与清洁生产

我国水泥行业由于存在企业数量多、人员多、平均规模小、管理粗放等特点，使小型水泥企业在相当长的时期都具有绝对优势，且生产技术落后，而代表先进技术水平的新型干法企业数量较少。由于企业生产过程中造成的污染严重，传统的"末端治理"已不能满足环境保护的要求，因此水泥工业要想实现可持续发展，就必须走"循环经济"的发展道路，重点就是脚踏实地地实施清洁生产。对水泥工业而言，清洁生产就是采用先进技术，推行新型干法生产工艺，利用高新技术改造传统的水泥工业，节省能源、降低原材料消耗，减少水泥生产造成的环境污染；利用水泥工业对各种固体废物的资源利用优势，有效消除废弃物。水泥行业清洁生产的内容可包括以下 3 个方面：通过对水泥行业的宏观调控实现清洁生产，从水泥企业生产角度实现清洁生产，以及消纳吸收其他工业废物实现区域清洁生产。因此，为了引导我国水泥行业向着循环经济可持续发展的方向进行，必须加快实施清洁生产，同时提高能源和资源的利用效率，使水泥生产逐步向节能、利废、环保方向发展。

近年来，随着清洁生产的普遍推广与实施，水泥企业环境污染问题已经得到明显改善，至 2013 年运营生产的新型干法生产线有 1586 条，新型干法熟料生产能力占全国熟料生产能力的 95.2%，水泥行业已经基本完成了工艺结构调整的目标。

3.3.1.3　水泥企业清洁生产的突破点

水泥生产企业内部推行清洁生产的出发点是分析企业价值链，并对企业生产线、生产技术水平、能源、原材料、生产过程环境控制和产品等方面进行重点提高和改进。这是因为企业受到研发水平、技术水平、社会环境、管理水平等多方面的限制，循环经济的发展只能局限于一定的层次上，而不能快速达到最高层次，它需要技术条件和其他方面的支持，只有通过分阶段、有重点的发展才能取得循环经济层次和清洁生产水平的突破。

（1）提高研发能力和生产技术

水泥生产企业要想持续地研制出环保、适用和先进的技术，就必须不断地提高研发能力和采用低能耗制造工艺和无污染的生产技术，这是对任何要想保持长久良性发展的企业的基本要求。但加强研发水平、推行清洁生产技术是一个循序渐进的过程，需要分阶段、有步骤地进行。

（2）原材料

水泥工业的主要原料是石灰质原料（主要提供氧化钙）和黏土质原料（主要提供氧化硅和氧化铝，也提供部分氧化铁）。常用的石灰质原料有石灰岩、泥灰岩、白垩、贝壳等，我国大部分水泥厂使用石灰岩和泥灰岩。天然黏土质原料有黄土、黏土、页岩、泥岩、粉砂岩及河泥等，其中黄土与黏土应用最广泛，这些都是不可再生的矿产资源。而矿产资源和环境容量的有限性，迫使水泥工业不得不考虑尾矿和低品位的充分利用以及最大限度地实现废弃物的资源化，开发再生资源，减少污染，发展环境友好型建材产品，与矿产资源部门、环保部门密切合作，发展循环经济，走良性的可持续发展道路。因此原料的选择、使用和优化是未来水泥产业可持续发展的关键。

水泥工业要发展循环经济，首先要提高资源利用率，其次要着力研究工业废渣和废弃物的综合利用，并转变一味依靠政府给予优惠和补贴的传统观念。从企业内部考虑，要求提高开采资源矿山的技术，矿产资源的综合、深度的利用，低品位原料的利用和技术水平，进行废弃原料的二次或多次利用等，即企业内部实现资源和能源的部分、全部循环或梯次利用，如水泥厂内实现废水、余热、废渣的循环利用等。同时还应该研究一些原材料的替代品，使企业不过分依赖于天然矿产资源，这有利于企业的可持续发展。如一些高炉的炉渣、硅酸烟尘及其他生产过程的废弃物都可用做水泥生产的原料，相关的研究和实践在一些大型水泥生产企业和研究机构已取得了很大的成果。

（3）生产过程控制

对生产过程的控制也是企业突破的关键。循环经济能否达到更高的层次、企业能否与环境和谐相处、企业治污成本能否降低的关键就是企业能否很好地控制生产过程。

水泥企业生产运行的过程中，对环境污染及控制技术的焦点主要集中在粉尘、NO_x 和 SO_x 这三种污染物上，其次是 CO 和温室气体 CO_2。此外还有噪声、恶臭等污染，但危害性相对较小。这些可以通过产尘源的治理、噪声源的治理、收尘新设备的研制、改进和更新等来最大限度地减少污染的产生，实现循环经济要求的少排放甚至零排放，使企业与环境友好和谐。

（4）产品设计

水泥产品的优化对企业推行清洁生产也非常重要。水泥产品的设计主要是指利用清洁生产新技术对产品进行改性，开发新产品，提高水泥的质量，使水泥产品在设计、生产、运输和使用等生命周期过程中体现循环经济的思想，达到节能降耗与环境友好的目的。

例如，碱激发胶凝材料不仅强度较高，且其生产原料来源于工业废渣或尾矿，符合节能、节约资源、减少污染和有利于环境保护的原则，具有良好的发展前景。发展散装水泥也是水泥生产企业发展循环经济、推行清洁生产的一个重要途径，可以节约大量资源和能源，节约可观的包装成本，大大降低水泥生产、流通和使用成本，减少水泥损耗，大大改善劳动条件，减少环境污染，提高运输能力。

3.3.1.4 水泥企业清洁生产的案例

（1）节能减排清洁生产实例 1

鞍山某水泥有限责任公司始建于 1950 年，采用五级悬浮预热回转窑生产，日产水泥熟料 552t。2008 年，该公司进行生产状况监测、物料平衡及能源平衡测算，具体见下述分析。

① 企业物料平衡。为了能更好地了解企业生产状况及存在问题，通过对企业 2007 年生产报表的统计分析，结合物料实测和统计结果，物料输入、输出见表 3-2。

表 3-2　物料输入、输出实测和统计结果

生产系统	物料输入		物料输出	
	名称	数量/(t/a)	名称	数量/(t/a)
原料制备 熟料煅烧制成	石灰石	135780	水泥	240669
	页岩	10340	烧失量	54598
	尾矿粉	3917	有组织粉尘	332
	熔渣	8405	无组织粉尘	20400
	电石渣	18029	其他损失	82
	煤矸石（含灰）	4815		
	煤炭（含灰）	5133		
	磷石膏	9617		
	水渣	95323		
	助磨剂	2407		
	炉渣	15737		
	粉煤灰	5209		
	库存熟料	1369		
	总计	316081		316081

② 企业热平衡。热能消耗主要在原料烘干和熟料煅烧两大生产系统上。企业主要热耗生产系统热能平衡图如图 3-2 所示。

单位：MJ/a

图 3-2　企业主要热耗生产系统热能平衡图

③ 企业生产水平及存在问题。分析企业的监测资料、物料平衡、热平衡及相关实测数据，对生产系统的单位产品主要原料消耗等技术指标进行计算，各项技术指标与国内同行业先进水平进行对比（见表 3-3）。

表 3-3　企业生产系统各项技术指标汇总

指标名称	指标值		
	企业	国内先进	差值
水泥生产能力/(t 熟料/d)	552	2000	−1448
取水量/(t 水/t 熟料)	0.69	≤0.6	+0.09
循环水利用率/%	85.6	≥85	+0.6
热耗/(kcal/kg 熟料)①	1194	≤1100	+94
煤耗/(kg/t 熟料)	224	126	+98
有组织烟(粉)(kg/t)　回转窑	0.13	0.18	−0.05
尘排放量/(kg/t)　烘干机	1.13	0.07	+1.06

①1kcal＝4.1868kJ。

由表 3-3 可以看出，该公司生产系统的生产能力、水利用指标、热耗指标及粉尘排放指标与国内先进水平均有较大差距。存在的主要问题是余热利用仅为窑尾五级悬浮预热及由单冷机引出的入窑二次风，余热利用率不到 30%，煤耗与国内先进水平相差 98kg/t 熟料，并存在产尘点多而分散、除尘设备设计欠缺及老化破损、管理不到位等多项环境保护问题。

④ 实施清洁生产方案及效果。该公司提出了多项清洁生产方案。其中"2500t/d 熟料新型干法改扩建"方案几乎可以涵盖其他方案的改造内容，即企业利用现有基础设施，拆除主要生产线和原竖窑生产设备，建设一条 2500t/d 新型干法水泥熟料生产线（φ4×60 回转窑）。2500t/d 熟料新型干法工艺是一种成熟的生产技术，已经在国内多家水泥企业的新建、改扩建中得到应用。经预测该方案实施后，出篦冷机的高温废气一部分作为窑用二次空气入窑；一部分由三次风管送到分解炉作为燃烧空气；另一部分送入煤磨作为烘干热源。企业的煤耗可由 224kg/t 熟料降低到 126kg/t 熟料，余热利用率可达 70% 以上，同等产量情况下可减少烟（粉）尘排放 27.87t/a，减少 SO_2 排放 89.2t/a，污染源均可实现达标排放，环境效益显著。

（2）节能减排清洁生产实例 2

① 企业概况。某企业拥有两条 2000 t/d（A 线、B 线）和一条 4000 t/d（C 线）共三条新型干法水泥熟料生产线，年水泥熟料生产能力 292 万吨，年水泥粉磨生产能力 320 万吨。产品主要为普通硅酸盐水泥、复合硅酸盐水泥和抗硫油井水泥。该企业采用当前先进的工艺技术新型干法预热窑外分解的回转窑生产工艺进行水泥熟料生产，属于清洁生产工艺，同时选用电收尘和气箱脉冲袋式收尘器，提高除尘效率。同时设置了污水沉淀池，污水经沉淀处理后可循环利用。

② 企业生产水平及存在问题。该企业单位熟料电耗比传统生产工艺降低 12～14 kW·h/t，煤耗降低 10～20 kg/t，总体水平在全国属较先进水平。但 2000 t/d 的水泥熟料生产线（A 线）清洁生产指标值仍有改进的空间，与水泥行业清洁生产指标的比较见表 3-4。

表 3-4 企业 A 线实际情况与水泥行业清洁生产指标的比较

指标	清洁生产指标等级				
	一级	二级	三级	企业实际	等级
水泥生产能力/(t 熟料/d)	2000	2000～700	≤700	2000	二级
收尘设备完好率/%	100	≥95	≥85	100	一级
取水量(水/熟料)/(t/t)	≤0.3	≤0.6	≤1.0	0.465	二级
循环水利用率/%	≥90	≥85	≥80	89.56	二级
水泥综合电耗/(kW·h/t 水泥)	≤90	≤105	≤115	113.84	三级
热耗/(kcal/kg 熟料)	≤720	≤1100	≤1500	822.29	二级
烟尘排放量/(kg/t 水泥)	≤0.08	≤0.18	≤0.25	0.15	二级
粉尘排放量/(kg/t 水泥)	≤0.016	≤0.032	≤0.04	0.03	二级
SO_2 排放量/(kg/t 水泥)	≤0.08	≤0.32	≤1.0	0.237	二级

从表 3-4 中可知，该企业的综合能耗较高，造成的原因主要有：一是因海拔较高造成部分设备选型要适当增大，二是建设较早的 A 线的原材料矿带中杂质及有害成分较多，三是部分员工不重视造成浪费等，这些都会影响到企业的单位能耗水平。

同时，该企业排放的污染物仍然较高，造成的原因主要有：一是车辆在厂区存在遗洒和二次扬尘现象；二是水泥发运工段未配置收尘设施，粉尘无组织排放；三是熟料生产过程中 CO_2 等温室气体排放量较大且无任何回收措施。

另外，通过现场调查，该企业在生产过程中存在原辅材料含有较多杂质、余热直接浪费、原料水分较大造成的设备磨损严重、产品在包装等过程中存在破袋现象等情况，这些都会造成企业的物耗、能耗以及废弃物排放量增大，在实施清洁生产过程中需要关注并改进。

由上述分析可以看出，A 线和 B 线由于投入运行时间较长，存在设备老化、能耗较高等缺点，因此可将熟料分厂 A 线和 B 线作为该企业清洁生产的审核重点。

③ 清洁生产评估。通过查看该企业的物料平衡、热平衡、监测数据以及结合实际生产活动中存在的问题，分析物料损耗主要出现在：一是煤粉制备系统中，由于原煤含有一定水分，在输送、均化过程中会黏附在设备上而产生部分损耗，在烘干过程中由于水分挥发造成能耗增大；二是生料在预热过程中，产生的 CO_2 气体以废气的形式直接排放至大气，在进行预热器清堵时大量生料洒落，造成浪费物料及环境污染；三是熟料煅烧系统中，长期使用的窑头罩密闭性减

弱，产生扬尘，造成物料损耗；四是熟料在冷却、输送及贮存过程中容易造成洒落等浪费现象；五是窑头废气温度过高，电收尘器的除尘效率下降，造成物料的损失。

④ 清洁生产方案的提出。该企业提出多项清洁生产方案，其中需要投入成本较多的方案有 7.5MW 纯低温余热发电项目和主收尘器技术改造。对其进行经济与环境效益分析可知，7.5MW 纯低温余热发电项目可以利用排放的余热发电 4864kW·h，气体排放量减排 5.41 万吨 CO_2、0.15 万吨 SO_x、0.074 万吨 NO_x，年节约标准煤 2.005 万吨，年经济效益可达 2000 万元左右，具有较好的经济效益，对生态环境起着积极的作用。主收尘器技术改造方案中除尘器的结构设计、技术参数及滤料选型技术等都较为先进，可以保证出口粉尘浓度小于 30 mg/m^3 的排放要求。

⑤ 清洁生产效果分析。该企业在 2009 年实行清洁生产后，各项清洁生产指标都有所提高。在综合能耗方面，大部分处于清洁生产一、二级标准；循环水利用率由 89.56％提高到 93.27％，取水量 0.465 t/t 降至 0.335 t/t，年均节约 6000 t 新鲜水，同时减少了化学需氧量（COD）等污染物的排放量；水泥综合电耗从清洁生产前的 113.84 kW·h/t 降为 103.15 kW·h/t，年节约用电 835×10^4kW·h，节电费用 375.75 万元。

清洁生产更深层次的影响是转变了生产者传统的工业生产模式，从传统的污染物末端治理转变为全过程控制，将被动治理模式转变为主动预防。使得清洁生产提高企业的资源利用效率、减少和避免污染物的产生、保护和改善环境的理念深入到企业管理者与执行者的思想与行动之中，对该企业未来自发的开展清洁生产活动具有积极的意义。

清洁生产不是一蹴而就的行为，需要在改善企业管理、降低成本、提高产品质量和保护环境的过程中不断努力并取得进步。持续有效的清洁生产工作不仅可以提高企业的生产效率，增强企业保护生态环境的决心，也是企业完美体现社会责任的一种方式。

结语：通过水泥企业清洁生产的成功实施可以看到，该行业实施清洁生产的必要性及特殊性。一是生产过程中新的控制工艺和手段能够有效地减少废弃物的排放，对于大气污染物排放大户的水泥行业的清洁生产具有重要意义；二是水泥窑炉余热具有非常广阔的应用空间，不仅可以为企业提供大量的电力，产生较大的经济价值，而且可以非常有效地降低大气污染物的排放；三是清洁生产的执行者需要对清洁生产的理念有着较深的理解，企业所有的人员都需要对清洁生产有更深入的了解，进而能够将清洁生产的理念应用于实际的生产活动之中。

（3）水泥生产线技改项目清洁生产指标实例

① 水泥生产线技改项目概况

该项目总占地面积约 135000 m^2，总投资为 77484.18×10⁴ 元，主要建设内容如下：

a. 拆除原 1000 t/d 旋窑熟料生产线，利用原工线旋窑厂址及原立窑生产线（己关停）厂址，并新征 38800 m^2 山坡地，建设一条 4500 t/d 新型干法水泥熟料生产线，并配套一套 9 MW 低温余热发电发热系统；

b. 配套建设一套 400 t/d 城市生活垃圾处理系统，包括垃圾卸料、贮存、破碎、气化炉焚烧、炉渣分选和除氯系统；

c. 水泥生产线技改项目产品方案及相关数据见表 3-5。

表 3-5　水泥生产线技改项目产品方案及相关数据

序号	产品名称	规模	备注
1	水泥	200×10⁴ t/a	本生产线生产熟料 148.50×10⁴ t/a 作为水泥粉磨原料
	PO42.5 普通硅酸盐水泥	140×10⁴ t/a	水泥配比为熟料∶石膏∶石灰石∶烧煤矸石＝82%∶5%∶5%∶8%
	PC32.5 复合硅酸盐水泥	60×10⁴ t/a	水泥配比为熟料∶石膏∶石灰石∶烧煤矸石∶冰淬渣＝54.93%∶5%∶8%∶20%∶12.07%
2	发电	6480×10⁴ kW·h/a	518kW·h/a 为余热发电站自用
	供电	5962×10⁴ kW·h/a	

② 水泥生产线清洁生产分析

a. 水泥生产工艺和装备节能措施

● 熟料煅烧系统节能措施。熟料煅烧系统采用带预分解系统的新型干法水泥生产工艺。项目采用低热耗的窑型，其单位热耗仅为 3024 kJ/kg 熟料，在国内外同规模水泥企业中为先进水平。

采用最新技术的第四代篦式冷却机，热效率高达 75% 以上，可有效回收出窑熟料的热量，并大大提高二次风与三次风的温度，同时降低熟料烧成热耗。煤计量选用精度高、运转可靠的计量秤，窑用燃烧装置采用多通道喷煤管，可使入窑一次风比例降低到 10% 左右，因而相应增加了入窑高温的二次风量，进而改善窑内燃烧条件，提高燃烧效率。

● 破碎与粉磨系统节能措施。石灰石破碎采用单段锤式破碎系统，原料粉磨采用立式磨系统，水泥粉磨采用带辊压机的联合粉磨系统（辊压机＋球磨）。煤粉制备采用风扫煤磨系统。

● 余热利用系统节能措施。充分利用窑尾预热器排出的废气作为原料粉磨烘干热源，利用冷却机废气作为煤粉制备的原煤烘干热源，采用控制流型最新技术的冷却机，热效率可高达 75% 以上，可有效回收出窑熟料的热量。

● 工艺设备选型的节能措施。石灰石破碎采用了引进技术制造的单段锤式破碎机，工艺生产流程简单，单位产品电耗低。与传统技术的预热器相比，预热器风机电耗可降低 15%～20%。水泥磨系统采用辊压机＋球磨＋高效选粉机圈流系统，每吨水泥节电约 5～7 kW·h。

● 生产工艺中的主要风机、水泵、空压机等尽可能采用变频调速装置调速。风机风量按系统特性和漏风系数进行计算，风机能力储备系数小于 15%。控制进厂原材料水分，利用在晴天进场原材料，采用贮存库贮存，减少原材料烘干能耗。水泥混合材不采用专用的烘干系统，而是利用水泥粉磨过程中产生的发热进行物料烘干。

b. 污染物产生指标

本技改项目 SO_2 产生量为 127.2 t/a，每吨熟料产生 0.086 kg SO_2，对照 HJ 467—2009《清洁生产标准　水泥工业》，采用的无烟煤硫含量低于 1.5%，吨熟料 SO_2 产生量低于 0.2 kg，清洁生产水平可达到一级。技改工程 NO_x 产生量为 3206.53 t/a，吨熟料产生 2.17 kg NO_x，清洁生产水平可达二级。

c. 废物回收利用指标

本技改项目生产过程原料消耗约为 284.68×10^4 t/a。其中，利用铁矿石尾渣、水淬矿渣、脱硫石膏、粉煤灰、煤研石等固体废物 70.34×10^4 t/a，工业固体废物利用率为 24.7%，达到国际先进水平。另外，项目水泥窑携同处理城市生活垃圾。本技改项目生产过程产生的铁粉、废钢材等外售给资源回收单位回收处理，废耐火砖、研磨体等由供货方回收利用。布袋除尘器回收的粉尘、烟尘、窑灰等回送至就近生产环节重新利用。施工期的开挖土方除部分回填外，多余土方运至Ⅲ线作为黏土原料，没有外弃。生产生活过程排放废水 478 m^3/d，全部回用做生产、绿化浇洒及原燃料加湿，没有对外环境排放。

d. 资源能力利用指标

● 能耗指标：本技改项目可比熟料综合电耗、煤耗、能耗指标及可比水泥综合电耗、能耗指标均达到 GB 16780—2007《水泥单位产品能源消耗限额》的先进值标准和 HJ 467—2009《清洁生产标准　水泥工业》的一级水平。

● 余热发电能源综合利用指标：本技改项目纯低温余热发电系统在 SP 炉和 AQC 炉正常投运的情况下，实际年供电量 5962×10^4 kW·h，每年可节省标准煤约 2.02×10^4 t，减少 CO_2 排放约 5.16×10^4 t。因此，本技改项目既符合国家资源综合利用的政策，也可为企业创造良好的经济效益和社会效益。

● 水资源综合利用率：本技改项目产生的废水、生活污水处理达标后回用，均没有外排。平均新鲜水用量 4258 t/d（不包括消防用水），其中水泥熟料生产设备新鲜水用量最大约为 2030 t/d，单位熟料新鲜水用量约为 0.45 t/d，达到国内清洁生产先进水平。循环用水量为 107760 t/d，中水回用量 430 t/d，全厂水循环利用率为 96.2%，达到清洁生产一级水平。

e. 结论

根据 HJ 467—2009《清洁生产标准　水泥工业》的相关规定，本技改项目的资源能量利用指标、废物回收利用指标、原料和产品指标、生产工艺和装备指标中大部分都达到了清洁生产规定的一级水平，其余指标也达到了二级标准，满足了清洁生产选择清洁能源、清洁原材料、清洁生产工艺及产出清洁产品的基本要求，真正实现了从源头上防止环境污染和资源浪费，完全符合清洁生产相关指标的规定和要求。

3.3.2　金属铝清洁生产案例

3.3.2.1　有色金属环境污染现状

我国是有色金属生产大国。有色金属产业发展带来的环境问题，特别是土壤重金属污染的防治，是土壤污染防治中的重点领域。目前，我国就土壤重金属污染防治出台了一系列法规政策，对有色金属工业土壤重金属污染防治工作提出了具体要求。但是，总体看来，我国有色金属工业土壤重金属污染防治工作仍然面临着严峻的形势。可持续发展与有限的资源，资源开发与环境保护是我国冶金工业所面临的矛盾。当前国内有色金属工业与国外发达国家相比较起来，无论是能源消耗还是环境保护方面均存在明显差距。

以我国铝工业为例，生产氧化铝的能耗是国外的 1～3 倍，即便是企业采用了拜尔法，所产生的能耗也要高于国外。氧化铝及电解铝工业会产生很多的污染物，主要的有赤泥、粉尘、含氟烟气和含碱工业废水，属于重污染行业。每年产生的赤泥至少在 550 万吨以上，而生产电解铝的特征污染物氟化物，也会严重危害生态环境。这些尾矿库不仅占用了大量的土地面积，且还对附近的土壤、空气和水质等造成了严重的污染，打破了原本平衡的生态环境。

有色金属行业废水、废气等污染物排放量占全国工业企业污染物排放量的 5%左右，但镉、铅等重金属污染的排放量占全国工业企业排放量的 80%以上，因此，有色金属行业是重金属污染防控的主战场，随着 2015 年被喻为"史上最严"的新《中华人民共和国环境保护法》的实施，有色金属行业面临的形势更为严峻、环境保护压力前所未有。生产有色金属的过程是产生铬、镉、汞、铅和类金属砷等重金属污染物的主要方式之一。尤其是在冶炼汞、锑、锡、锌、铅、铜的过程中，少许的铬、镉、汞、铅和类金属砷等重金属会随"三废"排放，破坏和污染生态环境。我国有色金属工业将重金属污染防治、清洁生产摆在了显著位置，目的就是为了生态环境保护，改善民生，实现社会与经济的可持续发展。自我国加入世界贸易组织后，关税全面削减，出口补贴全部取消，市场得到开放，贸易量和贸易结构发生变化，高能耗、重污染、低效益的传统行业必将被淘汰，有色金属行业所面临的形势十分严峻。所以有色金属清洁生产技术的实施已成为发展我国有色金属行业可持续发展与提升国际竞争力的重要措施。

我国有色金属防治工作主要包括以下几大严峻的形势：第一，废水、废气排放总量大、浓度高，2001年我国10种有色金属产量居世界第一，经过十多年的快速发展，总量又扩大了近6倍，即使单个企业排放都能达标，但区域排放总量逼近极限；第二，"历史欠账"多，在过去几十年产品短缺时代也是粗放发展时代，在环境保护方面，有色金属行业是有欠账的，历史欠账积累到一定阶段，总会集中爆发，我们要为"历史旧账"、甚至其他行业的欠账去买单；第三，部分有色金属品种技术装备落后，没有根本性的产业化技术突破，产业升级缓慢，污染治理设施落后；第四，固体废物产量巨大，2018年有色金属行业产生一般固体废物4.8亿吨，约占全国工业一般固体废物产生量的14.7%，产生危险固体废物721万吨，占全国危险固体废物产生量10%以上，其中冶炼环节产生危险固体废物584万吨，约占81%左右。固体废物处理，特别是危险固体废物处理，是有色金属行业"老大难"问题，难以短期内有效解决；第五，政策要求越来越严格，随着2015年"史上最严"的《中华人民共和国环境保护法》和2018年"史上最严"《中华人民共和国环境保护税法》正式实施，配合"两高"司法解释，以及区域性和行业性的专项整治，如《京津冀及周边地区2017年大气污染防治工作方案》《清理整顿电解铝行业违法违规项目专项行动工作方案》等，更是由于中央环境保护督查实现31个省份全覆盖，力度越来越大，中国有色金属工业环保治理与绿色发展面临越来越大的压力。部分企业将因为生产技术不达标、环保改造不到位面临被关闭的风险，一些企业将面临搬迁的问题，还有一些企业将因为环保治理投入加大造成的成本上升而丧失市场竞争力。

3.3.2.2 有色金属行业的清洁生产

短期的强制行政措施无法根本上解决我国有色金属工业污染环境的问题，因此需要采用清洁生产技术，在源头上降低污染物的排放，减少对环境的污染，提高环境的质量，促进有色金属工业的可持续发展。所谓有色金属工业的清洁生产，即在生产过程中，尽量减少能源与原材料的消耗，淘汰掉有毒的原材料。在所有排放物和废物还在生产过程中时，降低毒性与数量。另外就产品来说，清洁生产的方法旨在降低产品的整个生命周期中（从冶炼原材料到产品的最终处理）对环境和人类的影响。有色金属行业清洁生产内容的基本要素包含冶炼过程中清洁的生产过程、清洁的能源、清洁的产品（见图3-3）。

有色金属行业清洁生产的具体推行方法如下。

（1）树立清洁生产观念，顺应世界新潮流

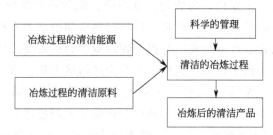

图 3-3　有色金属行业的清洁生产内容

人们的观念、意识对推行清洁生产非常重要，思想观念的转变是清洁生产推行的基础。要通过宣传教育，不断提高各级组织对清洁生产的认知度，树立生产全过程中的污染预防思想，把清洁生产作为提高企业整体形象、增加企业竞争力的重要手段来对待。如中国铝业河南分公司通过组织全体员工"学标""贯标"，提高了全员环境保护和清洁生产意识，确保了持续改进环境污染的承诺，各项环境绩效不断提高。

（2）调整产业结构

在产业内部或产业之间，把原来的传统经济单向产业链条"资源—产品—废物"转变为"资源—产品—再生资源"的圆形循环产业链条，将上游生产中的副产品或废物作为下游生产的原料，形成产业内、行业间的工业代谢和共生关系。例如，中国铝业集团有限公司通过延长产业链，实现资源合理配置：一方面向上游延伸，实现了煤-电-铝一体化，目前已占全部产能的 47%；另一方面向下游产品延伸，积极发展铝合金及铝大板锭产品，减少铝的二次熔化损失，提高了利用效率。

（3）淘汰落后生产工艺，采用新技术

近几年来，有色金属工业引进先进技术装备，加速淘汰落后生产工艺，实现了产业升级，其中电解铝成效最为显著。目前，电解铝采用 160kA 以上的大型预焙槽技术占 80% 以上，基本淘汰了落后的自焙电解槽，使全国平均每吨铝交流电耗由 16600kW·h 降至目前的 14680kW·h，年节约 120×10^{8}kW·h。中国铝业河南分公司在新建、扩建、改建等技改项目中，积极采用技术起点高、能耗物耗小、污染物排放量少的清洁生产工艺及能源。

（4）提高资源利用率

经过 50 多年的发展，矿产资源利用率由 38% 提高到 60%，资源消耗降了36.5%。例如，中国铝业集团有限公司采用的拜耳选矿法，富矿经拜尔法溶出之后，其排弃物——赤泥又作为烧结法的主要原料，再进行溶出。该工艺有效地提高了铝土矿资源的利用率。使占 60% 储量的低铝硅比铝土矿的利用规模得到了扩大，而强化烧结法等先进工艺技术进一步扩大了资源的再利用范围，提高了资源利用率，节约了能源，降低了成本。

（5）废弃物综合利用

对采矿、冶炼生产过程中产生的废水、废气、废渣进行最大程度的综合回收利用，变"废"为"宝"。江西铜业集团公司在铜冶炼的生产过程中，不断回收废水喷淋矿石，磨矿选矿，每年重复用水量达 2.9 亿吨，复用率达 85％以上。同时，该公司还建成了烟气制酸系统来回收二氧化硫，再用回收来的二氧化硫制成硫酸，每年可达 100 万吨，增加产值 3 亿元。铜陵有色利用生产电解铜的废弃物回收金、银等贵重金属，用冶炼炉渣加工造船厂需要的磨料，用铜尾矿掺入水泥生料烧制成水泥熟料，利用硫酸在生产过程中产生的热量发电等，都取得了良好的经济效益。中国铝业贵州分公司努力实现废水"资源化"，吨氧化铝生产水耗从 19.27t 下降到 6.60t，而采用氧化铝含碱废水"零排放"的开发应用技术，每年为公司创效 700 余万元。

（6）强化科学管理，改进操作

实践表明，工业污染有相当一部分是由于生产过程管理不善造成的，只要改进操作，改善管理，不需花费很大的经济代价，便可获得明显的削减废物和减少污染的效果。主要方法是：落实岗位和目标责任制，杜绝跑冒滴漏，防止生产事故，使人为的资源浪费和污染排放减至最小；加强设备管理，提高设备完好率和运行率；开展物料、能量流程审核；科学安排生产进度，改进操作程序；组织安全文明生产，把绿色文明渗透到企业文化之中等。如中国铝业集团有限公司专门成立了节能降耗成果推广小组，一方面，通过技术改造降低能耗；另一方面，通过现场服务、代培技术骨干等多种形式，并把各分公司在节能降耗方面取得的经验和技术成果进行推广应用，实现资源共享。

（7）加强科学研究。鼓励科技创新

加强研究清洁生产工艺，更新、替代有害环境的产品，大力发展清洁产品，为企业实施清洁生产提供技术支持手段。清洁生产技术开发和利用的重点是无害化环境技术，与所取代的技术比较，污染较少、利用资源的方式能较持久、废料和产品的回收利用较多、处置剩余废料的方式比较能被接受。研究建立闭合圈，综合利用二次物料和能源；改革原料路线，选择使用清洁的原料和低污染原料。

有色金属工业的清洁生产是一个相对的概念，是与现有的生产技术相比较而言的。因此要想评估某一项有色金属工业的清洁生产技术，主要就是让其与其所替换的生产技术进行相应的比较，某些时候也需要与不同的清洁生产技术方案之间进行衡量。由于目前清洁生产的评价还在不断地完善，到现在还没有公认、法定的方法。以我国现在的有色金属工业技术改造或者新产品开发评价方法为基础，从环境、经济和环境三方面对清洁生产技术评价指标进行探究具有实际意义。

3.3.2.3 电解铝行业生产案例分析

(1) 电解铝工艺简介

电解铝是指在特定的电解槽中将氧化铝熔融为液态，并在液体氧化铝中通入直流电，使氧化铝分解为单质铝的工艺过程。电解槽由砌筑在槽底部的阴极和上部插入的阳极构成，槽内温度 950℃左右，氧化铝和氟化盐加入电解槽后在高温作用下熔融为液态（氧化铝熔融在氟化盐中可大幅降低液化温度），在直流电的作用下，电解槽内发生复杂的电化学反应，氧化铝被分解，并在槽底部阴极上析出液态金属铝，氧与阳极中的碳结合为 CO 释放，因而阳极在使用过程中不断消耗，需及时更换。残极从电解槽卸下后送往组装车间分离为铝导杆和残极炭块，残极炭块用于生产新的阳极炭块，铝导杆经处理后重新组装阳极。铝电解用的直流电由交流电整流后通过母线导入电解槽。槽底部的铝液达到一定液位后由负压吸入铝抬包，送入铸造车间生产铝锭或直接送往用户使用，电解铝的生产工艺流程如图 3-4 所示。

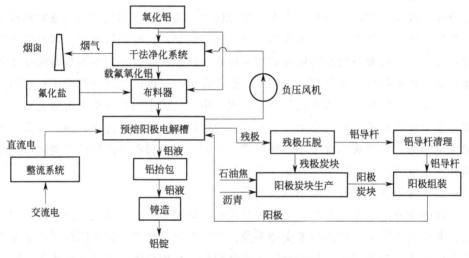

图 3-4 电解铝的生产工艺流程

(2) 企业清洁生产概况

贵州某铝业公司于 2006 年启动清洁生产审核，当年通过自愿清洁生产审核评估，由于贵州省清洁生产尚处于起步阶段，此轮清洁生产未进行验收；2011年通过强制清洁生产审核评估，2013 年通过专家组验收评审。多年坚持开展持续清洁生产审核，生产消耗量及污染物排放量逐年下降，为企业降低成本、提高在恶劣市场环境下的生存能力提供了有力支撑。

（3）清洁生产思路及具体做法

清洁生产标准从生产工艺与装备要求、资源能源利用、污染物产生、废物回收及环境管理等五个方面对企业清洁生产水平进行系统评估，企业一直以此为主线开展清洁生产审核。

① 生产工艺与装备

工艺与装备是工业生产的基础，也是企业清洁生产水平的基本条件。目前，粉状物料（氧化铝、氟化盐）已普遍采用封闭贮存、浓相或超浓相输送；电解槽普遍采用预焙工艺，电流强度大于 200kA 的企业已超过 90％，300kA 及以上大型预焙槽已成为主流设备。对已投产的企业，可通过设备局部改进降低生产成本，如该贵州某铝业电解铝铸造过程共有 11 台熔炼炉、保温炉及保持炉，以重油或轻油为燃料，不仅能耗较高，还需处理随烟气排放的大量 SO 及粉尘等污染物质，2012 年全部改为燃烧液化天然气（LNG），吨铝燃料成本由 98 元下降至 85 元，每年可节约 520 万元燃料费用，同时大幅降低污染物排放水平。原电解铝进行开/停槽操作时，必须将整个系列的直流电断开才能进行短路口操作，每次用时 15min，不仅影响电解铝产量，槽温也将少量下降，恢复供电后容易发生阳极效应等异常情况。投资 180 万元在电解槽增加不停电开/停槽装置后，减少了短路口操作对电解槽的影响，每年可产生经济效益 66 万元。由于宏观经济影响，近两年开/停槽数量逐渐增多，每台开/停槽母线产生大约 200mV 的压降，全部浪费，在短路口下方直接用铝导杆进行短接，使电流直线通过，减少空耗，吨铝可实现降低 40kW·h 电的效果，全年价值 78 万元。

② 资源能源消耗

根据海通证券研究所统计资料，2009 年至 2015 年国内电解铝行业生产中主要成本占比情况见图 3-5。

a. 能源。生产 1t 铝约需 14000kW·h 的电能，电价在电解铝成本中占比 40％左右，电解铝生产能耗高低直接关系到企业的经济效益，甚至成为部分企业是否能够维持生产的决定因素。吨铝直流电耗是评判电解槽运行状态好坏最直接的经济指标，主要取决于槽电压和电流效率，可用下式计算电解槽的直流电耗：

$$W = 2.98(V/N)$$

式中：W——直流电耗，单位为 kW·h/kg 铝；

$\quad\quad V$——平均电压，单位为 V；

$\quad\quad N$——电流效率，％。

上式表明，降低电解槽平均电压或提高电流效率都能降低铝电解生产能耗。电压受热平衡限制不能无限降低，因此提高电流效率是最直接的节能途径，它在一定程度上反映了电解生产的管理技术水平。清洁生产一级标准电流效率大于

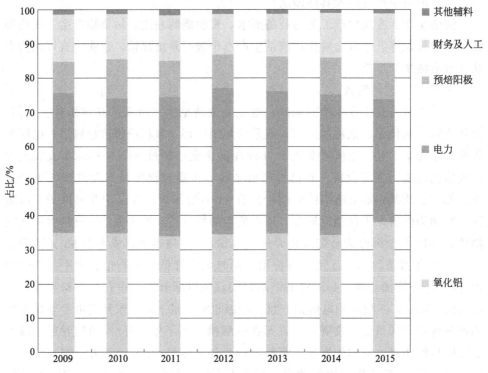

图 3-5　2009 年至 2015 年国内电解铝行业生产中主要成本占比情况

94％，二级标准电流效率大于 93％，该铝业投产年代较早，主流槽型为 160～230kA，2015 年电流效率仅为 90.12％，远低于清洁生产二级标准。近年来，通过合理匹配技术条件，采取偏高的铝量、精准的氧化铝控制、略高的分子比、低电压控制技术，维持好电解槽的能量平衡和物料平衡，正确把握电解槽运行趋势等管理措施及整流系统优化、转机增加变频、输送系统改造（减少输送距离）等技术改造，电流效率已提升至 90.5％，吨铝直流电耗也由 2013 年的 13539kW·h/t 铝降至 2016 年的 13137kW·h/t 铝。

　　b. 氧化铝。氧化铝在电解铝成本中占比 34％左右。氧化铝理论单耗约为 1918kg/t，清洁生产一级标准小于 1930kg/t，除转化为电解铝外，氧化铝主要散失在运输及生产过程当中。该铝业结合精益生产、运营转型等先进管理理念，通过以下方面全面排查氧化铝损失原因：氧化铝粒度过细、下料时阳极上封料飞扬、换阳极时旧极上的料未扒净、残极上的氧化铝未清理干净、沉淀过多变硬、随地沟流失、停运槽内物料损耗等。根据排查出的原因，细化操作步骤、制作单点教程，狠抓操作工艺，氧化铝单耗由 2013 年的 1924.4kg/t 铝降低到 2016 年的 1922.3kg/t 铝。

c. 氟化盐。氟化盐理论上不消耗，仅作为降低氧化铝熔点的熔剂存在，但在高温环境下会少量挥发，同时与碱土金属的相互作用和水解也会造成少量损失，损失的大部分被烟气带出。清洁生产一级标准为 22kg/t 铝，二级标准为 23kg/t 铝，该铝业从提高集气效率及净化效率着手，不断修整、改良电解槽密封及严格操作工艺，氟化盐消耗由 2013 年的 25.2kg/t 铝降低到了 2016 年的 21.66kg/t 铝，达到了一级标准。

d. 阳极。阳极炭块在电解铝成本中占比 10% 左右。阳极炭块理论消耗量为 393kg/t 铝，清洁生产一级标准为 410kg/t 铝，二级标准为 420kg/t 铝，阳极炭块的平均利用率在 70% 左右。其消耗主要原因是炭块纯度不高、质量不好、操作（电解）管理不善造成阳极氧化。该铝业通过改善炭块质量（调整配比、温度、粒度等工艺条件）、优化炭块形状（调整炭块顶部斜度，减少残极残留量）、改良电解操作工艺（严格换极操作以避免氧化、减少阳极偏流导致的阳极脱落）等手段降低阳极消耗，已由 2013 年的 425.2kg/t 铝降低到 406.7kg/t 铝，由三级清洁生产水平进入一级指标范围以内。

③ 污染物产生指标

a. 全氟产生量。全氟产生量是指电解铝生产过程中产生的氟化物（以氟计）的量。在 940℃ 以上的电解温度下，约 2/3 的氟化物成为大气污染物，其余被电解槽吸附。全氟产生量清洁生产一级标准为小于 16kg/t 铝，二级标准为小于 18kg/t 铝。根据 2010 年污染普查数据，国内全氟产生量为 23kg/t 铝，远高于清洁生产二级标准。该铝业这一指标在 2006 年清洁生产开展初期为 19kg/t 铝，经过不断调整原料配比、电流强度、温度等工艺参数，开展电解"三度寻优"、氧化铝除氟等技术攻关，目前已达到 17.3kg/t 铝，进入二级清洁生产水平。

b. 粉尘产生量及排放量。粉尘产生量是指电解铝生产过程中由于输送、加料、集气、阳极作业、出铝等产生的粉尘，是衡量电解铝管理技术水平的重要指标。粉尘产生量清洁生产标准一级、二级指标均为 30kg/t 铝，该铝业经测算为 25kg/t 铝，控制方法主要是严格操作管理并保持设备良好状态。清洁生产标准中没有粉尘排放指标，但政府及公众均对此较为关注，GB 25465—2010《铝工业污染物排放标准》中将颗粒物排放分为电解槽烟气净化、氧化铝及氟化盐贮运、电解质破碎三个部分。该铝业由于采用封闭式浓相、超浓相输送工艺，在贮运过程中基本没有颗粒物排放；电解质破碎由碳素负责；电解槽烟气净化排放指标为 $30mg/m^3$，经袋式除尘器处理后，平均排放浓度为 $17mg/m^3$，最高排放浓度为 $26mg/m^3$，优于排放指标。由于袋式除尘器长期受氧化铝粉磨损，各单体室的隔板、前后及反吹烟道等处容易发生泄漏，烟气短路造成排放偏高。因此控制要点除确保主体工艺正常、降低净化系统负荷外，主要是及时更换布袋、定期检查修复各易损部位，杜绝短路排放。

④ 废物回收利用

a. 废气收集及处理。电解槽内产生的含氟废气由负压系统收集至干法净化系统，利用原料氧化铝粉吸附其中有害成分，再用布袋除尘器实现气固分离，气体排放，固体返回生产系统。其关键指标为集气效率（一级大于98%）和净化效率（一级大于99%），集气效率决定无组织废气排放量，净化效率决定有组织废气排放浓度。提高集气效率的途径有适当增大排烟量、改良电解槽上部结构及盖板设计、平衡各收集点负压、改善电解槽工作方式（确保盖板无变形、工作槽、无敞口、减少更换阳极作业时间和开口面积）等。提高净化效率的途径有优化氧化铝加入量、改善反应器结构、改进除尘器设计（气体分布、滤布材质、运行阻力等）等。清洁生产初期，该铝业对电解槽集气系统及槽盖板管理进行了专项整治，目前集气效率98%、净化效率99%，已达到一级标准。

b. 其他。清洁生产一、二、三级标准均要求废电解质、废阳极100%回收利用，冷却水100%循环不外排，此为清洁生产基本要求，必须达到。

⑤ 清洁生产评价总结

该铝业历经10年开展了4轮清洁生产审核，电解铝共完成143项无费/低费及11项中费/高费清洁生产方案的实施，原铝综合交流电耗、氟化盐、阳极等消耗指标全面降低，污染物排放明显削减，仅2016年就因节能、降耗、减污而创经济效益600万元以上。

3.3.3 聚苯乙烯塑料清洁生产案例

(1) 塑料行业现状与污染防治

塑料是高分子材料中应用最为广泛的一类材料，具有经济、耐用、可回收等优势，被大规模用于汽车、飞机、建筑、医疗及日常生活工具用品的制造业和工业等领域。据统计，1950年至2015年全球废弃塑料累积已达到63亿吨，2018年全球塑料生产总量约为3.6亿吨，2019年我国平均每分钟生产1902t塑料。在大量生产的同时，塑料也已经成为世界的"超级垃圾"。如大量使用的一次性餐盒制品和包装袋、废弃农用薄膜，正逐渐累积造成了严重的环境污染和资源浪费，预计到2050年，全球将有约130亿吨的废弃塑料被遗弃到自然环境中。由于塑料制品化学性质稳定，在自然环境中难以降解，在自然环境和生物活动作用下废弃塑料还会逐渐形成粒径小于5mm的塑料碎片、颗粒或纤维等的微塑料，其正作为一种新兴污染物大肆威胁着土地的功能和海洋生物的健康，甚至在人迹罕至的北极也发现微塑料的存在。微塑料种类繁多，存在形式多样，其中聚乙烯（polyethylene，PE）、聚丙烯（polypropylene，PP）和聚苯乙烯（polystyrene，

PS）是土壤中最常见的类型。土地受微塑料污染的状况与地域呈现出相关的变化如表3-6所示，这表明工业发达国家微塑料污染的成分种类多样，粒径较大，含量多，而我国重工业城市微塑料的含量远超其他城市。

表3-6　土壤微塑料污染现状

区域	地理位置	土地利用现状	塑料类型	塑料形态	塑料粒径	含量
中国境外	澳大利亚	工业用地	PE、PVC、PS	—	<1mm	300~67500mg/kg
	伊朗	耕地	PE	碎片	40~740μm	64~400个/kg
	智利	耕地	—	纤维	<4mm	600~10400个/kg
	德国	耕地	PE、PS	碎片、薄膜	<5mm	(0.34±0.36)个/kg
	美国	公园绿地	PE、PS	纤维	<5mm	334~3068个/kg
	瑞士	内陆滩涂	PE、PS	—	<2mm	0~55.5mg/kg
	墨西哥	园地	PE	颗粒	10~50μm(94%)	(870±190)个/kg
中国境内	云南	耕地、林地	—	纤维	1~0.05mm(95%)	7100~42960个/kg
	浙江	耕地	PE、PP	碎片、纤维	<5mm	0~2760个/kg
	黑龙江	耕地	PE	薄膜	<5mm	0~800个/kg
	新疆	耕地	PE	碎片	<5mm	80.3~1075.6个/kg
	广西	耕地	PP、PE、PET	碎片、纤维	<5mm	5~545.9个/kg
	陕西	耕地	PS、PE、PP	纤维、颗粒	<5mm	1430~3410个/kg
	湖北	耕地	PA、PP	纤维、颗粒	<0.2mm(70%)	320~12560个/kg
	湖北	耕地、林地、空地	PE、PP、PS	碎片、纤维	10~100μm(81.7%)	22000~690000个/kg
	山东	沿海滩涂	PE、PP、PS	泡沫、碎片	<5mm	1.3~14712.5个/kg
	河北	沿海滩涂	—	颗粒、碎片	(1.56±0.63)mm	0~634个/kg
	上海	耕地	PP、PE	纤维	<1mm	(10.3±2.2)个/kg
	上海	耕地	PP、PE	纤维、碎片	20μm~5mm	(78±12.91)个/kg(0~3cm)；(62.50±12.97)个/kg(3~6cm)

注：PVC为聚氯乙烯；PET为聚对苯甲酸醇酯。

上述可见，塑料碎片化为微塑料的污染现象已非常严重，引起世界各国的高度重视，采取了多种废弃塑料的处置方法以缓解甚至消除污染。目前，我国采用的处置方法有回收再利用、化学降解再生、焚烧、填埋等。

我国的塑料制造业发展至今，优势和效应虽然明显，但其仍存有不少问题，包括产品结构不合理、生产工艺及生产设备落后、原料生产滞后、科技投入不足、开发能力及品牌创建有待加强、对当下政策解读不充分等。随着国家限塑令出台，规定到2020年底，重点城市的商场、超市、药店、书店以及餐饮打包外卖等禁止使用不可降解塑料袋，全国范围餐饮行业禁止使用不可降解一次性塑料餐具。到2022年底，星级酒店、宾馆等场所不再主动提供一次性塑料用品，重点地区邮政快递网点先行禁止使用不可降解的塑料包装袋、一次性塑料编织袋等，降低不可降解的塑料胶带使用量，到2025年底，扩大实施范围。企业向可降解塑料生产迫在眉睫。

2020 年 12 月 28 日发布的《中国塑料的环境足迹评估报告》提出了未来 15 年我国"塑控"的总思路：从原料生产、加工到产品销售、使用及回收利用的全产业链环节入手，从产品的全生命周期环境影响与风险控制入手，改革机制体制，加速发展可循环、一挥手、可降解的新塑料经济模式。"塑控"的总策略：分类管理、减量发展、抓准热点、以政策优化与创新发展作为促进与保障机制。

中国的塑料制造业主要集中在长三角、珠三角和环渤海地区，同时国外塑料制品的不断引进也占据着部分市场，国内的塑料制造业要想与国外的制造业竞争中占得先机，未来的出路应是：

① 坚持走科学、持续发展之路，推动塑料产业转型升级和产品结构优化，保持塑料产业稳定持续发展。

② 推动传统塑料制造业转换升级，建立资源节约型、环境友好型塑料企业。

③ 加强塑料废弃物的回收利用，加速循环经济和可持续发展，同时要加强降解塑料的研发和推广。

④ 引导产业集群化发展，发挥区域经济优势，促进全行业均衡发展。

⑤ 充分发挥科研机构的作用，建立新型的产、学、研关系，加速科研成果在生产力和经济发展之间相互转化。

(2) 某聚苯乙烯生产企业清洁生产案例

① 企业概况及清洁生产目标。企业采用成熟工艺悬浮聚合法生产聚苯乙烯（expanded polystyrene，EPS），使用的原料主要为苯乙烯（styrene monomer，SM）、戊烷，资源消耗主要是电力、蒸汽。由于国内生产 EPS 的企业较少，迄今为止尚无该行业的清洁生产标准，且同类型生产企业由于产品生产配方及生产工艺的不同，相关数据也不具备横向可比性。因此，综合考虑多方面因素及原则，结合该企业的生产和管理的实际情况，确定如表 3-7 所示的清洁生产目标。

表 3-7 清洁生产目标

	指标	单位	现状	近期目标	远期目标
主要原料	苯乙烯单耗	t/t	0.936	0.932	0.928
	戊烷单耗	t/t	0.077	0.073	0.065
能源	生产车间电单耗	$kW \cdot h/t$	116.744	107.595	9.130
	生产车间蒸汽单耗	t/t	0.430	0.372	0.347
资源	生产车间水单耗	m^3/t	2.350	1.439	1.400
污染物	COD 排放量	t/t	1.21×10^{-4}	7.19×10^{-5}	6.48×10^{-5}

② 清洁生产方案。经过清洁生产专家和行业专家对所提出的清洁生产方案的多次讨论研究，从清洁生产技术可行性、环境效益、经济效益、实施难易程度等方面进行反复论证，分类、汇总形成清洁生产方案 29 项。其中无/低费方案 25 项；中/高费方案 4 项。无/低费方案主要针对设备维护与安全性改进、加强操作规范、完善计量仪表、减少因人员操作失误所导致的能、物耗的浪费等方面。中/高费方案有：纯水罐增加蒸汽加热系统、更换照明设备、增加离心干燥一体机及废水处理系统改造。

③ 清洁生产效果。无/低费方案全部实施，共投入资金 3.1 万元，方案实施后带来直接经济效益约 15.4 万元；中/高费方案全部实施，共投入资金 266.8 万元，包括采用纯水罐增加蒸汽加热系统，可节约反应槽内加热时间和电动机用电，根据估算，每年运行费用可节约 9.5 万元；废水处理系统改造后处理规模是现有设施的 2 倍，化学需氧量（chemical oxygen demand，COD）负荷是现有设施的 4 倍，处理后的废水可达到 GB 18918—2001《城镇污水处理厂污染物排放标准》中的一级 A 标准，从而实现部分处理后的污水回用，替代厂区内生产过滤段补水、废水厂压泥机用水、绿化用水、办公室厕所冲洗、车间地面冲洗等过程中的新鲜水的使用，减少外排废水的产生量。所有方案实施后为企业带来的年经济效益约 11074 万元，可节电 221352kW·h/a，折合标准煤 27.20t/a；节省蒸汽 1700t/a，折合标准煤 160.48t/a；节水 62705.6m³/a。废水减排 60389.5m³/a；减少 COD 产生量 3.62t。

EPS 树脂及塑料制造业虽然不是高能耗、污染重的行业，但是在 EPS 实际生产过程中仍存在巨大的节能降耗潜力。

参考文献

[1] 曲向荣. 清洁生产与循环经济. 第 2 版［M］. 北京：清华大学出版社，2014.

[2] 李双来. 水泥工业清洁生产技术应用研究——以永靖县金河顺发建材有限责任公司为例［D］. 兰州大学硕士学位论文，2009.

[3] 杨如松. 基于清洁生产的水泥生产企业内部发展循环经济的研究［D］. 昆明理工大学硕士学位论文，2005.

[4] 杜立新，郭宏伟，余晓. 水泥行业节能减排与清洁生产——以鞍山某水泥有限责任公司清洁生产为例［J］. 环境保护科学，2010，36（3）：112-114.

[5] 唐珍宝. 水泥线技改项目清洁生产指标实例分析［J］. 能源与节能，2015，7：95-96.

[6] 赵琳，王睿智，黄西川. 水泥行业清洁生产实例研究［J］. 环境保护与循环经济，2012，39-41.

[7] 何德文，张传福，柴立元. 我国有色金属清洁生产技术的评价指标探讨［J］. 有色金属，2005，57（2）：139-141.

[8] 沈忱，周长波，李旭华，等. 电解铝行业清洁生产案例分析及推行建议［J］. 环境工程技术学报，2014，4（3）：238-242.

[9] 杨光蓉，陈历睿，林敦梅．土壤微塑料污染现状、来源、环境命运及生态效应 [J]．中国环境科学，2021，41 (01)：353-365.

[10] 王琪，瞿金平，石碧，等．我国废弃塑料污染防治战略研究 [J]．中国工程科学，2021，23 (01)：160-166.

[11] 冯俊丽，贾湛．EPS 树脂及塑料制造业清洁生产审核实践 [J]．资源节约与环境，2014 (12)：15-16.

[12] 褚彦辛．有色金属尾矿对环境的污染特点及治理措施研究 [J]．山西化工，2020 (6)：182-183.

[13] 周长波，李梓，刘菁钧等．我国清洁生产发展现状、问题及对策 [J]．环境保护，2016，44 (10)：27-32.

[14] 尹洁，周奇，吴昊．国际清洁生产经验对中国的启示 [J]．环境保护，2010，16：24-26.

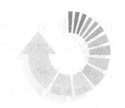

第4章

材料清洁生产审核及案例

4.1 材料清洁生产与审核

4.1.1 清洁生产审核概述

4.1.1.1 清洁生产审核的概念和目标

《清洁生产审核办法》（国家发展和改革委员会、环境保护部令第38号）（2016年7月1日实施）所称清洁生产审核，是指按照一定程序，对生产和服务过程进行调查和诊断，找出能耗高、物耗高、污染重的原因，提出降低能耗、物耗、废物产生以及减少有毒有害物料的使用、产生和废弃物资源化利用的方案，进而选定并实施技术经济及环境可行的清洁生产方案的过程。

对于企业而言，清洁生产审核是指对污染来源、废物产生原因及其整体解决方案进行系统分析和实施的过程，旨在通过实行预防污染的分析和评估，寻找尽可能高效利用资源、减少或消除废物的方法。持续的清洁生产审核，会不断产生各种清洁生产的方案，有利于企业在生产和服务过程中逐步实施，从而持续改进环境绩效。

开展清洁生产审核的目标主要有：核对有关单元操作、原材料、产品、用水、能源和废弃物的资料；确定废弃物的来源、数量以及类型，确定废弃物削减的目标，制定经济有效的削减废弃物产生的对策；提高企业对由削减废弃物获得效益的认识和知识；判定企业效率低的瓶颈部位和管理不善的地方；提高企业经济效益、产品质量和服务质量。

4.1.1.2 清洁生产审核的对象和特点

清洁生产审核的对象是组织，其目的有两个：一是判定出组织中不符合清洁生产的方面和做法；二是提出方案并解决这些问题，从而实现清洁生产。

清洁生产审核虽然起源并发展于第二产业（工业），但其原理和程序同样适用于第一和第三产业。因此，无论是工业型组织（如工业生产企业），还是非工业型组织（如服务行业的酒店、农场等组织），均可开展清洁生产审核活动。

第一产业——农业。农业的迅猛发展，满足了人们对食物的需求，但同时也对农业环境造成了污染。尤其是近年来，农业面源污染呈现上升趋势。随着畜禽养殖业的快速发展，其环境污染总量、污染程度和分布区域都发生了极大的变化。目前，我国畜禽养殖业正逐步向集约化、专业化方向发展，不仅污染量大幅度增加，而且污染呈集中趋势，出现了许多大型污染源。畜禽养殖业正逐渐向城郊地区集中，加大了对城镇环境的压力。由于畜禽养殖业多样化经营的特点，使得这种污染在许多地方以面源的形式出现，呈现出"面上开花"的状况。同时，养殖业和种植业日益分离，畜禽粪便用于农田肥料的比例大幅度下降；畜禽粪便乱排乱堆的现象越来越普遍，使环境污染日益加重。另外，农业方面的环境问题还表现在水资源的极大浪费、化肥污染、农药污染等诸多方面。

第二产业——工业。工业企业是推进清洁生产的重中之重，尤其是重点企业，是清洁生产审核的重点。在原国家环境保护总局发布的《重点企业清洁生产审核程序的规定》中，提及的重点企业包括两类。第一类重点企业是指污染物超标排放或者污染物排放总量超过规定限额的污染严重企业（即"双超"类重点企业）。第二类重点企业是指生产中使用或排放有毒有害物质的企业（有毒有害物质是指被列《危险货物品名表》（GB 12268—2012）、《危险化学品名录》《国家危险废物名录》和《剧毒化学品目录》中的剧毒、强腐蚀性、强刺激性、放射性（不包括核电设施和军工核设施）、致癌、致畸等物质，即"双有"类重点企业。

第三产业——服务业。如餐饮业、酒店、洗浴业等，其在水污染、大气污染和噪声扰民问题上已经越来越突出。很多城市中餐饮业造成的大气污染、洗浴业造成的水资源过度消耗，已到了不容忽视的地步；很多学校、银行等组织的资源浪费问题也十分突出。在这些行业中，节能、降耗的潜力巨大。

因此，清洁生产审核具有如下六个特点：

① 具有鲜明的目的性。清洁生产审核特别强调节能、降耗、减污，并与现代企业的管理要求相一致。

② 具有系统性。清洁生产审核以生产过程为主体，考虑与生产过程相关的各个方面，从原材料投入到产品改进，从技术革新到加强管理等，设计了一套发现问题、解决问题、持续实施的系统而完整的方法。

③ 突出预防性。清洁生产审核的目标就是减少废弃物的产生，从源头消减污染，从而达到预防污染的目的，这个思想贯穿于整个审核过程之中。

④ 符合经济性。污染物一经产生，便需要花费很高的代价去收集、处理和

处置，使其无害化，这也就是末端处理费用往往使许多企业难以承担的原因。而清洁生产审核倡导在污染物产生之前就予以削减，不仅可减轻末端处理的负担，同时减少了原材料的浪费，提高了原材料的利用率和产品的得率。

⑤ 强调持续性。清洁生产审核重点强调持续性，无论是审核重点的选择，还是方案的滚动实施均体现了从点到面、逐步改善的持续性原则。

⑥ 注重可操作性。清洁生产审核的每一个步骤均能与企业的实际情况相结合，在审核程序上是规范的，即不漏过任何一个清洁生产机会；而在方案实施上则是灵活的，即当企业的经济条件有限时，可先实施一些无/低费方案，以积累资金，逐步实施中/高费方案。

4.1.1.3 清洁生产审核的思路

清洁生产审核是对组织现在和计划进行的生产和服务环节实行预防污染的分析和评估；在实行预防污染分析和评估的过程中，制定并实施各种方案，以减少能源、资源和原材料使用，消除或减少产品和生产过程中有毒物质的使用，减少各种废弃物排放的数量及其毒性。

清洁生产审核的总体思路如图 4-1 所示，可以用 3 个英文单词——Where（哪里）、Why（为什么）、How（如何）来概括，也就是要依次查明废弃物产生的位置，分析废弃物产生的原因，并考虑如何减少或消除这些废弃物。废弃物在哪里产生？可以通过现场调查和物料平衡找出废弃物的产生部位并确定其产生的量。为什么会产生废弃物？这要求分析产品生产过程的每一个环节。如何减少或消除这些废弃物？针对每种废弃物产生的原因，设计相应的清洁生产方案，包括无/低费方案和中/高费方案，通过实施这些清洁生产方案达到减少或消除废弃物产生的目的。

图 4-1　清洁生产审核思路图

审核思路中提出，要分析污染物产生的原因和提出预防或减少污染产生的方案，这两项工作该如何去做呢？这就涉及思考这些问题的八个途径（或者说生产过程的八个方面）。从图 4-2 所示的一般生产过程框架中可以看出，一个生产和服务过程可抽象为八个方面，即原辅材料和能源、技术工艺、设备、过程控制、管理、员工素质六个方面的输入，得出产品和废弃物两个方面的输出。清洁生产审核思路中提出的分析污染物产生原因和提出预防或减少污染产生方案都要从这八个方面进行考虑。

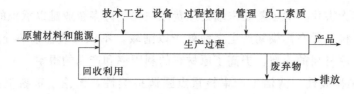

图 4-2 一般生产过程框架

(1) 原辅材料和能源

原材料和辅助材料本身所具有的特性（如毒性、难降解性等），在一定程度上决定了产品及其生产过程对环境的危害程度，因而选择对环境无害的原辅材料是清洁生产所要考虑的重要方面。

企业是我国能源消耗的主体，以冶金、电力、石化、有色金属、建材、印染等行业为主，尤其对于重点能耗企业（国家规定年综合能源消费量1万吨标准煤及以上的用能单位；各省市部委指定的年综合能源消费5000t标准煤及以上、不足1万吨标准煤的用能单位），节约能源是常抓不懈的主题。我国的节能方针是"开发与节约并重，把节约放在优先地位"。可见，节能降耗将是我国今后相当长一段时期内经济发展的主要任务。同时，有些能源在使用过程中（例如煤、油等的燃烧过程）会直接产生废弃物，而有些则间接产生废弃物（例如电的使用本身不产生废弃物，但火电、水电和核电的生产过程均会产生一定的废弃物），因而节约能源、使用二次和清洁能源也将有利于减少污染物。

除原辅材料和能源本身所具有的特性以外，原辅材料的储存、发放、运输，原辅材料的投入方式和投入量等也都有可能导致废弃物的产生。

(2) 技术工艺

生产过程的技术工艺水平基本上决定了废弃物的数量和种类。先进而有效的技术可以提高原材料的利用效率，从而减少废弃物的产生。结合技术改造预防污染是实现清洁生产的一条重要途径。反应步骤过长、连续生产能力差、生产稳定性差、工艺条件高等技术工艺上的原因都可能导致废弃物的产生。

(3) 设备

设备作为技术工艺的具体体现，在生产过程中也具有重要的作用。设备的适用性及其维护、保养情况等均会影响到废弃物的产生量。

(4) 过程控制

过程控制对许多生产过程是极为重要的。例如，在化工、炼油及其他类似的生产过程中，反应参数是否处于受控状态并达到优化水平，对产品的得率和优质品的得率具有直接的影响，因而也就影响到废弃物的产生量。

（5）产品

产品本身决定了生产过程，同时产品性能、种类和结构等的变化往往要求生产过程作相应的改变和调整，因而也会影响到废弃物的种类和数量。此外，产品的包装方式和用材、体积大小、报废后的处置方式以及产品储运和搬运过程等，都是在分析和研究与产品相关的环境问题时应加以考虑的因素。

（6）废弃物

废弃物本身所具有的特性和所处的状态，直接关系到它是否可在现场再利用和循环使用。"废弃物"只有当其离开生产过程时才成为废弃物，否则仍为生产过程中的有用材料和物质，对其应尽可能回收，以减少废弃物的排放量。

（7）管理

目前，我国大部分企业的管理水平也是导致物料、能源浪费和废物增加的一个主要原因。加强管理是企业发展的永恒主题，任何管理上的松懈和遗漏（如岗位操作过程不够完善、缺乏有效的奖惩制度等），都会严重影响到废弃物的产生。通过组织的"自我决策、自我控制、自我管理"方式，可把环境管理融于组织全面管理之中。

（8）员工素质

在任何生产过程中（不管自动化程度多高）都需要人的参与。因而，员工素质的提高及积极性的激励也是有效控制生产过程和废弃物产生的重要因素。缺乏专业技术人员、熟练的操作工人和优良的管理人员，以及员工缺乏积极性和进取精神等，都有可能导致废弃物的增加。

综上，废弃物的产生量往往与能源、资源利用率密切相关。清洁生产审核的一个重要内容就是通过提高能源、资源利用效率，减少废弃物产生量，达到环境与经济"双赢"目的。当然，以上八个方面的划分并不是绝对的，在许多情况下存在着相互交叉和渗透的情况（如一套大型设备可能就决定了技术工艺水平；过程控制不仅与仪器、仪表有关系，还与管理及员工有很大联系等），但这八个方面仍各有侧重点，在进行原因分析时应归结到主要原因上。还需注意的是，对于每一个废弃物的产生源都要从以上八个方面进行原因分析，并针对原因提出相应的解决方案，但这并不是说每种废弃物的产生都存在八个方面的原因，它可能是其中的一个或几个。

4.1.2 清洁生产审核程序

基于我国清洁生产审核示范项目的经验，以及国外有关废弃物最小化评价和废弃物排放审核方法与实施的相关经验，国家清洁生产中心制定了我国清洁生产的审核程序，包括七个阶段，如图4-3所示。整个清洁生产审核过程分为两个时段。第一时段包括前四个阶段，即筹划和组织、预评估、评估、方案的产生和筛选；第一时段审核完成后应总结阶段性成果，提供清洁生产审核中期报告，以利于清洁生产审核的深入进行。第二时段包括后三个阶段，即可行性分析、方案实施、持续清洁生产；第二时段审核完成后应对清洁生产审核的全过程进行总结，提交清洁生产审核（最终）报告，并准备下一阶段清洁生产（审核）工作。

其中，第二阶段——预评估、第三阶段——评估、第四阶段——方案的产生和筛选，以及第六阶段——方案实施是整个审核过程中的重点阶段。

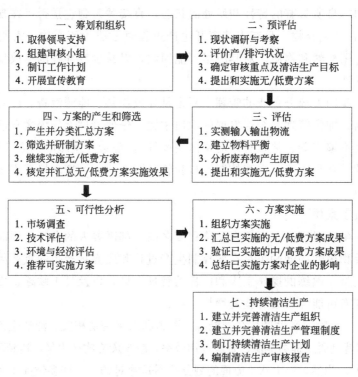

图 4-3　清洁生产审核程序

4.1.2.1　筹划和组织（第一阶段）

筹划和组织是进行清洁生产审核工作的第一个阶段。这一阶段的工作目的是通过宣传教育使组织的领导和职工对清洁生产有一个初步、比较正确的认识，清除思想上和观念上的障碍；了解组织清洁生产审核的工作内容、要求及工作程序。本阶段工作的重点是取得企业高层领导的支持和参与，组建清洁生产审核小组，制订审核工作计划和宣传清洁生产思想。

（1）取得领导支持

清洁生产审核工作综合性强，涉及组织的各个部门。因此，高层领导的支持和参与是保证审核工作顺利进行的前提条件，也直接决定了审核中提出的清洁生产方案是否符合实际并能够实施。

① 解释说明清洁生产可能给组织带来的利益

了解清洁生产审核可能给组织带来的巨大效益，是组织高层领导支持和参与清洁生产审核的动力和重要前提。清洁生产审核可给组织带来经济效益、生产效益、环境效益、无形资产的提高和推动技术与管理方面的改进等诸多好处，从而增强组织的市场竞争能力。

废弃物及其相关的处理费用的减少，直接降低了原料和能源消耗，增加了产品产量，改进了产品质量，从而获得综合性的经济效益。技术上的改进不仅增强了工艺和生产的可靠性，而且提高了产品质量；由于采取清洁生产措施，如减少有毒和有害物质的使用，可以改善健康和安全状况。清洁生产审核尤其是无/低费方案的实施可以很快产生明显的环境效益，提高环境形象，而这也是国际国内大势所趋，是当代组织的重要竞争手段。清洁生产审核有助于组织由粗放型经营向集约型经营过渡，是提高劳动者素质的有效途径。清洁生产审核是一套包括发现和实施无/低费方案以及产生、筛选和逐步实施技术改革方案在内的完整程序，鼓励采用节能、低耗、高效的清洁生产技术，其可行性分析使企业的技术改革方案更加切合实际并充分利用国内外最新信息。另外，由于管理者关心员工的福利，可能增强职工的参与热情和责任感。

② 说明清洁生产审核所需的投入

实施清洁生产会对组织产生正面、良好的影响，但也需要组织相应的投入并承担一定的风险：需要管理人员、技术人员和操作工人必要的时间投入；需要一定的监测设备和监测费用投入；承担聘请外部专家费用；承担编制审核报告费用；承担实施中/高费清洁生产方案可能产生不利影响的风险，包括技术风险和市场风险。

（2）组建审核小组

计划开展清洁生产审核的组织，首先要在本组织内组建一个有权威的审核小组，这是顺利实施企业清洁生产审核的组织保证。

① 审核小组组长

审核小组组长是审核小组的核心，最好由企业高层领导人兼任组长，或由企业高层领导任命一位具有如下条件的人员担任，并授予必要权限：具备企业的生产、工艺、管理与新技术的相关知识和经验；掌握污染防治的原则和技术，并熟悉有关的环保法规；了解审核工作程序，熟悉审核小组成员情况，具备领导和组织工作才能并善于和其他部门合作等。

② 审核小组成员

审核小组的成员数目根据组织的实际情况来定，一般情况下需要 3～5 位全时从事审核工作的人员。审核小组成员应具备以下条件：具备组织清洁生产审核的知识或工作经验；掌握企业的生产、工艺、管理等方面的情况及新技术信息；熟悉企业的废弃物产生、治理和管理情况以及国家和地区环保法规和政策等；具有宣传、组织工作的能力和经验等。视组织的具体情况，审核小组中还应包括一些非全时制的人员，视实际需要，人数可为几人到十几人不等，也可随着审核的不断深入，及时补充所需的各类人员。

在组建审核小组时，各组织可按自身的工作管理惯例和实际需要灵活选择其形式，例如成立由高层领导组成的审核领导小组，负责全盘协调工作，在该领导小组之下再组建主要由技术人员组成的审核工作小组，具体负责清洁生产审核工作。

③ 明确任务

由于领导小组负责对实施方案作出决定并对清洁生产审核的结果负责，因此，充分明确领导小组和审核小组的任务是重要的。

审核小组的任务包括：制订工作计划；开展宣传教育、人员培训；确定审核重点和目标；组织和实施审核工作；编写审核报告；总结经验，并提出持续清洁生产的建议。

（3）制订工作计划

制订一份比较详细的清洁生产审核工作计划，有助于审核工作按一定的程序和步骤进行。只有组织好人力与物力，各司其职，协调配合，审核工作才会获得满意的效果，组织的清洁生产目标才能逐步实现。

审核小组成立后，要及时编制审核工作计划表，内容包括审核过程的所有主要工作，以及这些工作的内容、进度、负责人、参与部门、参与人以及各项工作的产出等。

（4）开展宣传教育

广泛开展宣传教育活动，争取组织内各部门和广大职工的支持，尤其是现场操作人员的积极参与，是清洁生产审核工作顺利进行和取得更大成效的必要条件。

宣传教育可采用下列方式：利用组织内部的各种例会；组织下发的正式文件；内部广播；电视、录像；黑板报；组织报告会、研讨班、培训班；组织内部局域网等。

宣传教育的内容一般为：技术发展、清洁生产以及清洁生产审核的概念；清洁生产和末端治理的内容及其利弊；国内外企业清洁生产审核的成功实例；清洁生产审核中的障碍及其克服的可能性；清洁生产审核工作的内容与要求；本企业鼓励清洁生产审核的各种措施；本企业各部门已取得的审核效果及具体做法；清洁生产方案的产生及其可能的效益与意义等。

4.1.2.2 预评估（第二阶段）

预评估是清洁生产审核的初始阶段，是发现问题和解决问题的起点。这一阶段的主要任务是通过对企业全貌进行调研与考察，评价企业的产/排污状况，分析和发现企业清洁生产的潜力和机会；确定审核重点，设置清洁生产目标；同时对发现的问题找出对策，实施无/低费废物削减方案。

（1）现状调研与考察

组织现状调研主要通过收集资料、查阅档案，并与有关人士座谈等方式来实施。主要调研的内容包括：

① 企业概况

a. 企业发展简史、规模、产值、利税、组织结构、人员状况和发展规划等。

b. 企业所在地的地理、地质、水文、气象、地形和生态环境等基本情况。

② 企业的生产状况

a. 企业主要原辅料、主要产品、能源及用水情况，要求以表格形式列出总耗及单耗，并列出主要车间或分厂的情况。

b. 企业的主要工艺流程。以框图表示主要工艺流程，要求标出主要原辅料、水、能源及废弃物的流入、流出和去向。

c. 企业设备水平及维护状况，如完好率、泄漏率等。

③ 企业的环境保护状况

a. 主要污染源及其排放情况，包括状态、数量、毒性等。

b. 主要污染源的治理现状，包括处理方法、效果、问题及单位废弃物的年处理费等。

c. "三废"的循环，综合利用情况，包括方法、效果、效益以及存在问题。

d. 企业涉及的有关环境保护法规与要求，如排污许可证、区域总量控制、行业排放标准等。

④ 企业的管理状况

企业的管理状况包括从原料采购和库存、生产及操作直到产品出厂的全面管理水平。但是，随着生产的发展，一些工艺流程、装置和管线可能已经过多次调整和更新，无法在图纸、说明书、设备清单及有关手册上反映出来。此外，实际生产操作和工艺参数控制等往往和原始设计不同。因此，需通过现场考察对现状调研的结果加以核实和修正，并发现生产中的问题。

⑤ 现场考察的内容

a. 对整个生产过程进行实际考察：从原料开始，逐一考察原料库、生产车间、成品库，直到"三废"处理设施。

b. 重点考察各产/排污环节、水耗及能耗大的环节、设备事故多发的环节。

c. 考察实际生产管理状况，如岗位责任制执行情况、工人技术水平及实际操作状况、车间技术人员及工人的清洁生产意识等。

⑥ 考察方式

a. 核查分析有关设计资料和图纸、工艺流程及其说明、设备与管线的选型与布置，以及物料衡算、能（热）量衡算的情况等；另外，还要查阅岗位记录、生产报表（月平均及年平均统计报表）、原料及成品库存记录、废弃物报表、监测报表等。

b. 与工人和工程技术人员座谈，了解并核查实际的生产与排污情况，听取意见和建议，发现关键问题和部位。同时，征集无/低费清洁生产方案。

（2）评价产/排污状况

在对比分析国内外同类企业产/排污及能源、原材料利用状况的基础上，对本企业的产污原因进行初步分析，并评价执行环保能源法规的情况。

① 对比国内外同类企业产/排污状况

在资料调研、现场考察及专家咨询的基础上，汇总国内外同类工艺、装备、产品所对应先进企业的生产、消耗、产/排污及管理水平，与本企业的各项指标相对照。

② 初步分析产污及能源利用效率低的原因

a. 对比国内外同类企业的先进水平，结合本企业的原料、工艺、产品、设备等实际状况，确定本企业的理论产/排污及能源利用效率水平。

b. 调查并汇总企业目前的实际产/排污及能源利用效率状况。

c. 从影响生产过程的八个方面出发，对产/排污的理论值与实际状况之间的差距进行初步分析，并评价在现状条件下企业的产/排污及能源利用状况是否合理。

③ 评价企业环保执法状况

评价企业执行国家及当地环境保护法规及行业排放标准的情况，包括达标情况、缴纳排污费及处罚情况等。

④ 作出评价结论

对比国内外同类企业的产/排污及能源利用效率水平，对企业在现有原料、工艺、产品、设备及管理水平下，其产/排污状况的真实性、合理性及有关数据的可信度予以初步评价。

（3）确定审核重点及清洁生产目标

通过现状调研与考察，已基本探明了企业现存的问题及薄弱环节，可从中确定本轮审核的重点。审核重点的确定，应结合企业的实际综合考虑。本部分内容主要适用于工艺复杂、生产单元多、生产规模大的大中型企业，对工艺简单、产品单一的中小企业，可不必经过备选审核重点阶段，而依据定性分析，直接确定审核重点。

① 确定备选审核重点

首先列出企业主要问题，从中选出若干问题或环节作为备选审核重点。

企业生产通常由若干单元操作构成。单元操作是指具有物料输入、加工和输出功能，完成某一特定工艺过程的一个或多个工序或工艺设备。原则上，所有单元操作均可作为潜在的审核重点。根据调研和考察结果，通盘考虑企业的财力、物力和人力等实际条件，选出若干车间、工段或单元操作作为备选审核重点。

a. 原则。应优先考虑：污染严重的环节或部位；物耗能耗大的环节或部位；环境及公众压力大的环节或问题；有明显清洁生产机会的环节。

b. 方法。将所收集的数据进行整理、汇总和换算，并列表说明，为后续步骤"确定审核重点"提供依据。填写数据时，应注意：物质能源消耗及废弃物量应以各备选重点的月或年的总发生量统计；能耗一栏根据企业实际情况调整，可以是标准煤、电、油等能源形式。

② 确定审核重点

采用一定方法，把备选审核重点排序，从中确定本轮审核的重点。同时，也为今后的清洁生产审核提供优选名单。本轮审核重点的数量取决于企业的实际情况，一般一次选择一个审核重点。确定审核重点的方法有很多种，可以概括为：

a. 简单比较。根据各备选重点的废弃物排放量、物质能耗等情况，进行对比、分析和讨论，通常将污染最严重、消耗最大、清洁生产机会最明显的部位定为第一轮审核重点。

b. 权重总和计分排序法。工艺复杂、产品品种和原材料多样的企业往往难以通过定性比较确定出重点。此外，简单比较一般只能提供本轮审核的重点，难以为今后的清洁生产提供足够的依据。为提高决策的科学性和客观性，采用半定量方法进行分析。

常用方法为权重总和计分排序法。权重是指各个因素具有权衡轻重作用的数值，统计学中又称为"全数"。权重总和计分排序法是通过综合考虑各因素的权重及其得分，得出每一个因素的加权得分值，然后将这些加权得分值进行叠加，以求出权重总和，再比较各权重总和值来作出选择的方法。

权重因素的分类包括：

● 环境方面：减少废弃物、有毒有害物的排放量；易降解，易处理，减小有害性（如毒性、易燃性、腐蚀性等）；对工人安全和健康的危害较小；遵循环境法规，达到环境标准。

● 经济方面：减少投资；降低加工成本；降低工艺运行费用；降低环境责任费用（排污费、污染罚款、事故赔偿费）；物料或废物可循环利用或应用；产品质量提高。

● 技术方面：技术成熟，技术水平先进；可找到有经验的技术人员；国内同行业有成功的例子；运行维修容易。

● 实施方面：对工厂当前正常生产以及其他生产部门影响小；施工容易、周期短、占空间小；工人易于接受。

● 其他方面：在前景方面，符合国家经济发展政策，符合行业结构调整和发展政策，符合市场需求。在能源方面，水、电、汽、热的消耗减小或可循环（回收）利用。

c. 设置定量化的硬性指标，才能使清洁生产真正落实，并能据此检验与考核，达到通过清洁生产预防污染的目的。

● 原则：容易被人理解、易于接受且易于实现；应是针对审核重点的定量化、可操作并有激励作用的指标，不仅有减污、降耗或节能的绝对量，还要有相对量指标，并与现状对照；具有时限性，要分近期和远期。近期一般指本轮审核结束并完成审核报告时为止。

● 依据：根据外部的环境管理要求，如达标排放，限期治理等；根据本企业历史最高水平；参照国内外同行业类似规模、工艺或技术装备的厂家的水平；参照同行业清洁生产标准或行业清洁生产评价体系中的水平指标。

（4）提出和实施无/低费方案

预审核过程中，在全厂范围内各个环节发现的问题，有相当部分可迅速采取措施解决。将这些无需投资或投资很少、容易在短期（如审核期间）见效的措施称为无/低费方案；另一类需要投资较高、技术性较强、投资期较长的方案称为中/高费方案。需要注意的是，预审核阶段的无/低费方案是通过调研，特别是现场考察和座谈，而不必对生产过程作深入分析便能发现的方案；而审核阶段的无/低费方案是必须深入分析物料平衡结果才能发现的。该阶段提出和实施无/低费方案的目的是贯彻清洁生产边审核边实施的原则，以能实现及时取得成效、滚动式地推进审核工作；采用的方法有座谈、咨询、现场查看、征求意见等，及时改进、实施并总结，对于涉及重大改变的无/低费方案，应遵循企业正常的技术管理程序。

常见的无/低费方案有：

① 原辅料及能源：采购量与需求相匹配；加强原料质量（如纯度、水分等）的控制；根据生产操作调整包装的大小及形式。

② 技术工艺：改进备料方法；增加捕集装置，减少物料或成品损失；改用

易于处理、处置的清洗剂。

③ 过程控制：在最佳配料比下进行生产；增加检测计量仪表；校准检测计量仪表；改善过程控制及在线监控；调整优化反应的参数，如温度、压力等。

④ 设备：改进并加强设备定期检查和维护，减少跑、冒、滴、漏；及时修补完善输热、输汽管线的隔热保温。

⑤ 产品：改进包装及其标志或说明；加强库存管理。

⑥ 管理：清扫地面时改用干扫法或拖地法，以取代水冲洗法；减少物料溅落并及时收集；严格岗位责任制及操作规程。

⑦ 废弃物：冷凝液循环利用；现场分类、收集可回收的物料与废弃物；余热利用；清污分流。

⑧ 员工：加强员工技术与环保意识的培训；采用各种形式的精神与物质激励措施。

4.1.2.3 评估（第三阶段）

本阶段是对组织审核重点的原材料、生产过程以及浪费的产生进行审核。审核是通过对审核重点的物料平衡、水平衡、能量衡算及价值流分析，分析物料、能量流失和其他浪费的环节，找出废弃物产生的原因，查找物料储运、生产运行、管理以及废弃物排放等方面存在的问题，寻找与国内外先进水平的差距，为清洁生产方案的产生提供依据。

本阶段的工作重点是实测输入、输出物流，建立物料平衡，分析废弃物产生原因。

（1）准备审核重点资料

收集审核重点及其相关工序或工段的有关资料，绘制工艺流程图。

① 收集资料

a. 工艺资料。包括：工艺流程；工艺设计的物料、热量平衡数据；工艺操作手册和说明；设备技术规范和运行维护记录；管道系统布局图；车间内平面布置图。

b. 原料和产品及生产管理资料。包括：产品组成及月、年度产量表；物料消耗表；产品和原材料库存记录；原料进厂检验记录；能源费用；车间成本费用报告；生产进度表。

c. 废弃物资料。包括：年度废弃物排放报告；废弃物（水、气、渣）分析报告；废弃物管理、处理和处置费用；排污费；废弃物处理设施运行和维护费用。

d. 国内外同行业资料。包括：国内外同行单位产品原辅料消耗情况（审核重点）；国内外同行业单位产品排污情况（审核重点）。

列表与本企业情况比较。

② 现场调查

补充与验证已有数据。

a. 不同操作周期的取样、化验。

b. 现场提问。

c. 现场考察、记录：追踪所有物流；建立产品、原料、添加剂及废弃物等物流的记录。

(2) 编制、审核重点的工艺流程图

为了更充分、全面地对审核重点进行实测和分析，首先应掌握审核重点的工艺过程和输入、输出物流情况。以图解的方式整理、显示工艺过程，以及进入、排出系统的物料、能源和废物流的情况。审核重点工艺流程图见图4-4。

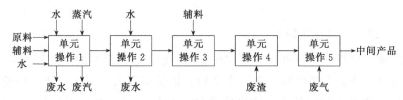

图 4-4　审核重点工艺流程图

当审核重点包含较多的单元操作时，应在审核重点工艺流程图的基础上，分别编制各单元操作的工艺流程图，并列表作功能说明。除工艺流程图外，还需编制工艺设备流程图。工艺流程图主要强调工艺过程不同，工艺设备流程图强调的是设备和进出设备的物流，主要是为实测和分析服务。设备流程图要求按工艺流程，分别标明重点设备输入、输出物流及监测点。

(3) 实测输入输出物流

① 准备及要求

实测前需制订现场实测计划，确定监测项目、监测点，确定实测时间和周期，准备校验监测仪器和计量器具。

应对审核重点全部的输入、输出物流进行实测，包括原料、辅料、水、产品、中间产品及废弃物等。监测点的设置应满足物料衡算的要求，即主要的物流进出口要监测，但对因工艺条件所限无法监测的某些中间过程，可用理论计算数值代替。对周期性（间歇）生产的企业，按正常一个生产周期（即一次配料由投入到产品产出为一个生产周期）进行逐个工序的实测，而且至少实测三个周期。输入、输出物流的实测要注意同步性。边实测边记录，及时记录原始数据，并标出测定时的工艺条件（温度、压力等）。数据收集的单位要统一，并注意与生产报表及年、月统计表的可比性。间歇操作的产品采用单位产品进行统计，如 t/t、

t/m^3 等；连续生产的产品可用单位时间产量进行统计，如 t/a、$t/$月等。

② 实测

a. 实测输入物流。输入物流指所有投入生产的输入物，包括进入生产过程的原料、辅料、水、气以及中间产品、循环利用物等。实测各种输入物流的数量、组分（应有利于废物流分析）、工艺条件等。

b. 实测输出物流。输出物流指所有排出单元操作或某台设备、某一管线的排出物，包括产品、中间产品、副产品、循环利用物以及废弃物（废气、废渣、废水等）。实测各种输出物流的数量、组分（应有利于废弃物流分析）、工艺条件等。

将输入、输出的取样分析结果标在单元操作工艺流程图上。计算厂外废弃物流、废弃物运送到厂外处理前有时还需在厂内贮存。在贮存期要防止泄漏和有新的污染产生；废物在运送到厂外处理时，也要防止跑、冒、滴、漏，以免产生二次污染。

③ 汇总数据

汇总各单元操作数据。将现场实测的数据经过整理、换算并汇总于一张或几张表上，具体可参照表 4-1。

表 4-1　各单元操作数据汇总

单元操作	输入物					输出物					去向
	名称	数量	成分			名称	数量	成分			
			名称	浓度	数量			名称	浓度	数量	

（4）建立物料平衡

建立物料平衡的目的，旨在准确判断审核重点的废弃物流，定量地确定废弃物的数量、成分及去向，从而发现过去无组织排放或未被注意的物料流失，并为产生和研制清洁生产方案提供科学依据。

从理论上讲，物料平衡应满足以下公式：

$$输入＝输出$$

① 进行预平衡测算

根据物料平衡原理和实测结果，考察输入、输出物流的总量和主要组分达到的平衡情况。一般来说，如果输入总量与输出总量之间的偏差在 5% 以内，则可以用物料平衡的结果进行评估与分析，但对于贵重原料、有毒成分等的平衡偏差应更小或应满足行业要求；如果偏差不符合上述要求，则应检查造成较大偏差的原因，可能是实测数据不准或存在无组织物料排放等情况，这种情况下应重新实测或补充监测。

② 编制物料平衡图

物料平衡图是针对审核重点编制的，即用图解的方式将预平衡测算结果标示出来。但在此之前须编制审核重点的物料流程图，即把各单元操作的输入、输出标在审核重点的工艺流程图上。如图4-5和图4-6分别为某啤酒厂审核重点（酿造车间）的物料流程图和物料平衡图。当审核重点涉及贵重原料和有毒成分时，物料平衡图应标明其成分和数量。

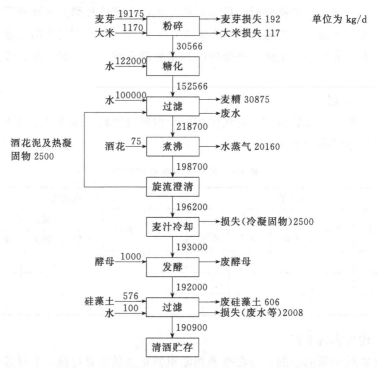

图 4-5　审核重点（酿造车间）的车间物料流程图

物料流程图以单元操作作为基本单位，各单元操作用方框图表示，输入画在左边，主要的产品、副产品和中间产品按流程提示，而其他输出则画在右边。物料平衡图则以审核重点的整体为单位，输入画在左边，主要的产品、副产品和中间产品标在右边，气体排放物标在上边，循环和回用物料标在左下角，其他输出则标在下边。

从严格意义上说，水平衡是物料平衡的一部分。水若参与反应，则是物料的一部分。但许多情况下，它并不直接参与反应，而是作为清洗和冷却之用。在这种情况下，且当审核重点的耗水量较大时，为了了解耗水过程，寻找减少水耗的方法，应另外编制水平衡图。有些情况下，审核重点的水平衡并不能全面反映问题或水耗在全厂占有重要地位，可考虑就全厂编制一个水平衡图。

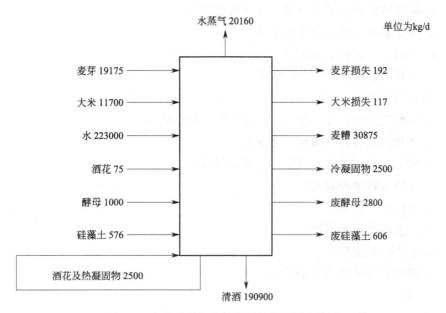

图 4-6　审核重点（酿造车间）的物料平衡图

③ 阐述物料平衡结果

在实测输入、输出物流及物料平衡的基础上寻找废弃物及其产生部位，阐述物料平衡结果，并对审核重点的生产过程作出评估。主要内容如下：

a. 物料平衡的偏差；

b. 实际原料利用率；

c. 物料流失部分（无组织排放）及其他废弃物产生环节和产生部位；

d. 废弃物（包括流失的物料）的种类、数量和所占比例以及对生产和环境的影响部位。

（5）分析废弃物产生及能耗、物耗高的原因

针对每一个物料流失和废弃物产生部位的每一种物料和废弃物进行分析，找出它们产生的原因。分析可从影响生产过程的原辅料和能源、技术工艺、设备、过程控制、产品、废弃物、管理、员工 8 个方面进行。

① 原辅料和能源

原辅料是指生产中的主要原料和辅助用料（包括添加剂、催化剂、水等）；能源是指维持正常生产所用的动力源（包括电、煤、蒸汽、油等）。因原辅料及

能源导致产生废弃物主要有以下方面的原因：

    a. 原辅料不纯或（和）未净化；

    b. 原辅料储存、发放、运输的流失；

    c. 原辅料的投入量和（或）配比的不合理；

    d. 原辅料及能源的超定额消耗；

    e. 有毒、有害原辅料的使用；

    f. 未利用清洁能源和二次资源。

② 技术工艺

因技术工艺而导致产生废弃物有以下方面的原因：

    a. 技术工艺落后，原料转化率低；

    b. 设备布置不合理，无效传输线路过长；

    c. 反应及转化步骤过长；

    d. 连续生产能力差；

    e. 工艺条件要求过严；

    f. 生产稳定性差；

    g. 需使用对环境有害的物料。

③ 设备

因设备而导致产生废弃物有以下方面的原因：

    a. 设备破旧、漏损；

    b. 设备自动化控制水平低；

    c. 有关设备之间配置不合理；

    d. 主体设备和公用设施不匹配；

    e. 设备缺乏有效维护和保养；

    f. 设备的功能不能满足工艺要求。

④ 过程控制

因过程控制而导致产生废弃物主要有以下方面的原因：

    a. 计量检测、分析仪表不齐全或检测精度达不到要求；

    b. 某些工艺参数（如温度、压力、流量、浓度等）未能得到有效控制；

    c. 过程控制水平不能满足技术工艺要求。

⑤ 产品

产品包括审核重点内生产的产品、中间产品、副产品和循环利用物。因产品而导致产生废弃物主要有以下方面的原因：

    a. 产品贮存和搬运中的破损、漏失；

    b. 产品的转化率低于国内外先进水平；

c. 不利于环境的产品规格和包装。

⑥ 废弃物

因废弃物本身具有的特性而未加利用导致产生废弃物主要有以下方面的原因：

a. 对可利用废弃物未进行再用和循环使用；

b. 废弃物的物理化学性能不利于后续的处理和处置；

c. 单位产品废弃物产生量高于国内外先进水平。

⑦ 管理

因管理而导致产生废弃物主要有以下方面的原因：

a. 有利于清洁生产的管理条例、岗位操作规程等未能得到有效执行；

b. 现行的管理制度不能满足清洁生产的需要，如存在岗位操作规程不够严格；生产记录（包括原料、产品和废弃物）不完整；信息交换不畅；缺乏有效的奖惩办法等问题。

⑧ 员工

a. 因员工而导致产生废弃物主要有以下方面的原因：

b. 员工的素质不能满足生产需求；

c. 缺乏优秀管理人员；

d. 缺乏专业技术人员；

e. 缺乏熟练操作人员；

f. 员工的技能不能满足本岗位的要求；

g. 缺乏对员工主动参与清洁生产的激励措施。

（6）提出和实施无/低费方案

主要针对审核重点，根据废弃物产生原因进行分析，提出并实施无/低费方案。

4.1.2.4 方案的产生和筛选（第四阶段）

本阶段的目的是通过方案的产生、筛选和研制，为下一阶段的可行性分析提供足够的中/高费清洁生产方案。本阶段的工作重点是根据上一阶段（评估阶段）的结果，制订审核重点的清洁生产方案；在分类汇总基础上（包括已产生的非审核重点的清洁生产方案，主要是无/低费方案），筛选并确定出两个以上中/高费方案，供下一阶段进行可行性分析；同时，对已实施的无/低费方案进行实施效果核定与汇总；最后编写清洁生产中期审核报告。

（1）产生方案

清洁生产方案的数量、质量和可实施性直接关系到企业清洁生产审核的成效，是审核过程的一个关键环节，因而应该广泛发动群众征集、产生各类方案。

① 广泛采集，创新思路。

在整个组织范围内利用各种渠道和形式进行宣传动员，鼓励全体员工提出清洁生产方案或合理化建议。通过实例教育，克服思想障碍，制定奖励措施以鼓励创造性思想和方案的产生。

② 根据物料平衡和针对废弃物产生原因的分析产生方案。

进行物料平衡和废弃物产生原因分析的目的就是要为清洁生产方案的产生提供依据。因而方案的产生要紧密结合这些结果，只有这样才能使所产生的方案具有针对性。

③ 广泛收集国内外同行业先进技术。

类比是产生方案的一种快捷、有效的方法。应组织工程技术人员广泛收集国内外同行业的先进技术，并以此为基础，结合本企业的实际情况，制定清洁生产方案。

④ 组织行业专家进行技术咨询。

当企业利用本身的力量难以完成某些方案的产生时，可以借助于外部力量，组织行业专家进行技术咨询，这对启发思路、畅通信息将会很有帮助。

⑤ 全面系统地产生方案。

清洁生产涉及企业生产和管理的各个方面，虽然物料平衡和废弃物产生原因分析将大大有助于方案的产生，但是在其他方面可能也存在着一些清洁生产机会，因而可从影响生产过程的 8 个方面全面系统地产生方案，如图 4-7 所示。

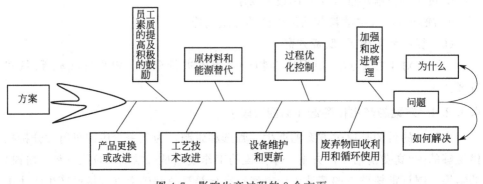

图 4-7 影响生产过程的 8 个方面

    a. 原辅材料和能源替代；

    b. 工艺技术改造；

    c. 设备维护和更新；

    d. 过程优化控制；

    e. 产品更换或改进；

f. 废弃物回收利用和循环使用；

g. 加强和改进管理；

h. 员工素质的提高及积极性的激励。

（2）分类汇总方案

对所有的清洁生产方案（不论已实施还是未实施的，不论属于审核重点还是不属于审核重点的），均按原辅材料和能源替代、工艺技术改造、设备维护和更新、过程优化控制、产品更换或改进、废弃物回收利用和循环使用、加强和改进管理、员工素质的提高以及积极性的激励八个方面列表简述其原理和实施后的预期效果。

（3）筛选方案

在进行方案筛选时可采用两种方法，一是用比较简单的方法进行初步筛选，二是采用权重总和计分排序法进行筛选和排序。

① 初步筛选

初步筛选是对已产生的所有清洁生产方案进行简单检查和评估，从而分出可行的无/低费方案、初步可行的中/高费方案和不可行方案三大类。其中，可行的无/低费方案可以立即实施；初步可行的中/高费方案供下一步研制和进一步筛选；不可行的方案则搁置或否定。

a. 确定初步筛选因素。初步筛选因素可考虑技术可行性、环境效果、经济效益、实施难易程度、对生产和产品的影响等方面。

● 技术可行性。主要考虑该方案的成熟程度，例如是否已在企业内部其他部门采用过或同行业其他企业采用过，以及采用的条件是否基本一致等。

● 环境效果。主要考虑该方案是否可以减少废弃物的数量和毒性，是否可以改善工人的操作环境等。

● 经济效益。主要考虑投资和运行费用能否承受得起，是否有经济效益，能否减少废弃物的处理处置费用等。

● 实施的难易程度。主要考虑是否在现有的场地、公用设施、技术人员等条件下即可实施或稍作改进即可实施，实施的时间长短等。

● 对生产和产品的影响。主要考虑方案的实施过程中对企业正常生产的影响程度以及方案实施后对产量、质量的影响。

b. 进行初步筛选。在进行方案的初步筛选时，可采用简易筛选方法，即组织企业领导和工程技术人员进行讨论来决策。方案的简易筛选方法基本步骤如下：

● 参照前述筛选因素的确定方法，结合本企业的实际情况确定筛选因素；

● 确定每个方案与这些筛选因素之间的关系，若是正面影响关系，则打"√"，若是反面影响关系则打"×"；

● 综合评价，得出结论。具体参照表 4-2。

表 4-2　方案简易筛选方法

筛选因素	方案编号				
	F_1	F_2	F_3	…	F_n
技术可行性	√	×	√	…	√
环境效果	√	√	√	…	×
经济效果	√	√	×	…	√
⋮	⋮	⋮	⋮	⋮	⋮
结论	√	×	×	…	×

② 权重总和计分排序

权重总和计分排序法适合处理方案数量较多或指标较多，而且相互比较有困难的情况，一般仅用于中/高费方案的筛选和排序。

方案的权重总和计分排序法基本与预审核重点的权重总和计分排序法相同，只是权重因素和权重值可能有些不同。权重因素和权重值的选取可参照下述执行。

a. 环境效果。权重值 $W = 8 \sim 10$。主要考虑是否减少对环境有害物质的排放量及其毒性，是否减少了对工人安全和健康的危害，是否能够达到环境标准等。

b. 经济可行性。权重值 $W = 7 \sim 10$。主要考虑费用效益比是否合理。

c. 技术可行性。权重值 $W = 6 \sim 8$。主要考虑技术是否成熟、先进；能否找到有经验的技术人员；国内外同行业是否有成功的先例；是否易于操作、维护等。

d. 可实施性。权重值 $W = 4 \sim 6$。主要考虑方案实施过程中对生产的影响大小；施工难度、施工周期；工人是否易于接受等。

方案的权重总和计分排序参见表 4-3，表中 R 为指标项得分。

表 4-3　方案的权重总和计分排序

权重因素	权重值 W	方案得分								
		方案 1		方案 2		方案 3		…	方案 n	
		R	$R \times W$	R	$R \times W$	R	$R \times W$		R	$R \times W$
环境效果										
经济可行性										
技术可行性										
可实施性										
总分($\Sigma R \times W$)										
排序										

③ 汇总筛选结果

按可行的无/低费方案、初步可行的中/高费方案和不可行方案，分别列表汇总方案的筛选结果。

（4）研制方案

经过筛选得出的初步可行的中/高费清洁生产方案，因为投资额较大，而且一般对生产工艺过程有一定程度的影响，因而需要进一步研制。研制方案主要是进行一些工程化分析，从而提供两个以上方案供下一阶段作可行性分析。

① 内容

方案的研制内容包括以下 4 个方面：

a. 方案的工艺流程详图；

b. 方案的主要设备清单；

c. 方案的费用和效益估算；

d. 编写方案说明。

对每一个初步可行的中/高费清洁生产方案均应编写方案说明，主要包括技术原理、主要设备、主要的技术及经济指标、可能的环境影响等。

② 原则

一般而言，对筛选出来的每一个中/高费方案进行研制和细化时，都应考虑以下原则：

a. 系统性。考察每个单元操作在一个新的生产工艺流程中所处的层次、地位和作用，以及与其他单元操作的关系，从而确定新方案对其他生产过程的影响，并综合考虑经济效益和环境效果。

b. 综合性。对一个新的工艺流程要综合考虑其经济效益和环境效果，而且还要照顾到排放物的综合利用及其利与弊，以及促进在加工产品和利用产品过程中自然物流与经济物流的转化。

c. 闭合性。闭合性是指一个新的工艺流程在生产过程中物流的闭合性。物流的闭合性是指清洁生产和传统工业生产之间的原则区别，即尽量使工艺流程对生产过程中的载体（例如水、溶剂等）实现闭路循环，达到无废水或最大限度地减少废水的排放。

d. 无害性。清洁生产工艺应该是无害（或少害）的生态工艺，要求不污染（或轻污染）空气、水体和地表土壤（或轻污染）；不危害操作工人和附近居民的健康；不损坏风景区、休憩地的美学价值；生产的产品要提高其环保性，使用可降解原材料和包装材料。

e. 合理性。合理性旨在合理利用原料，优化产品的设计和结构，降低能耗和物耗，减少劳动量和劳动强度等。

（5）继续实施无/低费方案

经过分类和分析，对一些投资费用较少、见效较快的方案，要继续贯彻边审核边削减污染物的原则，组织人员、物力实施经筛选确定的可行的无/低费方案，以扩大清洁生产的发展。

（6）核定并汇总无/低费方案实施效果

对已实施的无/低费方案，包括在预审核和审核阶段所实施的无/低费方案，应及时核定其效果并进行汇总分析。核定及汇总内容包括方案序号、名称、实施时间、投资、运行费用、经济效益和环境效果。

（7）编写清洁生产中期审核报告

清洁生产中期审核报告在方案产生和筛选工作完成后进行，是对前面所有工作的总结。

4.1.2.5 可行性分析（第五阶段）

本阶段的目的是对筛选出来的中/高费清洁生产方案进行分析和评估，以选择最佳、可实施的清洁生产方案。本阶段的工作重点是，在结合市场调查和收集一定资料的基础上，进行方案的技术、环境、经济的可行性分析和比较，从中选择和推荐最佳的可行方案。

最佳的可行方案是指在技术上先进适用、在经济上合理有利又能保护环境的最优方案。

（1）市场调查

清洁生产方案涉及以下情况时，需首先进行市场调查（否则不需要市场调研），为方案的技术与经济可行性分析奠定基础：

① 拟对产品结构进行调整；

② 有新产品（或副产品）产生；

③ 将得到用于其他生产过程的原材料。

a. 调查市场需求，包括：国内同类产品的价格、市场总需求量；当前同类产品的总供应量；产品进入国际市场的能力；产品的销售对象（地区或部门）；市场对产品的改进意见。

b. 预测市场需求，包括：国内市场发展趋势预测、国际市场发展趋势分析、产品开发生产销售周期与市场发展的关系。

c. 确定方案的技术途径。通过市场调查和市场需求预测，对原方案中的技术途径和生产规模可能会作相应调整。在进行技术、环境、经济评估之前，要最后确定方案的技术途径。每一方案中应包括2~3种不同的技术途径，以供选择，其内容应包括以下方面：方案技术工艺流程图；方案实施途径及要点；主要设备清单及配套设施要求；方案所达到的技术经济指标；可产生的环境、经济效益预测；对方案的投资总费用进行技术评估。

（2）技术评估

技术评估的目的是说明方案中所推选的技术与国内外其他技术相比有其先进性，在本企业生产中有实用性，而且在具体技术改造中有可行性和可实施性。技术评估应着重评价以下方面：

① 方案设计中采用的工艺路线、技术设备在经济合理的条件下的先进性、适用性；

② 与国家有关的技术政策和能源政策的相符性；

③ 技术引进或设备进口要符合我国国情，引进技术后要有消化吸收能力；

④ 资源的利用率和技术途径合理；

⑤ 技术设备操作上安全、可靠；

⑥ 技术成熟（如国内有实施的先例）。

（3）环境评估

清洁生产方案都应有显著的环境效益，但也要防止在实施后会对环境有新的影响，因此对生产设备的改进、生产工艺的变更、产品及原材料的替代等清洁生产方案应进行环境评估。环境评估是方案可行性分析的核心，评估应包括以下内容：

① 资源的消耗与资源可永续利用要求的关系；

② 生产中废弃物排放量的变化；

③ 污染物组分的毒性及其降解情况；

④ 污染物的二次污染；

⑤ 操作环境对人员健康的影响；

⑥ 废弃物的复用、循环利用和再生回收。

（4）经济评估

本阶段所指的经济评估是从企业的角度出发，按照国内现行市场价格，计算出方案实施后在财务上的获利能力和清偿能力。经济评估应在方案通过技术评估和环境评估后再进行，若前二者不通过则不必进行方案的经济评估。经济评估的基本目标是要说明资源利用的优势，它是以项目投资所能产生的效益为评价内容，通过计算方案实施时所需各种费用的投入和所节约的费用以及各种附加的效益，通过分析比较以选择最少耗费和取得最佳经济效益的方案，为投资决策提供科学的依据。

① 清洁生产经济效益的统计方法

清洁生产既有直接的经济效益也有间接的经济效益，要完善清洁生产经济效益的统计方法，独立建账，明细分类。清洁生产的经济效益如图4-8所示。

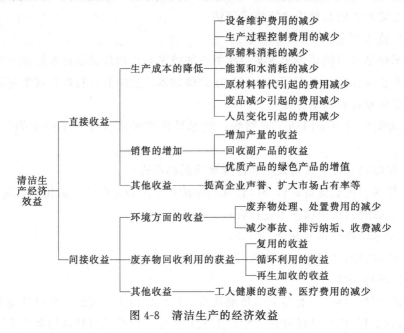

图 4-8　清洁生产的经济效益

② 经济评估方法

经济评估主要采用现金流量分析和财务动态获利性分析方法。主要经济评估指标如图4-9所示。

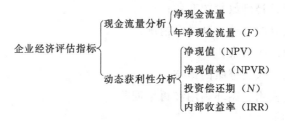

图 4-9　主要经济评估指标

（5）推荐可实施方案

列表比较各投资方案的技术、环境、经济评估结果，确定最佳的、可行的推荐方案，再按国家或地方的程序进行项目实施前的准备，大致步骤如下：

① 编写项目建议书；

② 编写项目可行性研究报告；

③ 财务评价；

④ 技术报告（设备选型、报价）；

⑤ 环境影响评价；

⑥ 投资决策。

4.1.2.6 方案实施（第六阶段）

方案实施的目的，是通过推荐方案（经分析可行的中/高费最佳可行方案）的实施，使企业实现技术进步，获得显著的经济和环境效益；通过评估已实施的清洁生产方案成果，激励企业推行清洁生产。本阶段的工作重点是，总结前几个审核阶段已实施的清洁生产方案成果，统筹规划推荐方案的实施。

（1）组织方案实施

① 统筹规划

可行性分析完成之后，从统筹方案实施的资金开始，直至正常运行与生产，这是一个非常烦琐的过程，因此有必要统筹规划，以利于该段工作的顺利进行。建议首先应该把这一期间所做的工作一一列出，制定一个比较详细的实施计划和时间进度表。需要筹划的内容有：

a. 筹措资金；

b. 设计；

c. 征地、现场开发；

d. 申请施工许可；

e. 兴建厂房；

f. 设备选型、调研设计、加工或订货；

g. 落实配套公共设施；

h. 设备安装；

i. 组织操作、维修、管理班子；

j. 制订各项规程；

k. 人员培训；

l. 原辅料准备；

m. 应急计划（突发情况或障碍）；

n. 施工与企业正常生产的协调；

o. 试运行与验收；

p. 正常运行与生产。

需要指出的是，在时间进度表中还应列出具体的负责单位，以利于责任分工。统筹规划时需制订实施进度表，某建材企业的实施方案进度见表4-4。

② 筹措资金

资金的来源有两个渠道。

a. 企业内部自筹资金。企业内部资金包括两个部分，一是现有资金；二是通过实施清洁生产无/低费方案，逐步积累资金，为实施中/高费方案做好准备。

表 4-4　某建材企业的实施方案进度表

序号	内容	年												负责单位
		1月	2月	3月	4月	5月	6月	7月	8月	9月	10月	11月	12月	
1	设计													专业设计院
2	设备考察													环保科
3	设备选型、订货													环保科
4	落实公共设施服务													电力车间
5	设备安装													专业安装队
6	人员培训													烧成车间
7	试车													环保科
8	正常生产													烧成车间

实施方案名称:采用微震布袋除尘器回收立窑烟尘。

　　b. 企业外部资金,包括:国内借贷资金,如国内银行贷款等;国外借贷资金,如世界银行贷款等;其他资金来源,如国际合作项目赠款、环保资金返回款、政府财政专项拨款、发行股票和债券融资等。

　　合理安排有限的资金。若同时有数个方案需要投资实施,则要考虑如何合理有效地利用有限的资金。在方案可分别实施且不影响生产的条件下,可以对方案实施顺序进行优化,先实施某个或某几个方案,然后利用方案实施后的收益作为其他方案的启动资金,使方案滚动实施。

　　③ 实施方案

　　推荐方案的立项、设计、施工、验收等,按照国家、地方或部门的有关规定执行。无/低费方案的实施过程还要符合企业的管理要求和项目的组织、实施程序。

　　(2) 汇总已实施的无/低费方案的成果

　　已实施的无/低费方案有环境效益和经济效益两个主要方面成果。通过调研、实测和计算,分别对比各项环境指标,包括物耗、水耗、电耗等资源消耗指标以及废水量、废气量和固废量等废弃物产生指标在方案实施前后的变化,从而获得无/低费方案实施后的环境效果;分别对比产值、原材料费用、能源费用、公共设施费用、水费、污染控制费用、维修费、税金以及净利润等经济指标在方案实施前后的变化,从而获得无/低费方案实施后的经济效益,最后对本轮清洁生产审核中无/低费方案的实施情况作阶段性总结。

　　(3) 评价已实施的中/高费方案的成果

　　为了积累经验,进一步完善所实施的方案,除了在方案实施前要做必要、周详的准备，并在方案的实施过程中进行严格的监督管理外，还要对已实施的中/高费方案成果进行技术、环境、经济和综合评价。将实施产生的效益与预期的效益相比较，用来进一步改进实绩。对于计划实施的方案，应给出方案预计产生的效益分析汇总。

① 技术评价

主要评价各项技术指标是否达到原设计要求，若没有达到要求，如何改进等。内容主要包括：

a. 生产流程是否合理；

b. 生产程序和操作规程有无问题；

c. 设备容量是否满足生产要求；

d. 对生产能力与产品质量的影响如何；

e. 仪表管线布置是否需要调整；

f. 自动化程度和自动分析测试及监测指示方面还需哪些改进；

g. 在生产管理方面还需做什么修改或补充；

h. 设备实际运行水平与国内、国际同行的水平有何差距；

i. 设备的技术管理、维修、保养人员是否齐备。

② 环境评价

环境评价主要对中/高费方案实施前后各项环境指标进行追踪并与方案的设计值相比较，考察方案的环境效果以及企业环境形象的改善。通过方案实施前后的比较，可以获得方案的环境效益；又通过方案的设计值与方案实施后的实际值的对比，即方案理论值与实际值进行对比，可以分析两者差距，相应地可对方案进行完善。可按表 4-5 的格式进行环境效果的对比。

表 4-5　环境效果对比

项目	方案实施前	设计的方案	方案实施后
废水量			
水污染量			
废气量			
大气污染物量			
固废量			
能耗			
物耗			
水耗			

环境评价包括以下六个方面的内容：

a. 实测方案实施后，废物排放是否达到审核重点要求达到的预防污染目标，废水、废气、废渣、噪声的实际削减量；

b. 内部回用/循环利用程度如何，还应做的改进；

c. 单位产品产量和产值的能耗、物耗、水耗降低的程度；

d. 单位产品产量和产值的废物排放量、排放浓度的变化情况；有无新的污染物产生；是否易处置，易降解；

e. 产品使用和报废回收过程中还有哪些环境风险因素存在；

f. 生产过程中有害于健康、生态、环境的各种因素是否得到消除以及应进一步改善的条件和问题。

③ 经济评价

经济评价是评价中/高费清洁生产方案实施效果的重要手段。分别对比产值、原材料费用、能源费用、公共设施费用、水费、污染控制费用、维修费、税金以及净利润等经济指标在方案实施前后的变化以及实际值与设计值的差距，从而获得中/高费方案实施后所产生的经济效益的情况。

④ 综合评价

通过对每一中/高费清洁生产方案进行技术、环境、经济三方面的分别评价，可以对已实施的各个方案成功与否作出综合、全面的评价结论。

（4）分析总结已实施方案对企业的影响

对无/低费和中/高费清洁生产方案经过征集、设计、实施等环节后，有必要进行阶段性总结，以巩固清洁生产成果。

① 汇总环境效益和经济效益

将已实施的无/低费和中/高费清洁生产方案成果汇总成表，内容包括实施时间、投资运行费、经济效益和环境效果，并进行分析。

② 对比各项单位产品指标

虽然可以定性地从技术工艺水平、过程控制水平、企业管理水平、员工素质等众多方面考察清洁生产带给企业的变化，但最有说服力、最能体现清洁生产效益的是考察审核前后企业各项单位产品指标的变化情况。

通过定性、定量分析，企业可以从中体会清洁生产的优势，总结经验以利于在企业内推行清洁生产；另一方面也要利用以上方法，从定性、定量两方面与国内外同类型企业的先进水平进行对比，寻找差距，分析原因以利改进，从而在深层次上寻求清洁生产机会。

③ 宣传清洁生产成果

在总结已实施的无/低费和中/高费方案清洁生产成果的基础上，组织宣传材料，在企业内广为宣传，为继续推行清洁生产打好基础。

4.1.2.7　持续清洁生产（第七阶段）

持续清洁生产是企业清洁生产审核的最后一个阶段，目的是使清洁生产工作在企业内长期、持续地推行下去。本阶段的工作重点是建立推行和管理清洁生产工作的组织机构、建立促进实施清洁生产的管理制度、制订持续清洁生产计划以及编写清洁生产审核报告。

（1）建立和完善清洁生产组织

清洁生产是一个动态的、相对的概念，也是一个连续的过程，因此应具有固定的机构、稳定的工作人员来组织和协调工作，以巩固已取得的清洁生产成果，并使清洁生产工作持续地开展下去。

① 明确任务

企业清洁生产组织机构的任务有以下 4 个方面：

a. 组织协调并监督实施本次审核提出的清洁生产方案；

b. 经常性地组织对企业职工的清洁生产教育和培训；

c. 选择下一轮清洁生产审核重点，并启动新的清洁生产审核；

d. 负责清洁生产活动的日常管理。

② 落实归属

清洁生产机构要想起到应有的作用，及时完成任务，必须落实其归属问题。由于企业的规模、类型和现有机构等千差万别，因而清洁生产机构的归属也有多种形式，各企业可根据自身的实际情况具体掌握。可考虑以下形式：

a. 单独设立清洁生产办公室，直接归属厂长领导；

b. 在环保部门中设立清洁生产机构；

c. 在管理部门或技术部门中设立清洁生产机构。

不论是以何种形式设立的清洁生产机构，企业的高层领导要有专人直接领导该机构的工作，因为清洁生产涉及生产、环保、技术、管理等各个部门，必须有高层领导的协调才能有效地开展工作。

③ 确定专人负责

为避免清洁生产机构流于形式，确定专人负责是很有必要的。该职员须具备以下能力：

a. 熟练掌握清洁生产审核知识；

b. 熟悉企业的环境保护情况；

c. 了解企业的生产和技术情况；

d. 较强的工作协调能力；

e. 较强的工作责任心和敬业精神。

（2）建立和完善清洁生产管理制度

清洁生产管理制度包括把审核成果纳入企业的日常管理轨道、建立激励机制和保证稳定的清洁生产资金来源。

① 把审核成果纳入企业的日常管理

把清洁生产的审核成果及时纳入企业的日常管理轨道，是巩固清洁生产成效、防止走过场的重要手段，特别是对通过清洁生产审核产生的一些无/低方案，如何使它们形成制度显得尤为重要。

a. 把清洁生产审核提出的加强管理的措施文件化，形成制度；

b. 把清洁生产审核提出的岗位操作改进措施写入岗位的操作规程，并要求严格遵照执行；

c. 把清洁生产审核提出的工艺过程控制的改进措施，写入企业的技术规范。

② 建立和完善清洁生产激励机制

在奖金、工资分配、提升、降级、上岗、下岗、表彰、批评等诸多方面充分与清洁生产挂钩，建立清洁生产激励机制，以调动全体职工参与清洁生产的积极性。

③ 保证稳定的清洁生产资金来源

清洁生产的资金来源可以有多种渠道，例如贷款、集资等，但是清洁生产管理制度的一项重要作用是保证实施清洁生产所产生的经济效益全部或部分地用于清洁生产和清洁生产审核，以持续滚动地推进清洁生产。建议企业财务对清洁生产的投资和效益单独建立账目。

（3）制订持续清洁生产计划

清洁生产并非一朝一夕就可完成，因而应当制订持续的清洁生产计划，使清洁生产有组织、有计划地在企业中进行下去。持续清洁生产计划应包括：

① 清洁生产审核工作计划：指下一轮的清洁生产审核。新一轮清洁生产审核的起动并非一定要等到本轮审核的所有方案都实施以后才进行，只要大部分可行的无/低费方案得到实施，取得初步的清洁生产成效，并在总结已取得清洁生产经验的基础上，即可开始新一轮审核。

② 清洁生产方案的实施计划：指经本轮审核提出的可行的无/低费方案和通过可行性分析的中/高费方案。

③ 清洁生产新技术的研究与开发计划：根据本轮审核发现的问题，研究与开发新的清洁生产技术。

④ 企业职工的清洁生产培训计划。

（4）编制清洁生产审核报告

编写清洁生产审核报告的目的是总结本轮清洁生产审核的成果，为组织落实各种清洁生产方案、持续清洁生产计划提供一个重要的平台。

4.2 材料清洁生产指标体系及评价

随着《中华人民共和国清洁生产促进法》的实施和清洁生产工作的开展，建立科学的清洁生产评价体系是非常必要的。所谓清洁生产评价，是指通过对企业原材料的选取、生产过程到产品、服务的全过程进行综合评价，评定企业现有生产过程、产品、服务各环节的清洁生产水平在国际、国内所处的位置，并制定相应的清洁生产措施和管理制度，以增强企业的市场竞争力，达到节约资源、保护环境和持续发展的目的。

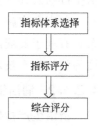

图 4-10　清洁生产评价的主要方法和步骤

建立清洁生产指标体系，有助于评价企业开展清洁生产的状况，便于企业选择合适的清洁生产技术，促使企业积极推行清洁生产工作。清洁生产评价正逐步向量化评价的方向发展，量化评价也主要是通过选择指标体系，再通过指标体系分值的计算获得综合评价结果，评价的主要方法和步骤如图 4-10 所示。

4.2.1 清洁生产指标体系

4.2.1.1 指标及指标体系的定义

指标（indicators）是预期要打算达到的指数、规格或标准，它既是科学水平的标志，也是进行定量比较的尺度。

指数（index）是一类特殊的指标，是一组集成的或经过权重化处理的参数或指标，它能提供经过数据综合而获得的高度凝聚的信息。

指标体系（indicators system）是指描述和评价某种事物的可度量参数的集合，是由一系列相互独立、相互联系、相互补充的数量、质量、状态等规定性指标所构成的有机评价系统。

清洁生产作为实现可持续发展的最佳途径，为我国建设资源节约型、环境友好型社会提供了重要的基础。我国现行的清洁生产评价工作，许多是进行定性论证和分析，缺乏定量评价指标，难以对清洁生产的水平和成果进行指标化管理，也不利于《中华人民共和国清洁生产促进法》的推进。同时，清洁生产指标体系的建立，明确了生产全过程控制的主要内容和目标，使企业和管理部门对清洁生产的实际效果和管理目标具体化，便于进行量化对比和设定目标，为将清洁生产融入环境管理起到实效提供了技术支持，对我国清洁生产整体水平有重要指导意义。

清洁生产指标体系（cleaner production indicators system）是由一系列相互独立、相互联系、相互补充的单项评价活动指标组成的有机整体，它所反映的是组织或更高层面上清洁生产的综合和整体状况。一个合理的清洁生产体系可以有效地促进组织清洁生产活动的开展以及整个社会的可持续发展。因此，清洁生产指标体系具有标杆性的功能，是对清洁生产技术方案进行筛选的客观依据，为清洁生产绩效评价提供了一个比较标准。

制定和实施一套具有科学性、行政约束性和激励性的清洁生产评价指标体系，有利于实现清洁生产的指标化管理，为清洁生产的效果提供评价的尺度，从而为清洁生产技术和管理措施筛选及其实施效果评价提供了工具。

4.2.1.2 清洁生产指标体系的确定原则

清洁生产指标既是管理科学水平的标志，也是进行定量比较的尺度。清洁生产指标应该是指国家、地区、部门和企业根据一定的科学、技术、经济条件，在一定时期内确定的必须达到的具体清洁生产目标和水平。清洁生产指标应该分类清晰、层次分明、内容全面，兼具科学性、可行性、简洁性和开放性，并且应该随着经济、社会和环境的变化而变化。因此，清洁生产指标制定的具体原则如下。

（1）客观准确评价原则

指标体系所选用的评价指标、评价模式要客观、充分地反映行业及其生产工艺的状况，真实、客观、完整、科学地评价生产工艺优劣性，保证清洁生产最终评价结果的准确性、公正性以及应用指导性。

（2）全生命周期评价原则

在评价一项技术时，不但要对工艺生产过程、产品的使用（或服务）阶段进行评价，还要考虑产品本身的状况和产品消费后的环境影响，即对产品设计、生产、贮存、运输、消费和处理处置整个生命周期中原材料、能源消耗和污染物产生及其毒性的全面分析和评价，以体现全过程分析的思想。

（3）污染预防的原则

清洁生产指标的范围不需要涵盖所有的环境、社会、经济等指标，应主要反映该行业所使用的主要资源量及产生的废物量，包括使用能源、水量或其他资源的情况。通过对这些实际情况的评价，反映出项目的资源利用情况和节约的可能性，达到保护自然资源的目的。

（4）定量指标和定性指标相结合的原则

为了确保评价结果的准确性和科学性，应建立定量性的评价模式，选取可定量化的指标计算其结果。但评价对象的生产过程复杂且涉及面广，因此对于不能量化的指标也可以选取定性指标。采用的指标均应力求科学、合理、实用、可行。

（5）重点突出，简明易操作原则

生产过程中涉及的清洁生产环节很多，清洁生产指标体系要突出重点、意义明确、结构清晰、可操作性强。清洁生产指标体系是评价一个活动是否符合清洁生产战略而制定的，是一套非常实用的体系。因此，既要考虑指标体系构架的整体性，又要考虑到体系使用时的全面数据支持；也就是要求指标体系综合性强，同时要避免面面俱到，烦琐庞杂；既能反映项目的主要情况，又简便，易于操作和使用。

(6) 持续改进原则

清洁生产是一个持续改进的过程，要求企业在达到现有指标的基础上向更高的目标迈进。因此，指标体系也应该相对应地体现持续改进的原则，引导企业根据自身现有的情况，选择不同的清洁生产目标实现持续改进。

4.2.2　我国清洁生产指标体系构架

清洁生产指标体系应有助于比较不同地区、行业、企业的清洁生产情况，评价组织开展清洁生产的状况，指导组织正确选择符合可持续发展要求的清洁生产技术。总体而言，清洁生产指标体系应当包括两个方面的内容，一是适用于不同行业的通用性标准，二是适用于某个行业的特定指标，而每一方面又由众多不同指标构成。

清洁生产指标体系一般按照宏观指标和微观指标分类。

4.2.2.1　宏观清洁生产指标体系

宏观清洁生产指标主要用于社会和区域层面上。在此层面上，清洁生产指标常与循环经济指标和生态工业指标重叠。

宏观清洁生产指标由经济发展、循环经济特征、生态环境保护、绿色管理四大类指标构成。经济发展指标又分为经济发展水平指标（GDP 年平均增长率、人均 GDP、万元 GDP 综合能耗、万元 GDP 新鲜水耗等）和经济发展潜力指标（清洁生产投入占 GDP 的比例、清洁生产技术对 GDP 的贡献率等）。循环经济特征指标主要有资源生产率（用来综合表示产业和人民生活中有效利用资源情况）和循环利用率（表示投入到经济社会物质总量中循环利用量所占的比率）。生态环境保护指标主要有环境绩效指标、生态建设指标和生态环境改善潜力等指标。绿色管理指标主要有政策法规制度指标、管理与意识指标等。

4.2.2.2　微观清洁生产指标体系

微观清洁生产指标主要用于组织（或企业）这一层面。这一层面的清洁生产指标体系可以分为定量指标和定性指标两种类型。定量指标和定性指标体系一般都包括一级评价指标和二级评价指标，也可根据行业自身特点设立多级评价指标。一级评价指标是指标体系中具有普适性、概括性的指标，可分为资源与能源消耗指标、生产技术特征指标、产品特征指标、污染物产生指标、资源综合利用指标、环境管理与劳动安全卫生指标等。二级评价指标是一级评价指标之下，可代表行业清洁生产特点的、具体的、可操作的、可验证的指标。

根据清洁生产的一般要求，这些微观清洁生产指标体系中的资源与能源消耗指标、产品特征指标、污染物产生指标、资源综合利用指标等通常为定量指标，生产技术特征指标、环境管理与劳动安全卫生指标等通常为定性指标。定性要求一般以文字表述，根据对各产品的生产工艺和装备、环境管理等方面的要求及国内企业目前的水平划分不同的级别，促进企业不断提高；而定量要求一般以数值表述。

（1）原辅材料与资源、能源指标

原辅材料指标应能体现原材料的获取、加工、使用等方面对环境的综合影响，因而可从毒性、生态影响、可再生性、能源强度、可回收利用性这 5 个方面建立指标。

① 毒性：原材料所含毒性成分对环境造成的影响程度。

② 生态影响：原材料取得过程中的生态影响程度。

③ 可再生性：原材料可再生或可能再生的程度。

④ 能源强度：原材料在采掘和生产过程中消耗能源的程度。

⑤ 可回收利用性：原材料的可回收利用程度。

在正常的生产和操作情况下，生产单位产品对资源和能源的消耗程度可以部分反映企业的技术工艺和管理水平，反映企业的生产过程在宏观上对生态系统的影响程度。因为在同等条件下，资源、能源消耗量越高，企业对环境的影响程度越大。

资源指标可以由单位产品的新鲜水消耗量、主要原材料单耗、主要原材料利用率以及水重复利用率等表示。能源指标主要以单位产品电耗量、煤耗量以及综合能耗指标等表示。

（2）产品特征指标

清洁生产对产品的性能也有特定的要求。从产品整个生命周期考虑，产品的销售、使用、维护以及报废后的处理处置均会对环境造成影响，因此应考虑产品的设计和寿命优化，以增加产品的利用效率并减少对环境的影响。产品特征指标包括以下 5 个方面。

① 销售：产品的销售过程中对环境造成的影响程度。

② 使用：产品在使用期内的正常使用可能对环境造成的影响程度。

③ 维护：产品的质量、性能以及维护造成的环境影响情况。

④ 寿命优化：在多数情况下产品的寿命越长越好，因为这样可以减少对生

产该种产品物料的需求，但有时并不尽然。例如，某一高耗能产品的寿命越长则总能耗越大，随着技术进步有可能产生同样功能的低耗能产品，而这种节能产生的环境效益有时会超过节省物料的环境效益，在这种情况下，产品的寿命越长对环境的危害越大。寿命优化就是要使产品的使用寿命、技术寿命（指产品的功能保持良好的时间）、美学寿命（指产品对用户具有吸引力的时间）处于优化状态，达到环境影响和使用性能的最佳组合。

⑤ 报废：产品失去使用价值而报废后处理处置过程对环境的影响程度。

（3）污染物产生指标

污染物或废物被称为"放错地方的资源"，而污染物产生指标能反映生产过程状况，直接说明工艺的先进性或管理水平的高低。通常情况下，污染物产生指标分三类，即水污染物产生指标、大气污染物产生指标和固体废物产生指标。

① 水污染物产生指标。水污染物产生指标又可细分为两类，即单位产品废水产生量指标和单位产品主要水污染物产生量指标。

② 大气污染物产生指标。大气污染物产生指标和水污染物产生指标类似，也可细分为单位产品废气产生量指标和单位产品主要大气污染物产生量指标。

③ 固体废物产生指标。对于固体废物产生指标，可简单地定义为"单位产品主要固体废物产生量"。

（4）资源综合利用特征指标

清洁生产在重视源头削减的同时，也强调对污染物产生和废物的回收利用和资源化处理。资源综合利用特征指标即废物回收利用指标，是指生产过程所产生的具有可回收利用特点和价值的废物的回收和利用的比率。只有对这些废物进行回收和利用才可减少对环境的影响。这类指标主要包括废物利用的比例、途径和技术，以及生产出的产品，可具体到废水回收利用率、废气回收利用率、副产品回收利用率、固体废物回收利用率等。

（5）生产技术性能指标

生产技术性能主要包括生产工艺、装备和过程控制系统等。生产工艺的先进程度和装备水平主要体现在污染预防水平上，直接决定资源能源的消耗以及产品的质量。这类指标一般为定性指标，主要包括生产技术的先进性、技术装备水平和过程控制水平。

（6）环境管理和劳动安全卫生指标

清洁生产要求企业由落后的粗放型经营方式向集约到的经营方式转变，因此，管理水平的高低对于清洁生产具有较大的影响。环境管理方面的要求主要指组织（或企业）的环境管理机构、生产管理、相关方管理、清洁生产审核和劳动安全卫生这5个方面达到的水平。

① 有健全的环境管理机构，为取得环境效益提供组织保障。

② 有系统的生产管理，将环境因素纳入企业的发展规划和生产管理中，这对资源消耗量大、污染严重的企业来说尤为重要。

③ 相关方管理，即是否按照 ISO 14000 要求建立了相关方管理。

④ 清洁生产审核，考虑企业是否将清洁生产纳入日常生产中，并不断提高职工清洁生产意识，这需要企业领导的支持，也需要职工的自觉行动。

⑤ 劳动安全卫生的要求，主要是指组织可能对职工造成的危害及其防范措施是否健全和可行，是否符合国家有关标准或行业标准，并应经劳动行政、卫生行政、工会等有关部门审查同意等。劳动安全卫生指标还包括劳动安全设备的技术水平、防毒防尘、改善劳动条件专门拨款数量、事故损失额，以及职业健康影响等级、单位产出人员伤亡率、单位产出人员发病率、特定职业病发病率，还包括现场清洁卫生指标、现场安全状况、劳动安全和卫生管理措施及实施情况、设备事故率、设备监测和监督情况、监测和监督人员配备情况等。

4.2.3　清洁生产评价的方法和程序

科学客观地评价企业的清洁生产水平，了解企业的清洁生产潜力，有利于企业把握发展方向，实现可持续发展。目前，清洁生产指标体系正在不断健全之中，清洁生产评价方法也不够完善和规范，清洁生产审核与评价结果也较为粗糙、可操作性差。因此，在完善清洁生产指标体系的基础上，建立和实施一套科学的清洁生产评价方法，比较和认定各种清洁生产方案，对企业推进清洁生产、实施可持续发展具有重要意义。

清洁生产指标涉及面广，有定量指标和定性指标，相应地清洁生产评价方法也可采用定量条件下的评价和定量与定性相结合条件下的评价。

4.2.3.1　定量条件下的评价

为了对评价指标的原始数据进行"标准化"处理，使评价指标转换成在同一尺度上可以相互比较的量，因此该评价模式采用指数方法。该指标定量条件下的评价可分为单项评价指数、类别指标评价指数和综合评价指数。

（1）单项评价指数

单项评价指数是以类比项目相应的单项指标参考值作为评价标准计算得出。从数值来看，定量评价类别的分指标可分为消极指标和积极指标两类。消极指标是指实际值越小越符合生产的要求（如能耗、水耗、污染物的产生与排放量等指标），积极指标是指实际值越大越利于清洁生产（如水重复利用率、高炉煤气回收率、高炉喷煤量、固废物回收利用率等指标）。

消极指标的评价指数计算公式为

$$I_i = \frac{C_i}{S_i}, i = 1,2,3\cdots n$$

积极指标的评价指数计算公式为

$$I_i = \frac{S_i}{C_i}, i = 1,2,3\cdots n$$

式中　I_i——单项评价指数；

　　C_i——目标项目某单项评价指标对象值（实际值或设计值）；

　　S_i——类比某单项指标参考值（或评价基准值）。

评价指标基准值是衡量各定量评价指标是否符合清洁生产基本要求的评价基准，根据评价工作需要可取环境质量标准、排放标准或相关清洁生产技术标准要求的数值。

（2）类别指标评价指数

各分指标等标评价指数总和的平均值 Z_j 是反映 j 类别评价指标的重要参数。一般情况下，Z_j 越小，表明 j 类别指标的清洁生产水平越高，其中：

$$Z_j = \sum_{i=1}^{n} I_i / n, j = 1,2,3\cdots m$$

式中　Z_j——j 类别指标各分指标等标评价指数总和的平均值；

　　i——分指标的序号；

　　j——类别指标的序号；

　　n——第 j 类别指标中分指标的项目总数；

　　m——评价指标体系下设的类别指标数。

（3）综合评价指数

为了既使评价全面，又能克服类别指标评价指数对评价结果准确性的掩盖，避免确定加权系数的主观影响，可以采用一种兼顾极值或突出最大值型的综合评价指数。其计算式为

$$I_p = \left[\frac{(I_{i,m}^2 + Z_{j,a}^2)}{2} \right]^{1/2}$$

式中　I_p——清洁生产综合评价指数；

　　$I_{i,m}$——各项评价指数中的最大值；

　　$Z_{j,a}$——类别评价指数的平均值，其计算式为

$$Z_{j,a} = \left(\sum_{j=1}^{m} I_j \right) / m, j = 1,2,3\cdots m$$

式中　m——评价指标体系下设的类别指标数。

（4）企业清洁生产等级的确定

一般推荐采用分级模式来评价综合评价指数的水平，即将综合指数分成五个等级，按清洁生产评价综合指数 I_p 所达到的水平给企业清洁生产定级，见表4-6。

表 4-6　企业清洁生产的等级

项目	清洁生产	传统先进	一般	落后	淘汰
达到水平	国际先进水平	国内先进水平	国内平均水平	国内中下水平	淘汰水平
综合评价指数	$I_p \leqslant 1.00$	$1.00 < I_p \leqslant 1.15$	$1.15 < I_p \leqslant 1.40$	$1.40 < I_p \leqslant 1.80$	$I_p > 1.80$

如果类别评价指数 $Z_j > 1.00$ 或单项评价指数的值 $I_i > 1.00$，表明该类别或单项评价指标出现了高于类比项目的指标，故可以据此寻找原因、分析情况，调整工艺路线或方案，使之达到类比项目的先进水平。

上述评价方法需参照环境质量标准、排放标准、行业标准或相关清洁生产技术标准数值，因此选取目标值最为关键。

4.2.3.2　定量与定性相结合条件下的评价

对项目进行清洁生产评价，应针对清洁生产指标确定出既能反映主体情况又简便易行的评价方法。而清洁生产指标涉及面广，完全量化难度较大，实际评价过程拟针对不同的评价指标，确定不同的评价等级；对于易量化的指标评价等级可分细一些，不易量化的指标的等级则分粗一些，最后通过权重法将所有指标综合起来，从而判定项目的清洁生产程度。

（1）指标等级的确定

清洁生产指标可以分为定性指标和定量指标两大类。其中原辅材料指标、产品指标、管理指标难以量化，属于定性指标。原辅材料指标和产品指标分为高、中、低三个等级。管理水平指标分为两个等级。定性指标数值的确定一般参考专家意见打分的方法。

资源指标和污染物排放指标易于量化，可以作定量评价，划分为五个等级，即清洁、较清洁、一般、较差、很差。定量指标的数值可根据国内外同行业生产指标调查类比来确定。

为了统计和计算方便，定性评价和定量评价的等级分值范围可定为0～1。

① 定性指标等级

a. 高：表示所使用的原材料和产品对环境的有害影响比较小。

b. 中：表示所使用的原材料和产品对环境的有害影响中等。

c. 低：表示所使用的原材料和产品对环境的有害影响比较大。

可参照《危险货物品名表》（GB 12268）、《危险化学品目录》和《国家危险废物名录》等规定，并结合本企业实际情况确定。

对定性评价分三个等级，按基本等量、就近取整的原则来划分，具体见表4-7。

表 4-7　原材料指标和产品指标（定性指标）的等级评分标准

等级	分值范围	低	中	高
等级分值	[0,1.0]	[0,0.30]	[0.30,0.70]	[0.70,1.0]

② 定量指标等级

a. 清洁：有关指标达到本行业领先水平。

b. 较清洁：有关指标达到本行业先进水平。

c. 一般：有关指标达到本行业平均水平。

d. 较差：有关指标为本行业中下水平。

e. 很差：有关指标为本行业较差水平。

对定量指标依据同样原则，但划分为五个等级，具体见表4-8。

表 4-8　资源指标和污染物产生指标（定量指标）的等级评分标准

等级	分值范围	很差	较差	一般	较清洁	清洁
等级分值	[0,1.0]	[0,0.2]	[0.2,0.4]	[0.4,0.6]	[0.6,0.8]	[0.8,1.0]

一般来说，将国际先进水平作为最高的指标数值，参考国内的清洁生产评价方法，清洁生产评价指标体系的具体划分如表4-9所示。

表 4-9　清洁生产评价指标体系

	评价指标	说　明
原辅材料指标	毒性、生态影响、可再生性、能源强度	1级表明基本没有毒性和生态影响，可再生性好，生产原辅材料的能源消耗强度较小，分值在1~0.7分；2级的分值在0.6~0.4；3级分值在0.3以下
产品指标	使用性能、寿命优化、报废处理	1级表明产品在使用过程中对环境基本无污染，使用寿命和美观寿命最佳，报废后基本可以回收，分值在1~0.7分；2级的分值在0.6~0.4分；3级的分值在0.3分以下
资源指标	单位产品耗水量、单位产品能源消耗、单位产品物耗量	达到国际先进水平的为1级(1~0.9分)；接近国际先进水平的为2级(0.8~0.7分)；达到和接近国内先进水平的为3~4级(0.6~0.3分)；低于国内先进水平的为5级(0.2分以下)
污染物产生指标	废水排放量、COD排放量、固废排放量	与资源指标的分级体系与分值大致相同，同样参考国际、国内同行业生产指标
管理水平指标	企业清洁生产方针、职工清洁生产意识	1级表明企业和职工对清洁生产有所了解并在实际生产过程中有所应用，分值在1~0.6分；2级表明企业和职工对清洁生产了解的较少，清洁生产措施较少，分值在0.5~0分之间

需要说明的是，由于每个生产企业采用的原辅材料、生产的产品、生产

工艺过程、污染物排放等项目有很大的区别，因此每个企业选择的具体指标会不同。

(2) 综合评价

清洁生产指标的评价方法采用百分制。首先按等级评分标准对原材料指标、产品指标、资源消耗指标和污染物产生指标分别进行打分，若有分指标则按分指标打分，然后分别乘以各自的权重值，最后累加起来得到总分。通过总分值等的比较可以基本判定建设项目整体所达到的清洁生产程度，另外各项分指标的数值也能反映出该建设项目所需改进的地方。

① 权重值的确定

权重值是衡量各评价指标在清洁生产评价指标体系中的重要程度。确定权重值时，不同的计算方法具有各自的特点和适用条件，应依据行业特点，单独使用某种计算方法或综合使用多种计算方法。

清洁生产评价的等级分值范围为 0～1。为数据评价直观起见，考虑到指标的通用性，对清洁生产的评价方法采用百分制，一般设定指标的权重值在 1～10 之间，具体数值由指标的数量和在企业中的重要程度决定，所有权重值的和为 100。为了保证评价方法的准确性和适用性，在各项指标（包括分指标）的权重确定过程中，采用专家调查打分法。专家范围包括：清洁生产方法学专家、清洁生产行业专家、环境评价专家、清洁生产和环境影响评价政府管理官员。调查统计结果见表 4-10。

表 4-10　清洁生产指标权重值调查统计结果

评价指标	原辅材料指标					产品指标				资源指标			污染物生产指标	总权重值
	毒性	生态影响	可再生性	能源强度	可回收利用性	销售	使用	寿命优化	报废	能耗	水耗	其他		
权重	7	6	4	4	4	3	4	5	5	11	10	8	29	100
	25					17				29				

专家对生产过程的清洁生产指标比较关注，对资源指标和污染物产生指标分别都给出最高权重值 29；原辅材料指标次之，权重值为 25；产品指标最低，权重值为 17。污染物产生指标根据实际情况可选择包几项大指标（例如废水、废气、固体废物），每项大指标又可包含几项分指标。因为不同企业的污染物产生情况差别太大，因而未对各项大指标和分指标的权重值加以具体规定，可依据实际情况灵活处理，但各项大指标权重值之和应等于 29，每项大指标下的分指标权重值之和应等于大指标的权重值。

资源指标包括 3 项指标：能耗、水耗、其他物耗，它们的权重值分别为 11、10、8。如果这 3 项指标中每一项指标下面还分别包括几项分指标，则根据实际情况另行确定它们的权重，但分指标的权重之和应分别等于这三项指标的权重值，即为 29。

原辅材料指标包括 5 项分指标：毒性、生态影响、可再生性、能源强度、可回收利用性。根据它们的重要程度，权重值分别为 7、6、4、4、4。

产品指标包括 4 项分指标：销售、使用、寿命优化、报废，权重值分别为 3、4、5、5。

② 确定企业清洁生产的等级

清洁生产综合水平评价采用分级对比评价法，按照如下公式计算清洁生产水平得分：

$$E = \sum A_i W_i$$

式中　E——评价对象清洁生产水平等级得分；

　　　A_i——评价对象第 i 种指标的清洁生产水平得分；

　　　W_i——评价对象第 i 种指标的权重。

根据所获得的综合得分，可进行项目清洁生产水平的等级划分，具体情况见表 4-11。

表 4-11　总体评价结果等级划分

项目	指标分数/分	说明
清洁生产	>80	原材料选取对环境的影响、产品对环境的影响、生产过程中资源的消耗程度以及污染物的排放量均处于同行业国际先进水平
较先进	70～80	总体国内或省先进水平,某些指标处于国际先进水平
一般	55～70	总体在省内处于中等、一般水平
落后	40～55	企业的总体清洁生产水平低于国内一般水平,其中某些指标的水平在国内可能属"较差"或"很差"之列
淘汰	<40	总体水平处于国内"较差"或"很差"水平,不仅消耗过多资源、产生过量污染物,而且在原材料的利用以及产品的使用及报废后的处置等方面均有可能对环境造成超出常规的不利影响

需要说明的是，由于清洁生产是一个相对的概念，因此清洁生产指标的评价结果也是相对的。从上述对清洁生产的评价等级和标准的分析可以看出，如果一个项目综合评分结果大于 80 分，从平均意义上说，该项目原辅材料的选取对环境的影响、产品对环境的影响、生产过程中资源的消耗程度以及污染物产生量均处于同行业领先水平，因而从现有的技术条件看，该项目属"清洁生产"。同理，若综合评分结果在 70～80 分，可认为该项目为"传统先进"项目，即总体处于先进水平；若综合评分结果在 55～70 分，可认为该项目为"一般"项目，即总体处于中等、一般的水平，若综合评分结果在 40～55 分，可判定该项目为"落

后"，即该项目的总体水平低于一般水平，其中某些指标的水平可能属"较差"或"很差"水平；若综合评分结果＜40分，可判定该项目总体水平处于国内"较差"或"很差"水平，不仅消耗了过多的资源、产生了过量的污染物，而且在原材料的利用以及产品的使用及报废后的处置等方面均有可能对环境造成超出常规的不利影响。

4.2.3.3　清洁生产评价程序

企业进行清洁生产评价需按一定的程序有计划、分步骤地进行。判定清洁生产的定量评价基本程序见图4-11。其中项目评价指标的原始数据主要来源于预审核、审核阶段中的资源、能源、原辅材料、工艺、设备、产品、环保、管理等分析数据。类比项目参考指标主要来源于国家、行业标准、环境质量标准或对类比项目的实测、考察等调研资料。

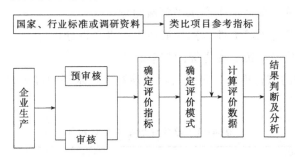

图4-11　清洁生产的定量评价基本程序

4.2.3.4　清洁生产评价报告书的编写要求

（1）编写原则

① 清洁生产指标基准数据的选取要有足够的依据；

② 清洁生产指标及其权重的确定要充分考虑行业特点；

③ 报告书中应给出清洁生产水平的结论。

（2）内容

① 选取清洁生产指标。根据项目的实际情况按照清洁生产指标选取方法来确定项目的清洁生产指标。基本包括原材料与资源能源指标、污染物产生指标、产品指标和环境经济效益指标等。每类指标所包括的各项指标要根据项目的实际需要慎重选择。

② 收集并确定清洁生产指标数据，根据清洁生产审核中的预审核和审核阶段的结果，确定出项目相应的各类清洁生产指标数值。

③ 进行清洁生产指标评价。通过与行业典型工艺基准数据的对比，评价项目的清洁生产水平。

④ 给出项目清洁生产状况的评价并提出建议。对主要原材料消耗、资源消耗和污染物产生情况作出评价,对存在的问题提出建议。

4.3 材料清洁生产审核案例

4.3.1 某玻璃纤维企业清洁生产审核案例

4.3.1.1 企业概况

某玻璃纤维生产企业采用铂金坩埚球法拉丝生产工艺生产玻璃纤维纱,年生产玻璃纤维纱700t,主要产品为E型玻璃纤维纱。生产工艺流程见图4-12。

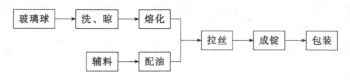

图 4-12　E 型玻璃纤维纱生产工艺流程

消耗的主要原辅材料有玻璃球、机油、固色剂、树脂、工业凡士林、石蜡、硬脂酸等,主要能源消耗是电、煤。生产过程中产生的主要污染物包括废气、废水、固体废物和噪声,各产污、排污节点及相应的污染物情况见表4-12。

表 4-12　生产工艺污染物排放节点及排放物特性

序号	类别	产污、排污节点	主要污染物	产生特征
1	废气	取暖锅炉、配油	锅炉烟气、树脂	连续
2	废水	洗球机、坩埚、食堂	坩埚冷却水、玻璃球清洁水、生活污水	连续
3	固废	坩埚拉丝机、捻丝机、洗球机	废丝、废玻璃球	间歇
4	噪声	洗球机、坩埚拉丝机、捻丝机	噪声	连续

4.3.1.2 清洁生产审核

(1) 清洁生产水平评估

采用的铂金坩埚球法拉丝生产工艺技术符合国家产业政策要求,采用无毒无害原料,产品为绿色产品。

主要环境保护设施为废气处理系统和污水处理系统。对燃煤锅炉烟气设湿式脱硫系统进行脱硫、除尘,使烟气排放符合环境保护标准要求。玻璃球清洗水经处理后全部循环使用,不外排。坩埚冷却水经冷却池冷却后循环使用,不外排。生活污水经一体式污水处理设备处理后,全部回用于厂区绿化。厂区污水不外排,实现零排放。玻璃纤维废丝全部外售给上游企业作为玻璃球原料使用。不合格玻璃球经收集后全部返回玻璃球供应厂家。生活垃圾由环卫部门定期外运处理。经核查，生产工艺设备及环保设施运行正常，环境保护设施运行完好率达100%。经监测，各废气排放口的烟尘、SO_2排放浓度及厂界噪声的监测值均达标。

由于国家尚未发布玻璃纤维行业的清洁生产标准，因此审核小组根据《玻璃纤维单位产品能源消耗限额》（GB 29450—2012）中的单位产品综合能耗标准，将本单位的实际情况与该标准进行对标。近年来产品能耗和物耗情况见表 4-13。

表 4-13　某企业近年来产品能耗和物耗情况

项　　目	数值	现有玻璃纤维企业限定值	玻璃纤维企业先进值
单位产品电耗/(kW·h/t)	2400		
单位产品综合能耗/(kgce/t)	436	430	300
单位产品耗新水量/(m^3/t)	2.52		
单位产品废丝产生量/(kg/t)	90		
单位产品 SO_2 排放量/(kg/t)	2.51		

该企业单位产品综合能耗高于现有玻璃纤维企业限定值，主要是由于公司冬季采用燃煤锅炉取暖且厂区采暖面积较大，导致冬季取暖燃煤量大，单位产品综合能耗较高。通过与国内同行业企业的生产技术指标进行对比，工艺设备、环保等指标均处于同行业平均水平，但单位产品综合能耗偏高。

（2）存在问题

根据生产线输入输出物料进行物料衡算、分析，结合现场考察情况，在生产各环节存在的主要问题见表 4-14。由表 4-14 可见，该企业还存在较大的清洁生产潜力。

表 4-14　存在问题汇总

序号	生产环节	问题
1	原辅材料和能源	购入玻璃球有破损、不符合规格，影响出丝率；冬季取暖采用燃煤锅炉，燃煤量大、能耗高
2	技术工艺	洗球过程中玻璃球间相互碰撞造成玻璃球破损
3	设备	洗球设备简陋，工艺落后；捻丝设备老旧、能耗高
4	过程控制	洗球机运转速度太快，速度不均匀
5	废物特征	拉丝环节废丝产生量较高；旧纸箱、旧纸管未全部收回
6	管理	无清洁生产管理制度、环境污染事故应急预案
7	员工	操作水平不强，员工的清洁生产意识有待提高

（3）清洁生产方案产生与实施

① 清洁生产备选方案的产生

审核小组在预评估阶段通过现状调研及现场考察，对原辅材料、能源消耗高的部位及产、排污节点进行初步分析。在评估阶段以坩埚拉丝车间作为审核重点，进行重点考察，实测输入、输出物料，通过物料平衡、水平衡，分析废物产生原因。根据分析结果，共制定清洁生产方案 17 个，其中无/低费方案 15 个、中/高费方案 2 个，方案汇总情况见表 4-15。F_1-F_{15} 均是可行的无/低费方案，审核小组在审核过程中分批组织、逐步实施。

表 4-15　清洁生产方案汇总

方案类型	序号	方案名称	预计投资/万元	预计效果	
				经济效果/(万元/年)	环境效果
废弃物	F_1	旧纸箱的回收利用	3.00	7.20	降低物耗减少固废
	F_2	旧纸管的回收利用	3.00	6.64	降低物耗减少固废
设备	F_3	改造生产车间照明灯	0.20	6.6	节约用电
	F_4	走廊灯安装声控装置	0.50	0.30	节约用电
	F_5	使用踏板式取水系统	0.03	0.10	节水
	F_6	洗球机维护	0.50	0.30	减少原料破损
	F_7	加强设备维护保养及定期维修	0	—	—
	F_8	合理安排设备启动	0	—	节约用电
	F_9	安装水表	0.10	—	节水
	F_{10}	储水塔阀门修复	0.01	0.06	节水
	GF_1	更换纺纱机、购置数控纺纱机	14.80	5.48	节约用电
员工	F_{11}	加强对拉丝工技能培训	0.10	—	提高工作效率
管理	F_{12}	节能宣传	0	0.06	节约能源
	F_{13}	绿化、环境治理	0.60	—	改善环境
	F_{14}	建立节能降耗奖励机制	0	—	—
原辅材料及能源	F_{15}	撒落原材料收集利用	0	0.07	减少玻璃球消耗
工艺	GF_2	厂区采用水源热泵采暖	40.00	10.00	减少 SO_2 排放

② 中/高费方案可行性分析与实施

GF_1 和 GF_2 方案为中/高费方案，其可行性分析见表 4-16。可见，中/高费方案 GF_1、GF_2 在技术、经济及环境上均可行，审核小组制定方案实施计划，并组织人员按计划完成方案的实施。

表 4-16　中/高费方案可行性分析

方案	GF$_1$ 更换纺纱机、购置数控纺纱机	GF$_2$ 厂区采用水源热泵采暖
购置设备	数控玻纤纺纱机	水源热泵采暖系统
经济投入	14.80 万元	40 万元
技术评估	购置数控玻纤纺纱机 1 台,取代原来陈旧的纺纱设备,可提高生产率,同时降低设备能耗,减小劳动强度	采用水源热泵采暖系统,取消燃煤锅炉,热量由地下水通过热交换而得到补充,整个系统只需热泵耗电
环境效益	节约电耗 3.65 万 kW·h/a	节约燃煤 110t/a,减少 SO$_2$ 排放 1.76t/a
经济效益	5.84 万元/年	10 万元/年

（4）实施清洁生产审核绩效评估

通过本轮清洁生产审核，企业建立并完善了清洁生产管理制度，对生产过程进行清洁生产机会分析，对可行的清洁生产方案给予实施，在减少污染物产生与排放的同时，降低了能源资源消耗，取得了明显的经济效益及环境效益。企业共投入 75.90 万元，实施无/低费方案 15 项，中/高费方案 2 项，每年可节煤 110t、节电 9.73 万 kW·h、节水 600m^3，减少 SO$_2$：排放 1.76t，减少废丝 6t，年总经济效益 33.99 万元，方案实施后绩效评估见表 4-17，实现了"节能、降耗、减污、增效"的目的。

表 4-17　实施清洁生产审核绩效评估情况

序号	项目	审核前	审核后
1	生产工艺与设备	采用燃煤锅炉取暖能耗高;纺纱设备老化;洗球机需维护	采用水热泵采暖、取消燃煤锅炉,降低能耗;使用新购置的节能数控纺纱机后,降低电耗,同时提高劳动生产率;合理维护洗球机,减少玻璃球破损
2	资源能源利用指标	单位产品综合能耗 436kg 标煤,高于现有玻纤企业限定值;单位产品耗新水量 2.52m^3/t	单位产品综合能耗 278kg 标准煤,达到玻纤企业先进值;单位产品耗新水量 1.67m^3/t
3	产品指标	产品成品率 87.04%	产品成品率 87.69%
4	污染物的产生指标（末端治理前）	单位产品 SO$_2$ 排放量 2.51kg/a	单位产品 SO$_2$ 排放量 0kg/a
5	废物回收利用指标	旧纸箱、旧纸管未全部回收	旧纸箱、旧纸管等全部回收利用
6	环境管理要求	缺乏清洁生产管理制度	建立清洁生产管理制度及环境污染事故应急预案

4.3.2　某不锈钢企业清洁生产审核案例

4.3.2.1　企业概况

某不锈钢有限公司主要生产工艺为：烧结→粗炼→精炼→连铸坯→轧钢→固

溶。生产工艺充分、高效利用国外低品位红土镍矿，采用先进工艺装备，直接利用热态母液，在 GOR 炉精炼后，加入不锈钢所需的各种合金，利用炉温热能熔化、吹氩还原精炼，连铸成钢坯，热装热送到轧钢线上轧制成镍合金卷板带。该公司树立清洁生产的系统观念，重视源头治理的思路，推进以节能减排为主要目标的设备更新和技术改造，采用有利于节能环保的新设备、新工艺、新技术，以此促进资源的综合利用和清洁生产。

4.3.2.2 清洁生产审核的实施过程

(1) 审核准备阶段

根据《清洁生产审核暂行办法》和《清洁生产审核实施细则》，全方位、多渠道、分层次地对公司管理干部和广大员工进行清洁生产审核知识培训。在公司高层领导支持和动员下，成立了清洁生产审核小组，工作任务包括：宣传培训、资料收集、征集合理化建议、产生、筛选清洁生产方案等。

(2) 预评估

① 工艺技术先进性分析

目前，国内外红土镍矿的冶炼方法皆为湿法选冶综合流程。该公司综合国内外冶炼镍合金生产工艺，引进热电炉＋回转窑技术。工艺流程如下：各种原料在配料室定量配料后，由大倾角皮带输送机运送至回转窑干燥、焙烧和还原，使用矿热炉煤气和煤粉；从回转窑中排出的镍渣通过自行给料小车加入到矿热炉中，使用电能对镍渣进行冶炼。与湿法选冶工艺相比较，不用氨液或硫酸浸出液，避免了浸出废液的产生。原料适应性强，可适用镁质硅酸盐矿和含铁不高于 30％的褐铁矿型氧化镍矿。生产的镍铁品位高于高炉法和"烧结矿-矿热炉"工艺。

② 原辅材料和能源清洁性分析

实行精料方针，选用含硫量低的原料，改善炉料结构。具体做法是采用优质品位铁矿石和低硫煤，大幅降低了进厂原料的总含硫量。从湿红土矿料进入回转窑直到熔炼电炉出粗镍合金、出渣的整个过程产中，炉料处于全封闭，环保节能。回转窑产的焙砂热料在 900℃以上的高温下入炉，相对于"烧结矿-矿热炉"的冷料入炉，节省了大量的物理热和化学热，显著降低了电能和还原剂的消耗，每吨镍铁可节省电耗 $4000kW \cdot h$，提高了生产效率。

采用煤粉作为喷吹燃料，加以氧气配合燃烧，使煤气中的碳充分氧化，能提高炉缸温度。同时在喷吹燃料的能源选择上，加入适量的转炉煤气和焦炉煤气作为喷吹能源。当煤气喷入炉内，炉缸内 70％以上的碳氧化合物分解为 C 和 H_2。生产中直接采用富余煤气作为加热燃料，属清洁能源，可减少燃煤产生的 SO_2 和烟尘的排放。

（3）评估

① 查找问题，确定审核重点

该公司部分雨污管网设置不合理，设置的地下管网多处出现破裂、扭曲、折断的情况，全厂仍有多处"跑、冒、滴、漏"。烧结综合料场采用干式作业，扬尘较大。高炉返矿、白云石等物料露天堆放。红土镍矿运输车辆进出原料场，产生物料洒漏。回转窑烟气未上脱硫设施，达不到新环境保护标准的要求。烧结机头部铺底料时扬尘严重，成品整粒区域部分除尘点处于无组织扬尘状态。转炉炉渣无后续自行处理渠道，大量炉渣露天堆放。烧结余热仅少部分用于配料加温，大部分余热蒸汽放散，导致能源浪费。

② 建议采取的整改措施

一是按照规范尽快完成综合原料场改造；二是为了减少车辆运输对厂区环境的污染，新建洗车台；三是根据工艺的需要，围绕各主体和辅助单元布置好相应的道路和绿化；四是实施环境保护技改工程，如烧结机尾除尘器电改袋及成品线新增除尘器、回转窑烟气新建脱硫设施。进一步对产尘点较大的点进行改造，减少颗粒物等无组织排放。加大蒸汽余热、高炉煤气、转炉煤气的回收利用水平。

③ 清洁生产目标

清洁生产审核小组重点开展实测输入、输出物流，建立物料平衡、水平衡、煤气平衡图，编制废弃物产生原因分析表，发现物料流失环节，查找物料储运、过程控制、设备维护、综合利用、"三废"排放等方面存在的问题，寻找与先进水平的差距，提出如下清洁生产目标如表 4-18 所示。

表 4-18　清洁生产目标

序号	项目	现状	本轮清洁生产目标	
			绝对量	相对量
1	SO_2 排放量/(t/a)	944.67	276.48	70%
2	高炉煤气放散率/%	23.55	5	78.7%↓
3	降低吨钢水耗/(m³/t)	2.13	2.0	93.89%
4	二次能源发电量占总耗电量比/%	4.72	28.73	429.66%↑
5	减少电力消耗量/(×10⁴kW·h/a)	54687.5	100	0.18%↓

（4）筛选实施中/高费方案

在方案评估阶段，审核小组成员把握源头削减和全过程控制两个关键环节，遵循方案的先进性、可操作性、实用性原则，优选实施先进适用、节能降耗、循环利用废物的清洁生产方案。典型实例以下：

① 回转窑脱硫。该公司现有每台矿热炉对应一套回转窑，烟气除尘系统均未配套烟气脱硫装置，排放尾气中 SO_2 含量约 $1500mg/Nm^3$，不满足环境保护标准要求。解决方案是，湿法脱硫工艺适合大型机组，中小型机组更适宜采用半干法脱硫工艺。故拟采用半干法脱硫工艺。

② 煤气能源综合利用工程。建设回转窑本体烧嘴的改造、煤气混合加压站、转炉煤气混气系统以及煤气管网系统。考虑回转窑本身的性能特点，采用高炉、焦炉混合煤气在球团和其他氧化性窑内气氛的工艺，提高混合煤气利用水平。

③ 全厂废水处理回用系统升级改造。全面梳理全厂水循环系统，推进废水处理回用项目的建设，将各生产系统产生的废水通过明管统一收集后进行集中处理，处理后的废水代替部分工业新水用于生产补水，避免废水渗漏，实现工业废水零排放。

(5) 实施清洁生产审核后的效果分析

针对问题，整改措施如下：

与各个港口公司签订亏吨率考核合同，通过合同条款对港口进行考核：港口相关部门在装船、装车及堆场中转过程中，须确保货物安全，尽量不混入泥沙等杂物，并做好车皮堵漏、船舶及堆场的清理工作，尽量减少货物的损耗。在卸货、堆存、装货过程中，应认真负责，全面紧密地监控货物，尽职尽力将进口铁矿石亏吨损耗率控制在 0.7％ 以内。若全年进口铁矿石货物损耗率≥0.7％，则核减全年进口铁矿石港口作业包干费 0.2 元/吨；若全年进口铁矿石亏吨率≤0.5％，则奖励全年进口铁矿石港口作业包干费 0.2 元/吨。

同时，与铁路运输代理公司签订亏吨合同条款。铁路运输代理公司有义务代理监督港区物资按品种、按船分别堆放，避免港区物资混堆；因不可抗力造成的混堆，如因暴雨等天气原因造成塌方而混堆的，必须及时通报，并按要求做好相关工作；监督港区物资堆放场地的清理及装车的堵漏工作，避免物资亏吨；及时准确地将所发运货物的车号、品名传真（尤其是有混堆的物资要特别注明）。应确保将委托运输的货物全部运输到厂内专用线交货，不得私自外销，并将亏吨率控制在 0.7％ 以内。如该船（批）货物到达厂内实际过磅数量多于或少于以上基础数量 0.7％ 以上的，结算数量时增加或减少 0.7％ 以上部分的质量。

实施清洁生产审核前后，主要技术指标对比如表 4-19 所示。

(6) 持续清洁生产的建议

加强管理，规范法律法规，提高执行力，真正把现有的设施管理好，使用好；调整生产、能源结构，降低能耗、减少排放，实现钢铁工业的可持续发展；

开展新能源和废弃物利用的研究，促进循环经济，实现钢铁企业和社会的和谐发展。

表 4-19　清洁生产审核前后主要技术指标对比

序号	指标	审核前	审核后	变化量	清洁生产三级指标
烧结工序					
1	烧结工序能耗/(kg 标准煤/t)	54.38	54.05	↓0.33	≤55
2	固体燃料消耗/(kg 标准煤/t)	42.83	41.85	↓0.98	≤47
3	烧结矿返矿率/%	13.96	13.81	↓0.15	≤0.35
4	余热回收量/(kg 标准煤/t 矿)	4.5	10.6	↑6.1	≥6
炼铁工序					
5	工序能耗/(kg 标准煤/t)	407	400.6	↓6.4	≤430
6	入炉焦比/(kg/t)	381	374.06	↓	≤390
7	高炉喷煤比/(kg/t)	180.95	170.60		≥140
8	水重复利用率/%	97.78	98.38	↑0.6	≥97
9	高炉煤气放散率/%	23.55	4.8	↓18.75	≤8
镍 25 生产线					
10	冶炼电耗/kW·h	3862	3861	↓1	≤4000
11	元素回收率/%	97.3	97.7	↑0.4	≥92.0
炼钢工序					
12	钢铁料消耗/(t/t 钢)	1010	1010.5	↑0.5	≤1086
13	氧气消耗/(m³/t)	55.2	53.58	↓1.62	≤60
14	工序能耗/(kg 标准煤/t)	−5.46	−7.65	↓2.19	≤0
15	煤气和蒸汽回收量/(kg 标准煤/t)	36	38.06	↑2.06	≥30
轧钢工序					
16	钢材综合成材率/%	97.3	97.5	↑0.2	≥97
17	钢材质量优等品率/%	33	37	↑4	≥20
全公司					
18	二次能源发电量占总耗电量比率/%	4.72	4.8	↑0.08	≥25

加强新技术的研究与开发，尤其是对有毒有害气体处理技术，如 NO_x、挥发性有机物、卤代烃类、重金属、PM2.5 等，高浓度油机废水、降低废水中的总氮技术、高效水稳药剂、工业固体废物综合处理利用技术等。加强国内外钢铁

企业交流，引进消化国外先进环境保护技术和经验。

参考文献

[1] 环境保护部清洁生产中心. 清洁生产审核手册［M］. 北京：中国环境科学出版社，2009.

[2] 李景龙，马云. 清洁生产审核与节能减排实践［M］. 北京：中国建材工业出版社，2009.

[3] 《清洁生产审核在工业企业中实施和应用》编写组. 清洁生产审核在工业企业中实施和应用［M］. 济南：山东科学技术出版社，2013.

[4] 范敏，桂双林，文震林. 清洁生产审核理论与实践［M］. 南昌：江西科学技术出版社，2015.

[5] 河北省环境科学学会. 重点企业清洁生产审核管理与实践［M］. 石家庄：河北科学技术出版社，2011.

[6] 奚旦立，徐淑红，高春梅. 清洁生产与循环经济. 第二版［M］. 北京：化学工业出版社，2014.

[7] 冯建社，凌绍华. 玻璃纤维企业清洁生产审核案例分析［J］. 循环经济，2017，37（12）：13-16.

[8] 李想. 不锈钢企业清洁生产审核实例分析与研究［J］. 福建冶金，2018，（6）：57-62.

第5章
材料可持续发展与循环经济

20世纪60年代至70年代，环境问题的严峻形势使人们对传统发展方式开始了全面的质疑和反思。20世纪80年代，世界环境与发展委员会正式提出可持续性发展的理念，这一理论和战略得到了世界各国的广泛认同，可持续性发展观正逐步取代传统发展观，使人类社会的发展模式出现了重大变革。

5.1 可持续发展思想的由来

发展是人类社会不断进步的永恒主题。人类在经历了对自然顶礼膜拜、唯唯诺诺的漫长历史阶段之后，通过工业革命，铸就了驾驭和征服自然的现代科学技术之剑，从而一跃成为大自然的主宰。可就在人类为科学技术和经济发展的累累硕果沾沾自喜之时，却不知不觉地步入了自身挖掘的陷阱。种种始料不及的环境问题击破了单纯追求经济增长的美好神话，固有的思想观念和思维方式受到了强大的冲击，传统的发展模式面临着严峻的挑战。历史把人类推到了必须从工业文明走向现代新文明的发展阶段。可持续发展思想在环境与发展理念的不断更新中逐步形成。

5.1.1 古代朴素的可持续性思想

可持续性（sustainability）的概念渊源已久。早在公元前3世纪，杰出的先秦思想家荀况在《王制》中说："草木荣华滋硕之时，则斧斤不入山林，不夭其生，不绝其长也；鼋鼍鱼鳖鳅鳝孕别之时，罔罟毒药不入泽，不夭其生，不绝其长也；春耕、夏耘、秋收、冬藏，四者不失时，故五谷不绝，而百姓有余食也；污池渊沼川泽，谨其时禁，故鱼鳖尤多，而百姓有余用也；斩伐养长不失其时，故山林不童，而百姓有余材也。"这是自然资源永续利用思想的反映。春秋时在齐国为相的管仲，从发展经济、富国强兵的目标出发，十分注意保护山林川泽及其生物资源，反对过度采伐。他说："为人君而不能谨守其山林菹泽草莱，不可以立为天下王。"因此,"与天地相参"可以说是中国古代生态意识的目标和思想,也是可持续性发展的反映。

西方一些经济学家如马尔萨斯、李嘉图和穆勒等的著作中也较早地认识到人类消费的物质限制,即人类的经济活动范围存在的生态边界。

5.1.2 现代可持续发展思想的产生和发展

现代可持续发展思想的提出源于人们对环境问题的逐步认识和关注。其产生背景是人类赖以生存和发展的环境和资源遭到越来越严重的破坏,人类已不同程度地尝到了环境破坏的后果,因此,在探索环境与发展的过程中逐渐形成了可持续发展思想。在这一过程中以下几件事的发生具有历史意义。

(1)《寂静的春天》——对传统行为和观念的早期反思

20世纪中叶,随着环境污染的日趋加重,特别是西方国家公害事件的不断发生,环境问题频频困扰着人类。美国海洋生物学家蕾切尔·卡逊(Rechel karson)在潜心研究美国使用杀虫剂所产生的种种危害之后,于1962年出版了环境保护科普著作《寂静的春天》(*Silent Spring*)。作者通过对污染物DDT等的富集、迁移、转化的描写,阐明了人类与大气、海洋、河流、土壤、动植物之间的密切关系,初步揭示了污染对生态系统的影响。她告诉人们:"地球上生命的历史一直是生物与其周围环境相互作用的历史,……,只有人类出现后,生命才具有了改造其周围大自然的异常能力。在人类对环境的所有袭击中,最最令人震惊的是空气、土地、河流以及大海受到各种致命化学物质的污染。这种污染是难以清除的,因为它们不仅进入了生命赖以生存的世界,而且进入了生物组织内。"她还向世人呼吁,我们长期以来行驶的道路,容易被人误认为是一条可以高速前进的平坦、舒适的超级公路,但实际上,这条路的终点却潜伏着灾难,而另外的道路则为我们提供了保护地球的最后唯一的机会。这"另外的道路"究竟是什么样的,卡逊没能确切告诉我们,但作为环境保护的先行者,卡逊的思想在世界范围内,较早地引发了人类对自身的传统行为和观念进行比较系统和深入的反思。

(2)《增长的极限》——引起世界反响的"严肃忧虑"

1968年,来自世界各国的几十位科学家、教育家和经济学家等学者聚会罗马,成立了一个非正式的国际协会——罗马俱乐部(The Club of Rome)。它的工作目标是,关注、探讨与研究人类面临的共同问题,使国际社会对人类面临的社会、经济、环境等诸多问题有更深入的理解,并在现有全部知识的基础上推动采取能扭转不利局面的新态度、新政策和新制度。

受罗马俱乐部的委托,以麻省理工学院梅多斯·D(Dennis L. Meadows)为首的研究小组,针对长期流行于西方的高增长理论进行了深刻的反思,并于

1972 年提交了俱乐部成立后的第一份研究报告——《增长的极限》，深刻阐明了环境的重要性以及资源与人口之间的基本联系。该报告认为，由于世界人口增长、粮食生产、工业发展、资源消耗和环境污染这五项基本因素的运行方式是指数增长而非线性增长，全球的增长将会因为粮食短缺和环境破坏于 21 世纪某个阶段内达到极限。也就是说，地球的支撑力将会达到极限，经济增长将发生不可控制的衰退。因此，要避免因超越地球资源极限而导致世界崩溃的最好方法是限制增长，即"零增长"。

《增长的极限》的发表，在国际社会特别是在学术界引起了强烈的反响。该报告在促使人们密切关注人口、资源和环境问题的同时，因其反增长情绪而遭受到尖锐的批评和责难。因此，引发了一场激烈的、旷日持久的学术之争。很多人认为，由于种种因素的局限，《增长的极限》的结论和观点存在十分明显的缺陷。但是，报告所表现出的对人类前途的"严肃的忧虑"以及唤起人类自身觉醒的意识，其积极意义却是毋庸置疑的。它所阐述的"合理、持久的均衡发展"，为孕育可持续发展的思想萌芽提供了土壤。

（3）联合国人类环境会议——人类对环境问题的正式挑战

1972 年，联合国人类环境会议在斯德哥尔摩召开，来自世界 113 个国家和地区的代表会聚一堂，共同讨论环境对人类的影响问题。这是人类第一次将环境问题纳入世界各国政府和国际政治的事务议程。会议通过的《人类环境宣言》宣布了 37 个共同观点和 26 项共同原则。它向全球呼吁：现在已经到达历史上这样一个时刻，我们在决定对世界各地的行动时，必须更加审慎地考虑它们对环境产生的后果。由于无知或不关心，我们可能给生活和幸福所依靠的地球环境造成巨大的无法挽回的损失。因此，保护和改善人类环境是关系到全世界各国人民的幸福和经济发展的重要问题，是全世界各国人民的迫切希望和各国政府的责任，也是人类的紧迫目标。各国政府和人民必须为全体人民和自身后代的利益而作出共同的努力。

作为探讨保护全球环境战略的第一次国际会议，联合国人类环境大会的意义在于唤起了各国政府对环境问题，特别是对环境污染的觉醒和关注。尽管大会对整个环境问题的认识比较粗浅，对解决环境问题的途径尚未确定，尤其是没能找出问题的根源和责任，但是，它正式吹响了人类共同向环境问题挑战的进军号。各国政府和公众的环境意识，无论是在广度上还是在深度上都向前迈进了一步。

（4）《我们共同的未来》——环境与发展思想的重要飞跃

20 世纪 80 年代伊始，本着必须研究自然的、社会的、生态的、经济的以及利用自然资源过程中的基本关系，确保全球发展的宗旨，联合国于 1983 年 3 月成立了以挪威首相布伦特兰夫人（G. H. Brundland）任主席的世界环境与发展委员会（WHED）。联合国要求其负责制定长期的环境对策，研究能使国际社会更有效地解决环境问题的途径和方法。经过3年多的深入研究和充分论证，该委员会于1987年向联合国大会提交了研究报告——《我们共同的未来》。

《我们共同的未来》分为共同的问题、共同的挑战、共同的努力三个部分，并将注意力集中于人口、粮食、物种和遗传资源、能源、工业和人类居住等方面。在系统探讨了人类面临的一系列重大的经济、社会和环境问题之后，提出了"可持续发展"的概念。该报告深刻指出，在过去，我们关心的是经济发展对生态环境带来的影响，而现在，我们正迫切地感到生态的压力对经济发展所带来的重大影响。因此，我们需要有一条新的发展道路，这条道路不是一条仅能在若干年内、在若干地方支持人类进步的道路，而是一直到遥远的未来都能支持全球人类进步的道路。这实际上就是卡逊在《寂静的春天》里没能提供答案的、所谓的"另外的道路"，即"可持续发展道路"。布伦特兰夫人鲜明、创新的观点，把人类从单纯考虑环境保护引导到把环境保护与人类发展切实结合起来，实现了人类有关环境与发展思想的飞跃。

（5）联合国环境与发展大会——环境与发展的里程碑

从1972年联合国人类环境会议召开到1992年的20年间，尤其是20世纪80年代以来，国际社会关注的热点已由单纯注重环境问题逐步转移到环境与发展二者的关系上来，而这一主题必须有国际社会的广泛参与。在这一背景下，联合国环境与发展大会（UNCED）于1992年6月在巴西里约热内卢召开，共有183个国家的代表团和70个国际组织的代表出席了会议，102位国家元首或政府首脑到会讲话。会议通过了《里约环境与发展宣言》（又名《地球宪章》）和《21世纪议程》两个纲领性文件。前者是开展全球环境与发展领域合作的框架性文件，是为了保护地球永恒的活力和整体性，建立一种新的、公平的全球伙伴关系的"关于国家和公众行为基本准则"的宣言，它提出了实现可持续发展的27条基本原则；后者则是全球范围内可持续发展的行动计划，它旨在建立21世纪世界各国在人类活动对环境产生影响的各个方面的行动规则，为保障人类共同的未来提供一个全球性措施的战略框架。此外，各国政府代表还签署了联合国《气候变化框架公约》《关于森林问题的原则申明》《生物多样性公约》等国际文件及有关国际公约。可持续发展得到世界最广泛和最高级别的政治承诺。

以这次大会为标志，人类对环境与发展的认识提高到了一个崭新的阶段。大会为人类高举可持续发展旗帜、走可持续发展之路发出了总动员，使人类迈出了跨向新的文明时代的关键性的一步，为人类的环境与发展矗立了一座重要的里程碑。

5.2　可持续发展的内涵和基本原则

5.2.1　可持续发展的内涵

世界环境与发展委员会（WECD）经过长期的研究，在1987年4月发表的《我们共同的未来》中将可持续发展定义为："可持续发展是既满足当代人的需要，又不对后代人满足其需要的能力构成危害的发展。"这个定义明确地表达了两个基本观点：一是要考虑当代人，尤其是世界上贫穷人的基本要求；二是要在生态环境可以支持的前提下，满足人类当前和未来的需要。

1991年，世界自然保护同盟、联合国环境规划署和世界野生生物基金会在《保护地球——可持续生存战略》一书中提出这样的定义："在生存不超出维持生态系统承载能力的情况下，改善人类的生活质量。"

1992年，联合国环境与发展大会（UNCED）的《里约环境与发展宣言》中对可持续发展进一步阐述为"人类应享有与自然和谐的方式过健康而富有成果的生活权利，并公平地满足今世后代在发展和环境方面的需要，求取发展的权利必须实现。"

许多学者也纷纷提出了可持续发展的定义，如英国经济学家皮尔斯和沃福德在1993年所著的《世界无末日》一书中提出了以经济学语言表达的可持续发展定义："当发展能够保证当代人的福利增加时，也不应使后代人的福利减少。"

我国学者叶文虎、栾胜基等为可持续发展给出的定义是："可持续发展是不断提高人群生活质量和环境承载能力的，满足当代人需求又不损害子孙后代满足其需求的，满足一个地区或一个国家的人群需求又不损害别的地区或国家的人群满足其需求的发展。"

不同的机构和专家对可持续发展的定义角度虽有所不同，但基本方向一致。在人类可持续发展的系统中，经济可持续性是基础，环境可持续性是条件，社会可持续性才是目的。人类共同追求的应当是以人的发展为中心的经济—环境—社会复合生态系统持续、稳定、健康的发展。所以，对可持续发展需要从经济、环境和社会三个角度加以解释才能完整地表述其内涵。

可持续发展应当包括"经济的可持续性"。具体而言，是指要求经济体能够连续地提供产品和劳务，使内债和外债控制在可以管理的范围以内，并且要避免对工业和农业生产带来不利的极端的结构性失衡。

可持续发展应当包含"环境的可持续性"。这意味着要求保持稳定的资源基础，避免过度地对资源系统加以利用，维护环境的净化功能和健康的生态系统，并且使不可再生资源的开发程度控制在使投资能产生足够的替代作用的范围之内。

可持续发展还应当包含"社会的可持续性"。这是指通过分配和机遇的平等、建立医疗和教育保障体系、实现性别的平等、推进政治上的公开性和公众参与性这类机制来保证"社会的可持续发展"。

可持续发展的根本要求是平衡人与自然和人与人两大关系。人与自然的关系必须是平衡、协调的。

恩格斯指出："我们不要过分陶醉于人类对自然界的胜利，对于每一次这样的胜利，自然界都对我们进行报复。"他告诫我们要遵循自然规律，否则就会受到自然规律的惩罚，并且提醒："我们每走一步都要记住：我们统治自然界，绝不像征服者统治异族人那样，绝不像站在自然界之外的人似的——相反地，我们连同我们的肉、血和头脑都是属于自然界和存在于自然界之中的；我们对自然界的全部统治力量，就在于我们比其他一切生物强，能够认识和正确运用自然规律。"

可持续发展还强调协调人与人之间的关系。马克思、恩格斯指出，劳动使人们以一定的方式结成一定的社会关系，社会是人与自然关系的中介，把人与人、人与自然联系起来。社会的发展水平和社会制度直接影响人与自然的关系。只有协调好人与人之间的关系，才能从根本上解决人与自然的矛盾，实现自然、社会和人的和谐发展。由此可见，可持续发展的内容可以归结为三条：人类对自然的索取，必须与人类向自然的回馈相平衡；当代人的发展，不能以牺牲后代人的发展机会为代价；本区域的发展，不能以牺牲其他区域或全球的发展为代价。

总之，可持续发展是一种新的发展思想和战略，目标是保证社会具有长期的持续性发展的能力，确保环境、生态的安全和稳定的资源基础，避免社会经济大起大落的波动。可持续发展涉及人类社会的各个方面，要求社会进行全方位的变革。

5.2.2 可持续发展的基本原则

（1）公平性原则

公平是指机会选择的平等性。可持续发展强调，人类需求和欲望的满足是发展的主要目标，因而应努力消除人类需求方面存在的诸多不公平性因素。可持续发展所追求的公平性原则包含以下两个方面的含义：

一是追求同代人之间的横向公平性，可持续发展要求满足全球全体人民的基本需求，并给予全体人民平等性的机会以满足他们实现较好生活的愿望，贫富悬殊、两极分化的世界难以实现真正的可持续发展，所以要给世界各国以公平的发展权（消除贫困是可持续发展进程中必须优先考虑的问题）。

二是代际间的公平，即各代人之间的纵向公平性。要认识到人类赖以生存与发展的自然资源是有限的，本代人不能因为自己的需求和发展而损害人类世世代代需求的自然资源和自然环境，要给后代人利用自然资源以满足其需求的权利。

代际公平是可持续发展核心的内容之一，代际公平主要体现在以下4个方面：

① 权利和机会的代际公平

对于人类赖以生存的地球资源、空间等，各代人都拥有均等的享用权力和发展的机会，各代人权利和机会公平是代际公平的根本和归宿，这决定了代际公平的其他方面。

② 财富和福利的代际公平

各代人之间财富和福利的公平分配是实现各代人社会均衡和平等发展的基础。地球上的每一代人是财富和福利的继承者，同样也是财富和福利的积累者、使用者和遗传者。

③ 资本的代际公平

世界银行1992年的《发展报告》强调，为了使我们的子孙后代能够最大限度地获得不比我们差的生活机会，当我们考虑能为后代留下什么的时候，必须综合考虑所有能够决定其幸福的和遗赠后代人力的、有形的和自然的资本。可持续发展的代际公平含义要求人类社会的总资本存量至少需要保持在一定的水平，从而保证后代人能够具有与当代人同样的发展能力。然而，下代人对于人造资本是无法也没有理由要求与上代人是公平的，就像现代人使用信息高速公路而祖先们只能用双脚交换信息，后代人也只能接受当代人留下的有形资本和教育、技能、知识等无形资本。由于社会财富的获得是通过资本营运和增值实现的，资本是社会再生产的物质条件和经营基础。

④ 资源的代际公平

自然资源是人类生存、生产和发展的物质基础，人与自然界之间是双向且互惠互利的关系，只有相互尊重、相互适应，人与自然才能够永续生存下去。如果各代人只追求眼前利益，毫无节制地消耗自然资源与环境，只能留给后代人一个越来越窄、越来越污秽的空间，所以资源在代际间的公平一直以来都是代际公平的焦点。自然资源具有多种使用价值，是一种最基本的财富形式。如果一段时间内的自然资源存量不断地减少，这说明经济增长是以消耗自然资源的存量为代价的，即使短期内经济增长不会受到明显的影响，但长期经济增长的物质条件和基础会逐渐削弱，从而社会总福利水平也会随之下降。当前代人的经济发展对后代人发展的物质基础造成危害时，自然资源资本的代际均衡则被破坏。代际财富均衡最重要的方面是资源财富均衡，资源资本积累将有助于实现资源资本在代际间的公平分配，这是缓解代际间公平矛盾的重要途径。

（2）可持续性原则

可持续性是指生态系统受到某种干扰时能保持其生产率的能力。资源的永续利用和生态系统的持续利用是人类可持续发展的首要条件，这就要求人类的社会经济发展不应损害支持地球生命的自然系统，不能超越资源与环境的承载能力。

社会对环境资源的消耗包括两方面：耗用资源及排放污染物。为保持发展的可持续性，对可再生资源的使用强度应限制在其最大持续收获量之内；对不可再生资源的使用速度不应超过寻求作为替代品资源的速度；对环境排放的废物量不应超出环境的自净能力。

（3）共同性原则

不同国家和地区由于地域、文化等方面的差异及受现阶段发展水平的制约，执行可持续的政策与实施步骤并不统一，但实现可持续发展这个总目标及应遵循的公平性及持续性两个原则是相同的，最终目的都是为了促进人类之间及人类与自然之间的和谐发展。

因此，共同性原则有两个方面的含义：一是发展目标的共同性，这个目标就是保持地球生态系统的安全，并以最合理的利用方式为整个人类谋福利；二是行动的共同性。因为生态环境方面的许多问题实际上是没有国界的，必须开展全球合作，而全球经济发展不平衡也是全世界的事。

5.3 可持续发展与循环经济

20 世纪 60 年代，美国经济学家肯尼思·E·鲍尔丁（Kenneth. E. Boulding）提出了"宇宙飞船经济理论"，这是循环经济理论的雏形。鲍尔丁受当时发射宇宙飞船的启发，用来分析地球经济的发展。他认为，宇宙飞船是一个孤立无援、与世隔绝的独立系统，靠不断消耗自身原存的资源存在，最终它将因资源耗尽而毁灭。唯一使之延长寿命的方法就是实现飞船内的资源循环，尽可能少地排出废物。同理，地球经济系统如同一艘宇宙飞船，尽管地球资源系统大得多，地球寿命也长得多，但是也只有实现对资源循环利用的循环经济，地球才能得以长存。显然，宇宙飞船经济理论具有很强的超前性，但当时并没有引起大家的足够重视。即使是到了人类社会开始大规模环境治理的 20 世纪 70 年代，循环经济的思想更多的还是先行者的一种超前性理念。当时，世界各国关心的仍然是污染物产生后如何治理以减少其危害，即所谓的末端治理。20 世纪 80 年代，人们才开始注意到要采用资源化的方式处理废弃物，但是对于是否应该从生产和消费的源头上防止污染产生，还没有形成统一的认识。

20 世纪 90 年代以后，特别是可持续发展理论形成后的近几年，源头预防和全过程控制代替末端治理开始成为各国环境与发展政策的真正主流。人们开始提出一系列体现循环经济思想的概念，如"零排放工厂""产品生命周期""为环境设计"等。随着可持续发展理论日益完善，人们逐渐认识到，当代资源环境问题日益严重的根源在于工业化运动以来高开采、低利用、高排放为特征的线性经济模式，为此提出了人类社会的未来应建立一种"物质闭环流动"为特征的经济，即循环经济。从而实现环境保护与经济发展的双赢，真正体现"代内公平"和"代际公平"这一可持续发展的公平性原则。随着"生态经济效益""工业生态学"等理论的提出与实践，标志着循环经济理论初步形成。

5.3.1 循环经济的定义

关于循环经济的定义，国内外学者从不同的角度基于各自的知识专业背景对其作出不同的表述。但是，无论他们如何解释循环经济，对其本质的理论还是比较一致的，都基本认同循环经济就是要在经济运行过程中实现资源开发和投入的减量化、节约化，同时在生产及相关环境实现废弃物排放的最小化，并且促使各类废弃物能得到再次利用或资源化。

在 2008 年颁布的《中华人民共和国循环经济促进法》中对循环经济定义为：本法所称循环经济，是指在生产、流通和消费等过程中进行的减量化、再利用和资源化活动的总称。

国家发展和改革委员会环境和资源综合利用司在研究中提出，循环经济应当是指通过资源的循环利用和节约，实现以最小的资源消耗、最小的污染获取最大的发展效益的经济增长模式；其原则是"减量化、再利用、资源化"；其核心是资源的循环利用和节约，最大限度地提高资源的利用效率；其结果是节约资源、提高效益、减少环境污染。

循环经济是倡导一种建立在物质不断循环利用基础上的经济发展模式，它要求把经济活动按照自然生态系统的模式，组织成一个物质反复循环流动的过程，使得整个经济系统以及生产和消费的过程基本上不产生或者只产生很少的废物。

简言之，循环经济是按照生态规律利用自然资源和环境容量，实现经济活动的生态化转向，它是实施可持续发展战略的必然选择和重要保证。

5.3.2 循环经济的基础理论

20 世纪 60 年代以来，众多国内外学者从不同角度开展了循环经济相关理论的研究，并逐步形成了循环经济的理论和方法论体系。循环经济的基本理论是把生态系统看成经济系统的基础，经济系统要从生态系统中获取自然资源来支持经济、社会、环境子系统的发展。各系统之间相互作用和影响，取得动态平衡，以实现经济、社会与环境的和谐、持续发展的目标。

（1）系统论

任何复杂的大系统都是由若干要素组成的具有一定功能的有机整体，且各个要素不是孤立存在的，所有的要素都相互依存、相互作用、相互制约，具有独立要素所不具有的性质和功能，从而表现出整体的性质和功能不等于各个要素的性质和功能的简单相加。循环是指在一定系统内的运动过程，循环经济的系统是由经济、社会和生态环境等要素构成的大系统。在这个大系统中，生态环境是基础，它强调发展要与资源环境的承载能力相协调；经济发展是条件，它强调发展不仅要重视数量增长，更要追求改善质量、提高效益、节约能源，减少废物，实行清洁生产和文明消费，以实现经济的可持续发展；社会进步是目的，它强调发展要以改善和提高生活质量为目的，与社会进步相适应。从这一角度看，系统论是循环经济的重要理论基础。

（2）生态经济学

生态经济学的研究由生态系统、经济系统扩展到社会系统，并强调这些系统从局部到全球的相互关系、相互补充和相互支持的作用机理，进而解释复杂的生态环境问题。循环经济最主要的指导原理就是生态系统原理。生态系统就是生物群落及其无机环境相互作用的自然系统，是一个不断演化的动态系统。当生态系统在一定时间内结构和功能相对稳定，其物质和能量的输入、输出接近相等，在外来干扰下能通过自我调节（或人为控制）恢复到原初的稳定状态的时候，便达到了生态平衡。当外来干扰超越生态系统的自我控制能力而不能恢复到原初状态时称之为生态失调或生态平衡的破坏。人类社会是以人的行为为主导、以自然环境为依托、以物质流动为命脉、以社会体制为经络的人工生态系统，即社会经济自然复合生态系统。人与生态环境之间矛盾的产生与实质就是由于人的行为活动破坏了自然生态系统的平衡。人是生态系统的一员，既受一般自然规律的制约，又是支配生态系统的最活跃的因素，只要能够认识到生态系统的特性并运用科学方法实行管理，就能防止系统的破坏，维持其平衡或创造出具有更好的生态效益与经济效益的新系统，建立起新的生态平衡。

（3）工业生态学

工业生态学是用生态学的理论和方法来研究工业生产的一门学科。循环经济和工业生态学都是对传统环境保护理念的冲击和突破，提升了环境保护对经济发展的指导作用，将环境保护扩展到经济活动中的方方面面。两者之间有共同之处，又有各自明确的理论、实践和运行方式。循环经济是以"3R"［减量化（reduce）、再利用（reuse）、再循环（recycle）］原则为基本行为准则，以工业生态为发展载体，以清洁生产为重要手段，目的是实现物质资源的有效利用和经济与生态的可持续发展。工业生态学在设计企业或产业间的关系时注重环境承载能力、物质与能量高效循环利用以及工业生态功能稳定协调。

生态学理论中的"关键种"理论、食物链及食物网理论、生态系统多样性理论等在工业生态产业链建设中具有综合指导作用，为发展生态产业提供了理论依据。运用这些理论指导构筑企业共生体及生态产业链，提高企业竞争能力和工业生态系统的稳定性，合理规划生态工业园，使建立的生态工业网络不是自然生态系统的简单模仿，而是集物质流、能量流、信息流等的高效生态系统，这是生态工业发展的最终目标。

①关键种理论：关键种理论是生态学的基本理论，它确定了关键种在生态系统中的地位和作用。关键种是指一些珍稀、特有、庞大的、对其他物种具有不成比例影响的物种，它们在维护生物多样性和生态系统稳定方面起着重要作用。如果它们消失或削弱，整个生态系统可能要发生根本性的变化。它有两个显著特点：一是它的存在对于维持生态系统群落的组成和多样性具有决定性作用；二是与群落中的其他物种相比，它是很重要的，但又是相对的。

关键种理论应用于生态产业链，就是指导设计人员选定"关键种企业"作为生态工业园的主要种群、核心企业，构筑企业共生体。"关键种企业"就是在企业群落中，它们使用和传输的物质最多、能量流动的规模最为庞大，带动和牵制着其他企业、行业的发展，居于中心地位，对构筑企业共生体，对生态工业园的稳定起着关键的重要的作用。这些"关键种企业"，废物多，能量多，横向链长，纵向联结着第二、三产业，带动和牵制着其他企业、行业的发展，是园区内的链核，具有不可替代的作用，也可反映所在生态工业园的特征。因此选定"关键种企业"构筑企业共生体，是建设和发展生态产业链的关键。

②食物链及食物网理论：自然生态系统中，植物所固定的太阳能通过一系列取食和被取食的关系在生态系统中传递，把生物之间的这种传递关系称为食物链。自然生态系统中有许多食物链，各个食物链彼此交织在一起，相互联系而形成食物网。自然生态系统依靠食物链、食物网，实现物质循环和能量流动，维持生态系统稳定。而且如果一条食物链发生了障碍，可以通过网上连接的其他食物链进行调节补充，这样就增加了生态系统的稳定性。同样工业园区中存在着类似食物链网的产业链网，其稳定性需要食物链及食物网理论指导。食物链及食物网理论指导人们模仿自然生态系统、按照自然规律来规划工业系统。从生态系统的角度看，工业群落中的企业存在着上下游关系，它们相互依存、相互作用，根据它们的作用和位置不同将其分为生产者企业、消费者企业和分解者企业，一个企业产生的废物或副产品作为下一个企业的"营养物"原料，形成企业"群落"工业链，从而可形成类似自然生态系统食物链的生态产业链。也就是说，生态产业链是指某一区域范围内的企业模仿自然生态系统中的生产者、消费者和分解者，

以资源原料、副产品、信息、资金、人才等为纽带形成的具有产业衔接关系的工厂或企业联盟，实现资源、能源等在区域范围内的循环流动。在规划生态产业链时，依据食物链网理论通过对区域内现存企业的物质流、能量流、水流、废物流以及信息流进行重新集成，依据物质、能量、信息流动的规律和各成员之间在类别、规模、方位上是否相匹配，在各企业部门之间构筑生态产业链，横向进行产品供应、副产品交换，纵向连接第二、三产业，形成工业"食物网"，实现物质、能量和信息的交换，完善资源利用和物质循环，建立生态工业系统。同时还可引入高新技术、新产品，延伸各条生态产业链，做大做强，形成新的经济增长点，最终可提升整个生态工业园的竞争实力。

③ 生态系统多样性理论：生态系统多样性是指生境的多样性、生物群落多样性和生态过程多样性。生境是指无机环境，如地形、地貌、气候、水文等生境的多样性是生物群落多样性的基础。生物群落的多样性是群落的组成结构和功能的多样性。它们的生态过程是指生态系统组成、结构和功能在时空间上的变化，主要包括物种流、能量流、水分循环、营养物质循环、生物间的竞争、捕食和寄生等。生态系统的多样性有助于生态系统的稳定。同样道理，生态工业园的多样性也有助于工业系统的稳定。生态工业园的多样性包含生态工业园类型的多样性、园区内组成成员的多样性、产品种类和结构的多样性，以及园区企业物流、信息渠道的输入输出、园区内管理政策的多样性和园区景观的多样性等。

（4）资源与环境经济学

资源与环境经济学是应用经济学的理论、分析框架和分析方法来研究资源、环境的供给、配置以及保护等公共政策的学科，它应用微观经济学和福利经济学的观点来解决公共政策问题。资源与环境经济学十分重视各种经济活动的社会成本和社会效益，并试图用公共政策来解决一些涉及个人、公司、行业以及经济阶层等多方面的问题。资源与环境经济学纠正了传统经济学理论中对资源、环境绝对稀缺性缺乏考虑的缺陷和在经济分析中忽视自然资源和环境价值的问题，从而使经济学研究人类社会福利最大化问题时能够得出更为科学、全面的结论，同时也从经济学的角度揭示了人类社会面临的资源环境问题的严重性，并通过公共政策的研究为人类解决资源环境问题提出了一些可行的措施。

（5）可持续发展理论

可持续发展理论是在反思人类社会发展面临的严重资源环境问题基础上逐渐形成和发展起来的，其核心在于提出了人类社会的发展应该是一种可持续的发展，即在满足当代发展要求的同时又不对后代发展构成威胁的发展。可持续发展实质上就是保证资源永续利用和环境不被破坏的发展。这就意味着当代人类的发展只能在一定限度内进行，即当代人类对不可再生资源的消耗速度不能超过开发替代资源的速度；对可再生资源的消耗速度不能超过资源再生的速度；对不可降解污染物的排放不能超过环境的容量；对可降解污染物的排放速度不能超过自然的降解速度。

5.3.3 循环经济在中国的发展

循环经济在我国的发展十分迅速。循环经济理念从 20 世纪 90 年代末引入我国至今大致经历了两个主要阶段。

5.3.3.1 研究探索阶段

从 20 世纪 90 年代末到 2002 年，循环经济在我国进入了研究探索阶段。人们从关注发达国家，如德国、日本循环经济模式开始，探索实现我国可持续发展的一条有效途径。于是，循环经济成为学术研究的前沿和热点。与发达国家大规模的立法推进实践的模式不同，我国最初主要侧重于理论研讨和试点探索。研究内容和进展主要涉及如下方面：

（1）研究我国发展循环经济的重大意义及其与实施可持续发展战略的关系。学者们提出循环经济的兴起将必然昭示着人类经济、社会与文化全方位、多层次的变革，发展循环经济是实现可持续发展的关键。

（2）发展循环经济理论体系，总结循环经济的概念、原则、层次，分析循环经济的理论基础，提出创新产业结构，即补充以维护和改善环境为目的的环境建设产业和以减少废物排放建立物质循环为目的的资源回收利用产业，并在此基础上构建新的产业体系等思想。

（3）在技术专业领域开展了一些产品生命周期评价及生态材料的研究工作。

（4）提出发展循环经济必须解决政策、立法、管理、制度、技术和观念上的诸多问题，并且对构建循环型社会、增强生态意识、倡导可持续生产和消费方式、深化政府环境管理体系和管理机制的调整提出了多种观点；在循环经济立法方面的研究也成为近几年的研究热点。

（5）在实践方面，国内开展了生态省、市和生态园区试点探索，如辽宁的生态省建设、贵阳的生态市试点、广西贵港糖业集团、天津泰达等企业集团的生态工业园建设等；对生态工业园区的规划设计和指标体系做了探索，提出培育生态产业园区孵化机制，制定生态产业园区的规划指南和技术导则的思想。

5.3.3.2 全面推动、实施阶段

2002 年以后，我国充分认识到，作为世界人口大国，又处于工业化的高速发展阶段的中国，资源环境问题已经成为制约其持续发展的瓶颈，形势十分严峻。在政府推动下，建设节约型社会、发展循环经济很快纳入政府议事日程，进入全面实施阶段。

首先是将循环经济作为政府决策目标和投资的重点领域，循环经济理念全面纳入经济社会发展总体规划和各分项规划中，并且坚持节约优先的原则，以建立节约型社会为突破口向前推进。这个时期的循环经济发展倡导从企业清洁生产、建设生态产业园区和建设生态省、生态市等三个层面，以及从废物资源再生利用产业化等不同领域来运作，通过各个层次和领域的试点、示范建设，全面提升产业生态化水平，提高资源利用效率，加快循环经济体系建设。并且通过政府引导，广泛开展舆论宣传和示范活动，社会公众已经对循环经济逐步认同和拥护。

　　政府推进方面主要是编制系列规划，制定政策、法规，完善相关标准体系，落实各项措施，积极开展示范试点，加快培育发展循环经济的机制。思路是力争形成政策引导、经济激励、市场驱动、全民参与的新局面。

　　国家陆续出台了相关的法律、法规和文件，如《中华人民共和国清洁生产促进法》（2003年1月1日起实施）、《中华人民共和国固体废物管理法修正案》（2000年4月1起实施）、《国务院关于加快发展循环经济的若干意见》（2005年7月出台）、《中华人民共和国循环经济促进法》（2009年1月1日起实施）。《中华人民共和国循环经济促进法》明确了我国发展循环经济的目标、内容、方针以及原则，在循环经济发展规划、总量调控、评价考核、生产者的责任、重点企业的监督管理、统计、标准和产品资源消耗等方面建立起了相应的制度和措施，为循环经济的快速发展提供了法律保障。将循环经济和节约型社会建设的步骤推向实质阶段。

　　在科学研究方面，相关研究的学术领域更加广泛。政府、高校和科研院所相继成立了循环经济研究机构，从事关于政策机制、法律法规、相关技术的研究和开发，理论研究也与产业、政策、经济、法律等相关领域结合，走向学科交叉和深入发展的新阶段。

　　《国务院关于加快发展循环经济的若干意见》（国办22号文件）（以下简称22号文件）的出台标志着我国循环经济由研究探索和理念倡导阶段正式进入了国家行动阶段。循环经济作为转变经济增长方式、进行资源节约型和环境友好型社会建设的重要途径，在我国第十一个社会经济五年规划和中共十七大会议中都得到了体现。这一阶段的特征是伴随着示范试点的深入开展，正式启动了战略、立法、政策的全方位研究、探索和制定工作。

　　22号文件明确提出了2010年循环经济发展目标，要建立比较完善的发展循环经济的法律法规体系、政策支持体系、体制与技术创新体系和激励约束机制。资源利用效率大幅度提高，废物最终处置量明显减少，建成大批符合循环经济发展要求的典型企业。推进绿色消费，完善再生资源回收利用体系。建设一批符合循环经济发展要求的工业（农业）园区和资源节约型、环境友好型城市。针对上述目标，制定了相应的指标并量化，同时提出了发展循环经济的重点环节和重点工作。

①重点环节：一是资源开采环节要推广先进适用的开采技术、工艺和设备，提高采矿回收率、选矿和冶炼回收率，大力推进尾矿、废石综合利用，大力提高资源综合回收利用率。二是资源消耗环节要加强对冶金、有色、电力、煤炭、石化、建材（筑）、轻工、纺织、农业等重点行业能源、原材料、水等资源消耗管理，努力降低消耗，提高资源利用率。三是废物产生环节要强化污染预防和全过程控制，推动不同行业合理延长产业链，加强对各类废物的循环利用，推进企业废物"零排放"；加快再生水利用设施建设以及城市垃圾、污泥减量化和资源化利用，降低废物最终处置量。四是再生资源产生环节要大力回收和循环利用各种废旧资源，支持废旧机电产品再制造；建立垃圾分类收集和分选系统，不断完善再生资源回收利用体系。五是消费环节要大力倡导有利于节约资源和保护环境的消费方式，鼓励使用能效标志产品、节能节水认证产品和环境标志产品、绿色标志食品和有机标志食品，减少过度包装和一次性用品的使用。政府机构要实行绿色采购。

②重点工作：一是大力推行节能降耗，在生产建设、流通和消费各领域节约资源，减少自然资源的消耗；二是全面推行清洁生产，从源头减少废物的产生，实现由末端治理向污染预防和生产全过程控制转变；三是大力开展资源综合利用，最大限度实现废物资源化和再生资源回收利用；四是大力发展环保产业，注重开发减量化、再利用和资源化的技术与装备，为资源高效利用、循环利用和减少废物排放提供技术保障。

为贯彻落实 22 号文件精神，国家出台了国家循环经济试点方案。第一批试点单位于 2005 年 10 月公布，选择确定了钢铁、有色、化工等 7 个重点行业的 42 家企业，再生资源回收利用等 4 个重点领域的 17 家单位，国家和省级开发区、重化工业集中地区和农业示范区等 13 个产业园区，资源型和资源匮乏型城市涉及东、中、西部和东北老工业基地的 10 个省市，作为第一批国家循环经济试点单位。第一批试点单位于 2007 年 11 月公布，确定了 96 家试点单位，包括 4 个省、12 个城市、20 个工业园区和 60 家企业，并提出了 7 点要求：切实加强组织领导；编制实施规划和方案；抓好方案的组织实施；加强重点项目的组织申报，做好项目前期工作；强化能源统计、计量等基础管理，加强督促验收；做好经验的总结和推广。

《中华人民共和国循环经济促进法》旨在坚持经济和环境资源一体化的思想，既要涵盖资源节约、废物减量和循环利用等领域，又要突出重点、尽量减少与现有《中华人民共和国清洁生产促进法》《中华人民共和国固体废物管理法修正案》

《中华人民共和国节约能源法》等相关法律的冲突重叠，充分体现循环经济促进法的综合性特征，使《中华人民共和国循环经济促进法》真正成为推动我国循环经济发展的基本法。《中华人民共和国循环经济促进法》的颁布使得我国发展循环经济迈入了法制化和规范化的轨道。

总之，循环经济的建设和发展已经开始影响、渗透到人类社会生活的诸多方面。

当前形势下我国所面临的主要任务是加快循环经济体系建设，形成经济社会发展的综合决策机制，通过政策引导，立法推动、经济结构调整和市场机制建设，逐步形成循环经济的运营机制；加大科研投入，开展科技创新，突破技术瓶颈，从而攻克制约循环经济进一步发展的障碍；通过循环经济信息建设、广泛的宣传教育，鼓励和引导全民参与，各行业共同行动，把建设节约型社会、大力发展循环经济的行动推向深入。

5.3.4　发展循环经济的战略意义

（1）发展循环经济是实现可持续发展的必由之路

1992 年，联合国环境与发展委员会在巴西里约热内卢召开了环境与发展大会，通过了《里约环境与发展宣言》和《21 世纪议程》两个纲领性文件，标志着可持续发展的理念已得到全世界范围内的普遍认可。可持续发展战略强调的是环境与经济的协调，关注资源的永续利用和生态环境的保护，而循环经济则是从资源环境是支撑人类经济发展的物质基础出发，通过"资源—产品—废弃物—再生资源"的反馈式循环过程，使所有的物质和能量在这个永续的循环中得到持久合理的利用，实现用尽可能小的资源消耗和环境成本，获得尽可能大的经济效益和社会效益。因此循环经济与可持续发展在根本上是一致的，发展循环经济是实现可持续发展的必由之路。

（2）发展循环经济是解决环境危机的根本途径

大量的事实证明，水、大气、固体废物的大量产生与资源利用效率低密切相关，同粗放式的经济增长模式存在着内在联系。废物只不过是另一种形式的资源，用合理的方式循环利用资源，不仅可以避免废物的大量产生，减少污染，还能减少新鲜资源的开采量，提高资源的利用效率。据测算，我国能源利用率若能达世界先进水平，每年可减少排放 SO_2 400 万吨；固体废物综合利用率如能提高一个百分点，每年可减少 1000 万吨废物的排放；粉煤灰综合利用率若能提高 20个百分点，就可以减少排放近 4000 万吨。这将使环境危机得到很大程度的缓解。

（3）推行循环经济模式是适应国际贸易发展的需要

世界许多国家的发展已经展示出，迫切需要通过能源、资源的有效利用和多次回收、再利用、再循环来设计、改造产品，并且改变相应的生产和消费模式。因此，国际贸易中也体现了未来的趋势是能够把社会发展从不断加剧的物耗型模式转向高效、循环利用资源的生产与消费模式的贸易导向。目前具有代表性的贸易环境政策有：绿色标志、包装回收、再循环的环境法令和政策。也就是说，环境因素将成为国际贸易中的贸易壁垒。

发展循环经济是国际经济一体化和环境一体化趋势对于发展中国家的必然要求。正处于高速发展的工业化阶段的发展中国家，若不适应国际经济发展的要求将面临难以同他国竞争、贸易条件日益恶化的局面。因此，发展中国家应当积极适应国际经济、贸易发展中对产品生产和服务的生态化要求，抵御绿色贸易壁垒的消极影响，改变粗放的单向型线性特征的发展模式，提高经济增长的质量从而提高国家在国际贸易中的竞争力。

（4）发展循环经济是全面实现小康社会的目标和建立和谐社会的必然选择

改革开放以来，我国在经济建设上虽取得了瞩目的成就，但我国的环境问题也越来越突出。例如1990年到2001年，废水排放量从354亿吨上升到428亿吨，增长20.9%；工业废气排放量从85000亿立方米上升到160863亿立方米，增长89.3%；工业固体废物产生量从5.8亿吨上升到8.9亿吨，增长53.4%。所以，发展循环经济，走新型的生态化发展道路刻不容缓。

建设小康社会，就必须实现"可持续发展能力不断增强，生态环境得到改善，资源利用效率显著提高，促进人与自然的和谐，推动整个社会走上生产发展、生活富裕、生态良好的文明发展道路"。因此，发展循环经济是全面实现小康社会的目标和建立和谐社会的必然选择。

5.3.5　循环经济的技术特征

所谓循环经济，本质上是一种生态经济，它要求运用生态学规律来指导人类社会的经济活动。与传统经济相比，循环经济的不同之处在于：传统经济是由"资源→产品→废物"单向流动的线性经济，其特征是高开采、低利用、高排放。在这种经济中，人们高强度地把地球上的物质和能源提取出来，然后又把污染物和废物毫无节制地排放到环境中去，对资源的利用是粗放的和一次性的，线性经济正是通过这种把部分资源持续不断地变成垃圾，以牺牲环境来换取经济的数量型长的。而循环经济是倡导一种与环境和谐的经济发展模式。它要求把经济活动组织成"资源→产品→再生资源→再生产品"的反馈式流程，其特征是低开采，高利用、低排放。所有物质和能源要能在这个不断进行的经济循环中得到合理和持久的利用，以把经济活动对自然环境的影响降低到尽可能小的程度。循环经济为工业化以来的传统经济转向可持续发展的经济提供了战略性的理论模式，从而可以从根本上消解长期以来环境与发展之间的尖锐冲突。本质上是一种生态经济，要求运用生态学规律来指导人类社会的经济活动。只有尊重生态学原理的经济才是可持续发展的经济。循环经济和传统经济的比较见表 5-1。

表 5-1　循环经济和传统经济的比较

比较项目	传统经济	循环经济
运动方式	物质单向流动的开放型线性经济(资源→产品→废物)	循环型物质能量循环的环状经济(资源→产品→再生资源→再生产品)
对资源的利用状况	粗放型经营，一次性利用；高开采低利用	资源循环利用，科学经营管理；低开采，高利用
废物排放及对环境的影响	废物高排放；成本外部化，对环境不友好	废物零排放或低排放；对环境友好
追求目标	经济利益(产品利润最大化)	经济利益、环境利益与社会持续发展利益
经济增长方式	数量型增长	内涵型发展
环境治理方式	末端治理	预防为主，全过程控制
支持理论	政治经济学、福利经济学等传统经济理论	生态系统理论、工业生态学理论等
评价指标	第一经济指标(GDP、GNP、人均消费等)	绿色核算体系(绿色 GDP 等)

循环经济的技术体系以提高资源利用效率为基础，以资源的再生、循环利用和无害处理为手段，以经济社会可持续发展为目标，推进生态环境的保护。循环经济是中国新型工业化的高级形式．主要有以下四大技术经济特征。

（1）提高资源利用效率，减少生产过程的资源和能源消耗。这即是提高经济效益的重要基础，同时也是减少污染排放的重要前提。

（2）延长和拓宽生产技术链，即将污染物尽可能地在生产企业内进行利用，以减少生产过程巾污染物的排放。

（3）对生产和生活用过的废旧产品进行全面回收，可以重复利用的废弃物通过技术处理成为二次资源无限次的循环利用。这将最大限度地减少初次资源的开采和利用，最大限度地节约利用不可再生的资源，最大限度地减少废弃物的排放。

（4）对生产企业无法处理的废弃物进行集中回收和处理，扩大环保产业和资源再生产业，扩大就业，在全社会范围内实现循环经济。

5.3.6　循环经济的操作原则

循环经济以减量化（reduce）、再利用（reuse）、再循环（recycle）作为其操作准则，简称为"3R"原则。

（1）减量化原则

根据《中华人民共和国循环经济促进法》第二条的规定："本法所称减量化，是指在生产、流通和消费等过程中减少资源消耗和废物产生"。由此可见，减量化原则体现在两个过程中，一是在生产过程中，包括对技术、工艺、设备、原材料等的限制、鼓励、淘汰和禁止；二是在流通、消费过程中，鼓励采用节水、节电的产品、限制一次性消费品、鼓励使用再生水等。减量化原则属于输入端方法，目的是减少进入生产和消费流程的物质量，换言之，人们必须学会预防废物的产生而不是产生后再去治理。减量化作为应当优先遵循的原则，将源头治理即在源头上降低资源消耗、减少废弃物产生提高到了法律层面，对转变传统以高消耗、高排放换取经济效益的模式起到了至关重要的作用。

在生产中，厂商可以通过减少每个产品的物质使用量，通过重新设计制造工艺来节约资源和减少污染物的排放。例如，对产品进行小型化设计和生产既可以节约资源，又可以减少污染物的排放；再如用光缆代替传统电缆，可以大幅度减少电话传输线对铜的使用，既节约了铜资源，又减少了铜污染。在消费中，人们可以通过选购包装少的、可循环利用的物品，购买耐用的高质量物品，来减少垃圾的产生量。

（2）再利用原则

再利用原则属于过程性方法，目的是延长产品服务的时间。也就是说人们应尽可能多次地以多种方式使用人们生产和所购买的物品。如在生产中，制造商可以使用标准尺寸进行设计，使电子产品的许多元件可非常容易和便捷地更换，而不必更换整个产品。在生活中．人们在把一样物品扔掉之前，可以想想家中、单位和其他人再利用它的可能性。通过再利用，可以防止物品过早地成为垃圾。

（3）再循环原则

再循环原则即资源化原则，属于输出端方法，即把废弃物变成二次资源重新利用。资源化能够减少末端处理的废物量，减少末端处理如垃圾填埋场和焚烧场的压力，从而减少末端处理费用，既经济又环保。

例如，电子废弃物是一类能造成严重环境污染的固体废物。电子废弃物中含有重金属、塑料、溴化阻燃剂等成分，这些成分对自然环境和人类健康都有极大的危害。而且电子废弃物中有很多有害物质无法进行自然降解，如果不经过回收处理或者处理方法不得当，将对人体和生态环境造成长期、深度的危害。电子废弃物中含的有毒有害成分同时也是可被回收利用的重要资源。汞、铅等重金属可被提炼回收，塑料、玻璃等可再制造，某些零件和部件则可重复利用。例如，印刷电路板中的金属质量达到 47%，其中许多种金属含量比相应矿石品位还要高很多，如果能够合理回收，则电子废弃物的经济价值会非常可观。电脑中金属含量达35％，洗碗机中金属含量高达55％，塑料和玻璃也可实现资源循环。如果能够通过有效无害的方法对电子废弃物进行回收利用，则不仅可减少污染和排放，降低环境危害，还能够回收有价资源，降低自然资源消耗和浪费。废旧家电中含有的铜、铅、铁、塑料及半导体材料等都可通过适当方法回收形成大量的再生资源，从而获得经济效益，缓解能源压力，提高环境质量。

需要指出的是"3R"原则在循环经济中的作用、地位并不是并列的。循环经济不是简单地通过循环利用实现废弃物资源化，而是强调在优先减少资源能源消耗和减少废物产生的基础上综合运用"3R"原则。循环经济的根本目标是要求在经济流程中系统地避免和减少废物，而废物再生利用只是减少废物最终处理量的方式之一。德国在1996年颁布的《循环经济与废物管理法》中明确规定，避免产生-循环利用-最终处置。首先，要减少源头污染物的产生量，因此产业在生产阶段和消费者在使用阶段就要尽量避免各种废物的排放；其次，是对于源头不能削减又可利用的废弃物和经过消费者使用的包装废物、旧货等要加以回收利用，使它们回到经济循环中去；只有当避免产生和回收利用都不能实现时，才允许将最终废物（称为处理性废物）进行环境无害化的处置。以固体废物为例，循环经济要求的分层次目标是，通过预防减少废弃物的产生；尽可能多次使用各种物品；完成使用功能后，尽可能使废弃物资源化，如堆肥、做成再生产品等；对于无法减少、再使用、再循环或者堆肥的废物进行无害化处置，如焚烧或其他处理；最后剩下的废物在合格的填埋场予以填埋。

"3R"原则的优先顺序是：减量化—再利用—再循环（资源化）。减量化原则优于再使用原则，再使用原则优于再循环利用原则，本质上再使用原则和再循环利用原则都是为减量化原则服务的。

减量化原则是循环经济的第一原则，其主张从源头就应有意识地节约资源及提高单位产品的资源利用率，目的是减少进入生产和消费过程的物质流量、降低废弃物的产生量。因此，减量化是一种预防性措施，在"3R"原则中具有优先权，是节约资源和减少废弃物产生的最有效方法。

再使用原则优于再循环利用原则，它是循环经济的第二原则，属于过程性方法。依据再使用原则，生产企业在产品的设计和加工生产中应严格执行通用标准，以便于设备的维修和升级换代，从而延长其使用寿命；在消费中应鼓励消费者购买可重复使用的物品或将淘汰的旧物品返回旧货市场供他人使用。

再循环利用原则本质上是一种末端治理方式，它是循环经济的第三原则，属于终端控制方法。废物的再生利用虽然可以减少废弃物的最终处理量，但不一定能够减少经济活动中物质和能量的流动速度和强度。再循环利用主要有以下特点：①依据再循环利用原则，为减少废物的最终处理量，应对有回收利用价值的废弃物进行再加工，使其重新进入市场或生产过程，从而减少一次资源的投入量；②再循环利用是针对所产生废物采取的措施，仅是减少废物最终处理量的方法之一，它不属于预防措施而是事后解决问题一种手段，在减量化和再使用均无法避免废物产生时，才采取废物再生利用措施；③有些废物无法直接回收再利用，要通过加工处理使其变成不同类型的新产品才能重新利用。再生利用技术是实现废弃物资源化的处理技术，该技术处理废弃物也需要消耗水、电和化石能源等物质，所需的成本较高，同时在此过程中也会产生新的废弃物。

5.3.7 循环经济的实施

循环经济具体体现在经济活动的三个重要层面上，分别通过运用"3R"原则实现这三个层面的物质闭环流动。一是企业内部的清洁生产和资源循环利用；二是共生企业间或者产业间的生态工业网络；三是区域和整个社会的废物回收和再利用体系。

5.3.7.1 企业层面（小循环）

它以单个企业为循环体。企业作为最小、最基本的经济组织，是整个循环经济的起点，因而抓好开端是推行循环经济的关键。清洁生产作为循环经济的核心理念，应该贯穿企业生产的整个过程，生产过程中，企业应根据自身的承载能力使用最为先进的清洁技术，尽可能地减少资源使用量，做到污染物零排放，提高资源利用效率，以最少的资源创造出最大的效益。因此，发展循环经济的关键点就是在企业内部推行清洁生产。实施清洁生产的企业应该尽可能做到：

① 尽力减少产品和服务中的物料使用量；
② 减少产品和服务中的能源使用量；
③ 减少有害、特别是有毒物质的排放；
④ 促使和加强物质的循环使用；
⑤ 最大限度地利用可再生资源；
⑥ 设计和制造耐用性高的产品；
⑦ 提高产品与服务的服务强度。

美国牡邦化学公司是实施企业循环经济的一个典型例子。20 世纪 80 年代末，当时居世界 500 强第 23 位的杜邦公司开始循环经济理念的实践。公司的研究人员把循环经济的"3R"原则发展成为与化工生产相结合的"3R 制造法"，以少排放以至零排放废弃物，改变了只管资源投入，而不管废弃物排出的生产理念。通过改变、替代某些有害化学原料，生产工艺中减少化学原料使用量，回收本公司产品的新工艺等方法，到 1994 年，该公司已经使生产造成的废弃物减少了 25%，空气污染物排放量减少了 70%。同时，从废塑料和一次性塑料容器中回收化学原料、开发耐用的乙烯材料"维克"等新产品，达到了在企业内循环利用资源、减少污染物排放，局部做到零排放的效果。

济南钢铁厂（济南钢铁集团）是我国第一批发展循环经济试点单位之一。企业以创意无限，资源无限；钢厂无废物，如果有污染物和废物，那是放错了位置的资源；只有落后的技术，没有废弃的资源；能源高效转化，代谢物高效再生；追求企业效益、环境效益、社会效益和谐统一，建设资源节约型、环境友好型企业；发展循环经济是实现企业可持续发展的必由之路，是当代钢铁企业家的历史责任为发展理念，建立了典型长流程大型钢铁企业循环经济发展模式，如图 5-1 所示。

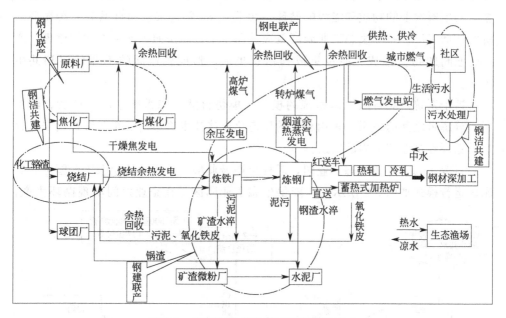

图 5-1　济南钢铁集团循环经济发展模式

（1）对内部资源与能源以循环为主

通过"四闭路"（煤气闭路、钢渣和含铁尘泥闭路、工业用水闭路、余热蒸汽闭路）实现废物资源化利用。实施"三高两低"（高风温、高喷煤、高系数、低休风、低焦比）实现从源头减少废物的产生。

（2）对外通过产业链条的延伸消纳社会生活污水、工业固废和余热等

建有煤化工系统，对焦炉副产物进行深加工（例如，利用焦炉煤气提氢气，供炼油、石化等行业加氢处理，以提高油品质量）；建设钢结构厂，对钢铁产品进行深加工；利用热水资源，进行生态养鱼；建设了微粉生产线，生产高附加值

产品（例如，生产微晶玻璃、矿棉、新型墙体材料等）；用生产的矿渣微粉生产高标号水泥，进一步实现废弃物升值；向社会提供余热和清洁燃气；处理社区生活污水回用生产；消纳周边化工厂的铬渣，同时铬渣中的铁、氧化钙、锌等成分也得到了有效利用。

5.3.7.2　区域层面（中循环）

一个企业的内部循环毕竟有局限性，因此，鼓励企业间物质循环，组成"共生企业"就成为必然趋势。1989 年，在通用汽车公司研究部任职的福罗什和加劳布劳斯提出了"工业生态系统"的思想，他们在《科学美国人》杂志上发表了题为"可持续发展工业发展战略"的文章，提出了生态工业园区的新概念，要求在企业与企业之间形成废物的输出、输入关系，其实质是运用循环经济思想组织企业共生层次上的物质和能源的循环。20 世纪 80 年代末、90 年代初一种循环经济的"新工厂"——生态工业园区就应运而生了，即按照工业生态学的原理，通过企业间的物质集成、能量集成和信息集成，形成企业间的工业代谢和共生关系。

这个系统是对自然生态系统的模仿，模仿自然生态系统中的生产者、消费者、分解者之间的关系，采用相应的生态化连接技术将不同的企业链接起来联合推动循环经济在园区内的实践。

丹麦小镇卡隆堡生态工业园，堪称早期最典型、最成功的生态工业园区。其园区运行模式如图 5-2 所示。卡隆堡生态工业园区是在企业之间实现循环生产，

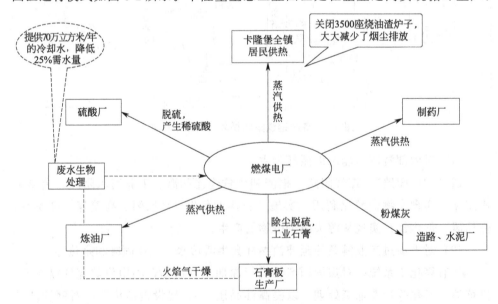

图 5-2　丹麦卡隆堡生态工业园区运行模式

即通过生态工业园区把不同的工厂联结起来，形成网络循环，使得一家工厂的废气、废热、废水、废渣等成为另一家工厂的原料和能源，这个生态工业园区的主要企业是火电厂、炼油厂、制药厂和石膏板厂。这四个企业形成一个生产链，一个企业通过贸易方式利用其他企业生产过程中产生的废弃物作为自己生产中的原料，形成了生产发展和环境保护的良性循环。

燃煤电厂位于这个工业生态系统的中心，对热能、副产品和废物进行了综合利用。火电厂向炼油厂和制药厂供应发电过程中产生的蒸汽，使炼油厂和制药厂获得了生产所需的热能；通过地下管道向卡隆堡全镇居民供热，由此关闭了镇上3500座燃烧油渣的炉子，减少了大量的烟尘排放；将除尘脱硫的副产品工业石膏，全部供应附近的一家石膏板生产厂做原料；同时将粉煤灰出售，供铺路和生产水泥之用。炼油厂生产的火焰气通过管道供石膏厂用于石膏板生产的干燥，减少了火焰气的排空；其中一座车间进行酸气脱硫生产的稀硫酸供给附近的一家硫酸厂；炼油厂的脱硫气则供给电厂燃烧。炼油厂的废水进过生物净化处理，通过管道向电厂输送，每年输送电厂70万立方米的冷却水。整个工业园区由于进行水的循环利用，每年减少25%的需水量。

就企业之间的关系而言，首先要认清和把握好园区内的工业代谢过程，在此基础上不仅要基于企业的主导产品建立起上下游合作关系，更为重要的是要基于废弃物和副产品建立起工业共生关系，实现园区内废弃物的资源化和循环再利用。

我国从1999年开始基于循环经济理念的生态工业示范园区的建设。最典型的案例之一是山东鲁北企业集团总公司（以下简称鲁北集团），其前身是1977年创建的无棣县硫酸厂，每生产1t磷铵排放3~4t磷石膏，大量含硫、氟的磷石膏随意堆放，不仅造成大气污染，而且还渗透污染地下水。鲁北集团在创立之初，在工业生态学理论指导下，立足于生产全过程可持续设计，依靠技术创新，整合生产资源，经过20多年的实践与探索，在盐碱荒滩上创建了资源共享、产业共生、结构紧密的工业生态系统，形成了世界上为数不多、具有多年成功运行经验的生态工业园区，深层次地实现了物质循环利用，解决了产业发展与环境保护的矛盾。

生态产业链是生态工业园区的血脉，关系到生态工业园的健康，建设生态工业园区必须重点规划和建设其生态产业链。鲁北集团以磷铵硫酸水泥联产、海水"一水多用"、盐碱电联产三条产业链的有机沟通与整合，形成了以化学紧密共生关系为主的鲁北工业生态系统。

（1）磷铵硫酸水泥联产

磷铵硫酸水泥联产产业链如图5-3所示。用生产磷铵产生的磷石膏废渣制硫酸联产水泥，硫酸又返回用于生产磷铵，整个生产过程资源得到了高效循环利用，没有废物排出，形成了一个比较完善的产业链。该产业链仅以磷矿石为主要原料，磷石膏和硫酸构成了从源到汇再到源的纵向闭合，减少生产硫酸的硫铁矿、生产水泥的石灰石矿开采量。消除了生产磷铵排放的磷石膏废渣、生产硫酸的硫铁矿废渣排放。生产的磷铵、硫酸、水泥产品与同等规模单一产品厂家相比成本下降了30%～50%。既有效解决了磷石膏废渣制约磷复肥工业发展的世界性难题，又开辟了硫酸工业和水泥生产的新原料路线。

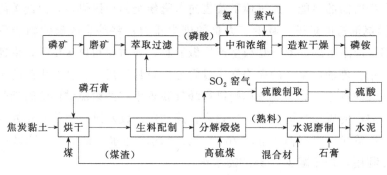

图 5-3　磷铵硫酸水泥联产产业链

（2）海水"一水多用"

以发展海洋化工为目标，突破单一制盐的传统模式，实现了海水"养殖、制盐、化工"一体化、深层次滚动开发，创建了海水"一水多用"产业链，如图 5-4 所示。该产业链在初级卤区进行鱼蟹、贝类的科学养殖；海水经蒸发形成中级卤水，通过提溴装置生产高附加值的溴化钠、溴化铵、溴化钾、溴阻燃剂等系列产品；在 24°波美度条件下产生的盐石膏用做磷铵硫酸水泥联产产业链生产硫酸和水泥的原料；部分饱和卤水用做制盐、部分饱和卤水直接作为 6 万吨离子膜烧碱和氯产品深加工生产线原料，用于生产烧碱等；对苦卤资源进行钾、镁产品的提取加工，制取硫酸钾和氯化镁，并消除海水污染。最终实现了"初级卤水养殖、中级卤水提溴、饱和卤水制盐制碱、高级卤水提取钾镁、盐田废渣制水泥"的良性循环。

（3）盐碱热电联产

鲁北集团以盐碱热电联产工艺构成磷铵硫酸水泥（PSC）产业链和海水"一水多用"产业链之间的横向耦合，沟通两大纵向主链之间的物质流、能量流和废物流，盐碱热电联产产业链如图 5-5 所示。以劣质煤和煤矸石为原料，采用循环流化床锅炉和海水直流式冷却技术制热发电，部分蒸汽用于烧碱厂、磷铵厂、合成氨厂的工艺用气和采暖用气；电力分别送往磷铵硫酸水泥产业链和海水"一水多用"产业链各厂。

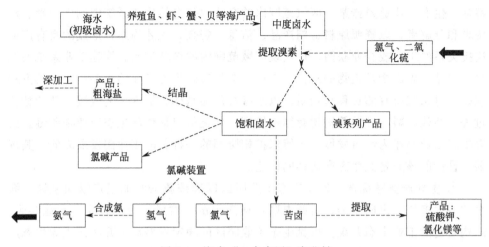

图 5-4 海水"一水多用"产业链

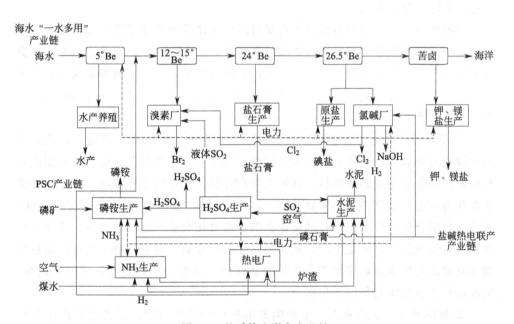

图 5-5 盐碱热电联产产业链

鲁北集团三条产业链派生出 18 种共生关系,他们之间循环相扣,互为因果,紧密联系在一起。其中硫酸、海水等构成系统内的物质流;蒸汽、电力的合理利用和梯级利用构成了能量流;磷石膏、盐石膏、炉渣等回用构成了废物流。在鲁北生态工业园区内部基本实行了中间物质或废物的重复利用。

(4) 典型生态工业园区建设的启示

生态产业链是生态工业园区最基本的构成单元,也是生态工业园区的最基本特征。生态产业链是指某一区域范围内的企业模仿自然生态系统中的生产者、消费者和分解者，以资源原料、副产品、信息、资金、人才为纽带形成的具有产业连接关系的工厂或企业联盟，以实现区域范围内的循环流动。构建工业系统的原料、产品、副产物及废物的最优生态产业链是实现生态工业的重要一步，其方法就是针对系统所有的过程和物质，以原有过程为基础，引入工艺改进、新的替代过程、替代原料、补链等构建超结构模型，优化得出最优的生态产业物质链。所以生态工业园作为经济发展与环境保护相协调的一种新的工业园发展方向，其规划与设计的核心是其生态产业链的构建。

① 主导产业链优选。鲁北生态工业园区以磷铵硫酸水泥联产纵向主链、海水 "一水多用" 纵向主链、盐碱电联产横向主链，构成了资源共享、产业共生、结构紧密的工业生态系统。可见生态工业园区的稳定发展离不开园区主导生态产业链的核心作用。主导产业链是工业区或企业的核心链条，维系着工业区或企业生态产业链稳定和发展。

因地制宜，优选出突出地方产业优势或反映出园区产业建设主题的主导产业链。根据关键种原理，优选出 "关键种" 企业。"关键种" 企业就是能源、资源和水消耗较大，废物和副产品排放量大，对环境影响较大且带动和牵制着其他企业、行业发展的重点企业。优选出 "关键种" 企业后，分析其工业代谢及补链，对其进行生态产业链的设计。

② 引入补链企业。分析以 "关键种" 企业为核心的主导产业链，以其副产品和废物为突破点，有针对性引入补链企业或工厂，把主导产业链产生的副产品和废物作为补链企业的原材料，延伸主导产业链，构建生态产业链。引入的补链企业作为生态产业链的一个重要节点，其生产规模应匹配与其产业对接的企业，并建立长期合作伙伴，同时补链企业在满足其对接企业需求的前提下，应建立原材料多方供应渠道，满足生产，从而稳定生态产业链。通过发展关键补链项目和创建资源回收型企业来丰富工业系统的多样性，以增强工业生态系统的稳定性，提高区域产业整体竞争能力与实力。

③ 横向共生、纵向耦合。依据生态系统中的结构原理，注重工业园区分解者和再生者的地位，鼓励各企业从产品、企业合作、区域协调等多层次上进行物质、信息、能量的交换，降低系统内物质、能量流动的比率，减少物质、能量流动的规模，建设并持续运行工业共生的生态链网，强化对园区生态系统的人工调控，为园区的物质流、能量流、信息流等形成的链网创造必要的条件。也就是说，生态产业链设计要本着促进企业内部或企业间形成横向共生、纵向耦合的原则，利用不同企业之间的共生与耦合以及与自然生态系统之间的协调来实现资源的共享，物质、能量的多级利用以及整个园区的高效产出与可持续发展。只有如

此才能达到包括自然生态系统、工业生态系统、人工生态系统在内的区域生态系统整体的优化和区域社会、经济、环境效益的最大化。

生态产业链是一项系统创新工程，它要以技术创新为基础，以生态经济为约束，通过探讨各产业之间"链"的链接结构、运行模式、管理控制和制度创新等，找到产业链上生态经济形成的产业化机理和运行规律，并以此调整链上诸产业的"序"与"流"，建立其"产业链层面"的生态经济系统，再以该系统为牵动，在相关产业内部调整其"流"与"序"，形成"产业层面"的生态经济系统。最终，生态产业链应该是这两个层面上系统的交集，它要通过链的设计、开发与实施，将技术创新、管理创新和制度创新有机地融为一体，开创一种新型的产业系统。

生态工业园区中的许多设想和国外实践对于指导我国当前区域经济发展有重要意义。发展生态工业园是中国工业化进程的关键。我国正处于工业化中期，转变生产方式，实施可持续发展是我国现代化建设的重要战略之一。生态工业园为我们提供了一条转变生产方式，实现节约资源、保护环境，使经济增长与环境保护相协调的重要而有效的途径。

在区域层次上除建立生态工业园区式的工业生态系统（industrial ecology）外，还有生态农业园和生态园区（生活小区）等。本书重点介绍材料产业对于循环经济发展影响，这里不再赘述生态农业园和生态园区（生活小区）等问题。

5.3.7.3 社会层面（大循环）

社会层面属于大循环范畴，这种循环是宏观的，主要是以政策导向和法律约束为手段建立起来的，需要较大的资金投入和技术支持，并需要较多的社会部门参与。在这个层面上，通过废弃物的再生利用，实现消费过程中和消费后物质与能量的循环。循环型城市和循环型区域是社会层面的循环经济的具体体现；是循环型企业和生态工业园向更大区域扩展的产物；是通过调整城市或区域产业结构，转变城市和区域生产、消费和管理模式，在一个城市和区域范围和一、二、三次产业各个领域构建各种产业生态链，将城市和区域的生产、消费、废弃物处理和管理统一组织为生态网络系统。

循环型社会是个庞大的体系，远比单个城市、园区或企业的循环经济的建设要复杂。而且，循环型社会的构建具有基础性、前瞻性和战略性特点，城市、园区、企业层面和消费者并不一定能够充分理解循环型社会建设的各项行动。因而，国家和政府要采取法律、行政、市场、经济的多种手段和措施，加强宏观调控，促进循环型社会的建设和发展。另外，循环型社会的建设虽以循环经济理论为指导，但同时也要因地制宜，充分发挥地方优势，合理利用资源，寻求稳步发展。

目前，发达国家的循环经济已经从 20 世纪 80 年代的微观企业试点到 20 世纪 90 年代区域经济的新型工厂——生态工业园区，并进入了第三阶段，即 21 世纪宏观经济立法阶段。

2001 年 4 月，日本开始实行八项循环经济法律，即《推进建立循环型社会基本法》《特定家用电器再商品化法》《促进资源有效利用法》《食品循环再生利用促进法》《建筑工程资材再利用法》《容器包装再利用法》《绿色食品采购法》和《废弃物处理法》。目前，已形成以《循环型社会形成推进基本法》为核心和基础，以《废弃物处理法》和《资源有效利用促进法》及 5 部特定物品回收利用的法律为主体，并辅之以《绿色采购法》等 3 部法律构成了一个包括 11 部法律的比较完整的法律体系。《推进建立循环型社会基本法》作为母法，提出了建立循环型经济社会的根本原则："根据相关方面共同发挥作用的原则，通过促进物质的循环，减轻环境负荷，谋求实现经济的健康发展，构筑可持续发展的社会。"可以说，这是世界上第一部循环经济法。此外，在美国、法国、英国、意大利、西班牙、荷兰、北欧等发达国家和地区，以及新加坡、韩国等高收入的发展中国家都制定了多部单项的资源循环利用和发展循环经济的法律。20 世纪 90 年代起，以德国为代表发达国家将生活垃圾处理的工作重点从无害化转向减量化和资源化，这实际上是在全社会范围内、在消费过程中和消费过程后的广阔层次上组织物质和能源的循环。其典型模式是德国的双轨制回收系统（DSD）。它针对消费后排放的废物．通过一个非政府组织，接受企业的委托，对其包装废物进行回收和分类，分别送到相应的资源再利用工厂或直接返回到原制造厂进行循环利用。DSD 在德国成功实现了包装废物在整个社会层次上的回收利用。

我国借鉴发达国家的经验，在生产、流通、消费诸环节中，倡导绿色生产、绿色消费和绿色社会生活模式，逐步形成循环型社会。通过强调产品、服务功能的实现，达到再利用或反复利用，从而延长产品、服务的时间和强度，减少输入和有害输出，促进资源减量化、再利用与再循环，提高资源生产率，通过提高全社会资源节约和生态环境保护意识，在全社会形成崇尚节约、节俭、合理消费、适度消费的理念，用节约资源的消费观引导消费方式的变革。逐步形成文明节约的行为模式。从社会整体循环的角度，发展旧物质调剂和资源回收产业（中国称为废旧物资业、日本称之为社会静脉产业），这样能在整个社会的范围内形成"自然资源—产品—再生资源"的循环经济环路。

5.4　促进循环经济发展的方向

促进循环经济发展主要有以下 3 个方面。

（1）加强生态道德观念建设

在全社会树立与环境友好的社会公共道德准则，发挥学校、大众传媒、社会团体的教育宣传作用，不断提高社会公众对实现零排放或低排放社会的意识。激励生产者对产品进行生态设计，鼓励生产者实行责任延伸战略，改变公众不合理的消费观念，倡导绿色消费．提高公众对再生产品的认可度等。

目前，很多消费者没有形成坚持减量化原则，节省资源、减少废弃物产生的意识。对许多产品综合使用能力的认识度不够，直接导致许多产品过早地成为废旧品。以垃圾分类为例，虽然大多数地方政府已经认识到垃圾分类的重要性，采取各项措施如设立垃圾分类垃圾桶等，引导消费者对可再利用垃圾和不可再利用垃圾进行分类，以期减少废弃物的产生，使资源真正得到充分利用。但实践生活中，这项举措实行效果并不好。对于这个问题，主要出于两方面原因：一是消费者主观上没有意识到垃圾分类的重要性，没有认识到资源综合利用的重要性，随意乱扔垃圾；二是消费者不懂垃圾应当怎么分类，只好乱扔。这就使得垃圾分类这个问题置于已经推行，但没有得到有效实施的局面。

2019 年 10 月，中共中央、国务院印发的《新时代公民道德建设实施纲要》指出："绿色发展、生态道德是现代文明的重要标志，是美好生活的基础、人民群众的期盼"。习近平总书记对生态道德建设也作出明确要求，加快形成绿色生活方式，要在全社会牢固树立生态文明理念增强全民节约意识、环保意识、生态意识、培养生态道德和行为习惯，让天蓝地绿水清深入人心。社会公众参与环境保护和循环经济活动的程度，既标志该社会的文明成熟程度，也是环境保护、循环经济成功的必要保证，只有全社会民众全部发动起来，尽量减少废物排放，节约而合理地使用资源，环境保护和循环经济才能真正达到协调发展。

(2) 构建促进循环经济发展的法律体系

借鉴发达国家的经验，逐步构建适合我国国情的循环社会法律框架。使循环经济有法可依，有章可循。针对于末端控制（EOP）并以指令性控制（CACS）为主环境法律、法规，只是简单地告诉企业什么该做、什么不该做。企业的环境目标只是实现污染物的达标排放，将污染物从一种类型改变为另一种类型。在这个过程中，往往产生更多其他类型的污染物。因此，应当对不能适应发展循环经济的制度进行修正，完善和细化我国现行环境保护法律的具体条款。研究制定促进资源有效利用的法律、法规和规章制度。以《中华人民共和国清洁生产促进法》和《中华人民共和国环境影响评价法》作为法律方面一个良好的开端促进循环经济的发展。

在我国的循环经济法律体系中，循环经济专项立法不够健全，部分领域专项立法缺失，法律制度尚属空白。专项立法的缺失不利于个别领域循环经济发展的单独实施，不利于国家对部分领域循环经济发展的有序运行和资源的高效利用予以统一的强制性规范，导致部分领域循环经济的发展缺乏必要的法律依据和制度支撑，容易造成某些领域资源的浪费和循环经济发展进程的滞缓，不利于资源效用的发挥和环境的保护。

以快递包装材料回收循环使用为例，近些年，我国电商平台以迅雷不及掩耳之势发展，成为了现代人生活中必不可少的购物方式。同时快递包装行业也发展迅速，每件快递商品都包裹着厚厚的包装材料，而当人们在拆完快递的时候就会把包装材料随意丢弃，导致包装材料垃圾随处可见。自 2016 年以来，国家相关部门先后出台《推进快递业绿色包装工作实施方案》《关于协同推进快递业绿色包装工作的指导意见》，但对快递包装材料的回收仅作出原则性的规定，现实可操作性不强。所以快递包装材料的回收看似有法可依、有相关的政策措施，但都太过笼统和抽象，运用到现实生活中的效果不明显。研究其最终原因就是法律结构不完整，没有形成完善的回收法律体系。

2020 年 9 月 1 日实施的新版——《中华人民共和国固体废物污染环境防治法》，将建筑垃圾的污染问题防治管理和安全隐患防治管理提升到新的高度，必将促进我国"建筑垃圾分类处理、回收利用和全过程管理"制度和体系逐步建立，实现建筑垃圾从原来的不可控管理，向"建筑垃圾分类处理、回收利用和全过程可控管理"过渡，最终实现减量化、资源化、无害化的目标，建立健全建筑垃圾减量化和分类工作机制，推动建筑垃圾全过程管理，从源头上预防和减少工程建设过程中建筑垃圾的产生，有效减少工程全寿命期的建筑垃圾排放，不断推进工程建设可持续发展和城乡人居环境改善。

(3) 充分发挥科学技术的核心作用

循环经济的发展离不开科学技术的进步。材料及其产业的资源节约与环境友好发展是社会、经济可持续发展的物质基础，也是我国节能减排的主体部分。产品能否经久耐用，报废后能否回收利用，回收的废旧物资能否进行高附加值的利用等，都取决于我们是否拥有经济上可行的技术手段。因此，必须通过发展科学技术来推动循环经济的发展，加大循环经济技术体系的研究力度，加强技术攻关，为发展循环经济提供重要技术保障。

循环经济的技术载体是环境无害化技术或环境友好技术。环境无害化技术的特征是合理利用资源和能源，实施清洁生产，减少污染排放。尽可能地回收废物和产品，并以环境可接受的方式处置残余的废物。环境无害化技术主要包括预防污染的少废或无废的工艺技术和产品技术，但同时也包括治理污染的末端技术。必须研究开发适应循环经济的材料及产业关键技术，促进传统材料产业的环境协调改造升级，发展具有自主知识产权的高技术，培育出高技术产业生长点。

5.5 我国循环型社会材料领域的发展重点

材料作为人类社会文明的物质基础，始终对人类社会进步发展起着基础、先导的作用，被誉为"划时代标志""社会发展三大支柱之一"。材料为人类社会的文明进步做出了突出的无法替代的贡献，但是，从资源和环境角度分析，材料的提取、制备、生产、使用和废弃又是一个典型的资源消耗和环境污染过程。在生产、使用和废弃过程中向环境排放大量的污染物，恶化人类赖以生存的空间。这些污染物既包括直接排放的废气、废水和工业固体废物，也包括给环境带来的全球温室效应、区域人体健康影响、噪声、电磁波污染、放射性污染、光污染等。随着地球上人类生态环境的恶化，保护地球，提倡绿色技术及绿色产品的呼声日益高涨。

为了实现人类社会向循环型社会转变，作为社会生活的物质基础和联系资源与产品关键一环的材料担负着不可推卸的责任。过去的材料科学与工程是以最大限度发挥材料的性能和功能为出发点，而对资源、环境问题没有足够重视。要科学把握材料科学与工程的真正含义，需要人们改变片面追求性能的观念，重视节约资源和能源，尽可能减少材料生产和使用过程中对环境的破坏。一定要在材料及其产品的研究、设计、制备以及使用和废弃的整个寿命中，对环境的协调性作出评价。这就要求在现有材料科学的基础上，将环境科学、生态科学、生物学、社会学与经济学等多门学科相互交叉，积极研究各种环境相容材料、环境降解材料、能源材料、环境修复材料、环境净化材料以及环境替代材料等新型的环境友好型材料，从而真正实现材料的可持续发展。

对材料科学工作者来说，有效地利用有限的资源，减少材料对环境的负担性，在材料的生产、使用和废弃过程中保持资源平衡、能量平衡和环境平衡，是一项义不容辞的责任。研究环境与材料的关系，实现材料的可持续发展，是历史发展的必然，也是材料科学的一种进步。

影响材料可持续发展的因素主要有材料的环境影响评价、投入的资源和能源利用效率、工艺过程的环境负担性，以及产品的环境设计等。材料产业可持续发展的方向主要是将传统的高投入、高消耗、高污染通过技术革新和改造，转变为低投入、低消耗、低污染的材料生产和使用过程，最终走向可持续发展。具体地说，用资源节约型产品替代资源消耗型产品；用环境协调型工艺替换环境损害型工艺；采用技术先进的生产过程，淘汰技术落后的生产过程；采用现代的科学管理和经营方式，扬弃粗放的经营管理方式等。

实现材料的可持续发展，既有技术方面的内容，还要从思想观念、政府作用、法律法规、管理监督、技术开发、国际合作等方面综合考虑，协调实施。目前，我国正在探索循环型社会这条可持续发展之路，把清洁生产、生态工业等措施整合成为一套系统工程，调整产业结构和产品结构，从而实现经济、环境保护及社会进步的"共赢"。我国材料产业应适应新形势的需要，把生态环境意识贯穿或渗透于产品和生产工艺的设计之中，走一条既符合中国实际，又借鉴各国经验教训，提高材料产业资源能源利用效率、降低生产和制造过程中环境负担的道路。

5.5.1 重大技术选择

（1）与环境协调的绿色/生态材料评价体系是本领域发展的共性基础

当前，国际标准和贸易组织方面都加强了对材料、产品的环境质量因素的规范和管理。发达国家不断施加压力，要求发展中国家提高环境标准，提出将环境保护作为贸易的附加条件。我国材料产业的环境负荷问题相当严重，面对这种国际形势，研究和开发作为共性基础的评价体系和实用方法，已刻不容缓。它是保证我国企业和产品取得 ISO 14000 认证，打通国际绿色贸易壁垒的重要途径，对巩固和加强我国在世界贸易中的地位，保护国家利益具有十分重要的意义。

（2）用全生命周期思想考虑材料设计与生产是必然趋势

对于自然资源相对短缺的中国来说，建立再生资源产业是必然的选择。但是将废弃物还原成可用的二次资源，技术上有很多困难，成本很高。其中一个重要原因是目前的器件和材料，在设计、制造之初没有考虑再生循环问题。所以必须用全生命周期的思路和方法从源头考虑材料和制品的开发。

（3）少合金化与通用合金是绿色/生态材料体系的合金发展需求

新型合金材料体系和不含毒害元素的材料，以及废弃物无害资源化转化技术等，是当前充分利用再生资源需解决的科技问题。尤其是大宗材料的生产，必须有效保护和利用原生资源，最大限度地利用再生资源，实现清洁生产。发展形成资源—材料—环境的良性循环产业技术。

成分复杂的合金材料即使再生循环成功，也往往只能逐次降级利用。基于可再生循环的简单合金的设计思想要求合金规格简单化，原则上不添加现在尚无法精炼脱除的元素。产品的部件由单一合金体系来制造最为理想，即通用合金概念。具体合金可通过在同一合金系中变化成分配比而得到，这样有利于再生循环冶炼时的成分调控。此外，对组成变化不太敏感的合金也应关注。

（4）提高资源综合利用效率，开发适合我国材料特点的再生资源技术迫在眉睫

综合效率主要包括三方面：一是单位资源能够创造的价值，可以称为产出率；二是创造相同价值时减少的资源投入，可以称为减量率；三是资源的重复使

用和循环使用的次数，可以称为循环率。

为了全面提高资源的产出率、减量率和循环率，也就是资源综合效率，必须对资源实施全生命周期管理，主要包括资源开源、源头减量、过程中控制、末端回收再生等，每个环节的侧重点是不同的。

资源开源主要通过探索新的资源或资源获取方法、改造原本不可用的资源等手段，增加可用资源的总量，增强资源的供应能力。同时由末端废物还原出来的再生资源可以作为自然资源的替代品，所以加强再生资源利用也属于资源开源活动。

源头减量重点是减少源头自然资源的开采，同时废弃物产生量的减少也可以视为源头减量的范畴，源头减量的本质就是要求用尽可能少的资源消耗和尽可能少的环境代价创造出尽可能多的价值。

过程中控制主要是通过技术创新、工艺改造、管理变革等方式，在各个环节都用更少的资源来完成同样的任务，全面提高资源的利用率，同时还要注意利用共伴生资源，使所有的物质都实现物尽其用。

末端回收再生是提高资源循环率的关键，需要对废弃物进行细致分类，而且要把分类环节不断前移、不断深化，确保每一种废物都能得到及时的回收再生。另外，还要将生产者的责任逐步延伸，让生产者来负责废弃产品的回收，能够使生产者和分解者真正融为一体。

再生资源技术有很强的地域性，不能单纯依靠国外技术。一方面，由于各国国情不同，废弃物性质差别很大，引进技术和进口设备未必适应中国；另一方面，目前国外技术投入成本过高，企业根本无法运转。针对我国国情，开展材料综合利用新技术的研究，包括材料延寿新技术、材料仿生新技术、固态废弃物高附加值综合利用新技术，以及材料制备加工中的零污染与零排放技术等，在我国国民经济建设和社会可持续发展中亦具有重要战略地位，是我国发展高技术新材料急需解决的关键技术之一。

（5）应用面广的绿色建筑材料技术需求紧迫

由于中国城镇化建设和基础设施建设的高速发展，大型建筑工程越来越多，使得对建筑材料的需求日益增大。据统计，2014年全国水泥总产量为24.76亿吨，占世界产量的59.81%，其中用于生产预拌混凝的水泥约占水泥总产量的30%。随着国家"丝绸之路经济带"战略的实施，将进一步加快中西部地区的基础建设，对于建筑材料尤其是混凝止的需求量将会进一步增加。然而在我国环境污染日益严重、温室效应日益显著和自然资源日益枯竭的情况下，迫使混凝王不仅要具备施工性和强度耐久性等高性能，还要具备可持续发展的特性。如果不能确保建筑材料的高环保性，那么绿色建筑就是无稽之谈，因此必须大幅提升建材产业的循环经济水平，从源头上减少对不可再生资源的消耗，提高建材资源的利用效率，提高建材产品的质量和功能，增强产品的生态属性。同时还要充分发挥建材产业可以吸纳其他产业废弃物和社会生活垃圾的优势，使建材产业向生态化和可持续方向发展。因此大力发展绿色新型建筑材料也是循环型社会建设的必然选择。

5.5.2 发展重点

（1）材料及其产业的生态设计与评价体系研究，资源的高效利用及材料生产与环境负荷的关系

开发资源高效利用、循环利用及材料清洁生产技术；建立材料生命周期评价和区域材料物流分析方法及标准。为我国建设循环型材料工业乃至循环型社会，就资源和能源问题提出具体的意见，从而有利于国家进行宏观调控与统筹规划。

（2）替代毒害、稀缺合金元素的新型材料体系及典型环境工程材料

发展并推广具有自主知识产权的新型环境材料体系，包括有毒、有害、稀有贵重元素的替代；通用及简单合金体系；环境净化与修复材料；固沙植被材料、固土材料及新型地下填充材料；新型农用地膜及可降解塑料。

（3）废弃物的资源化及大宗材料的清洁化生产

以实现零排放为目的，研究废弃产品的资源化和无害资源化转化技术等，发展并推广具有自主知识产权的材料环境协调性制备新技术。如工矿业固体废物无害资源化转化；家电、电子、交通废物的再资源化；低成本高性能环境友好的大宗新型建材；构建大宗材料生态环境协调的清洁生产产业模式。

其中，固体废物（以下简称固废）处理问题是全球性的问题，我国工业固体废物产生量（2011—2017年）及预测值（2018—2030年）如图5-6所示。固废产业生态系统的构建是解决固废最有效的方法。想要解决固废问题，核心是资源利用问题。所以，先应该考虑的是提高资源的利用率，利用"资源—产品—应用—报废—资源"这样切实有效的循环经济模式，将资源进行最大程度的利用，实现可持续发展。

以钢铁行业为例，2013年，我国钢铁行业冶炼废渣产生量约4.16亿吨。其中，高炉渣2.41亿吨、钢渣1.01亿吨、含铁尘泥巧60万吨、铁合金渣1390万吨。钢渣综合利用率仅为30%。这些固体废物的堆存不仅占用土地，同时也会带来环境污染和生态破坏，我国冶金行业正面临资源和环境的严峻挑战。随着我国对铁矿石需求量的持续增长及冶金行业循环经济要求的提升，大力推进矿产资源的再利用，提高资源综合利用率，是实现节能减排和工业可持续发展的重要

工作之一。

大量资料表明，钢渣综合利用主要有以下方面：生产钢渣水泥；钢渣微粉作为掺和料在混凝土中的应用；钢渣筑路材料；钢渣用于环境治理；钢渣用于农业。显然，钢铁产业与钢铁固废综合利用产业属跨产业范畴，钢铁固废利用涉及面广，行业交叉特点明显，与下游建材、化工、有色、农业等多个领域有交叉。但目前综合利用行业普遍存在上下游衔接不畅，行业间存有技术、资质壁垒等诸多问题。钢铁企业本身对固废综合利用的研究不足，缺乏技术研发和推广促进机制，产学研结合不紧密，造成技术评价标准、产品标准建设滞后，无法支撑先进设备、技术的推广落地。

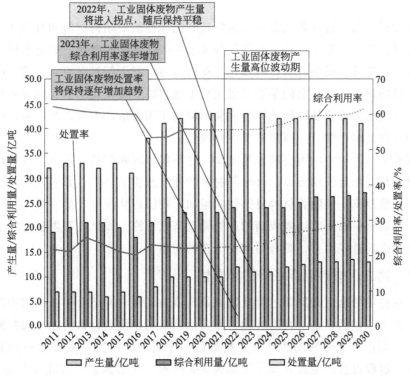

图 5-6　我国工业固体废物产生量（2011—2017年）及预测值（2018—2030年）

数据来源：2011—2020年《中国统计年鉴》。

（4）循环型社会的资源、材料的产业结构，工业生态链（园）的示范与实践

建立材料生态工业链技术示范，形成从源头无毒无害、工艺过程零排放、废弃物资源化的循环型社会的物质材料产业链。系统集成体现环境材料与技术对可持续发展的新型工业化目标的整体贡献。

随着技术进步、市场化程度的提高以及综合利用产业自身的关联度提高，特

别是建材产品相互关联度的提高，副产品就地集中加工、处置，建设统一规划的工业综合利用示范园区成为一种趋势，可充分利用主业的能源介质和公共辅助设施的富余能力，降低生产成本，实现节能减排，同时也可实现物流成本、投资的降低，减少废弃物的排放甚至实现"零排放"。

综上所述，材料循环经济发展模式是以资源开采效率的提升为起点，以产品加工过程中的清洁生产和技术革新为核心，以产业链的纵向延伸和横向拓展为途径，以全面减少工业废弃物的排放、提高区域工业资源综合效率为目标，实现区域经济、资源、环境均衡发展的一种模式。

5.6　发展新材料循环经济

新材料是指新近发展或正在发展的具有优异性能的结构材料和有特殊性质的功能材料。对工业系统而言，在某种程度上这些是全新的材料，如纳米材料、生物材料、石墨烯、稀贵金属材料和化工新材料等。对于新材料而言，重要的不是这些材料的存在，而是它们是否可以实现工业领域的规模应用。而发展新材料循环经济则是指尽可能长时间地维持材料的最高使用价值。为此，产品在设计的时候必须确保其耐用性、易修复性和可回收性。

目前工业用材料的类型越来越复杂，这不仅体现在产品品种上，也体现在产业规模及结合如何使用方面。许多新材料的开发改善了环境，如轻质材料，可提高燃料运输效率，但随着材料复杂性的增加，则很难从废弃产品中循环利用其价值。而且新材料的回收还需要新的废物管理基础设施。如果在开发新材料的早期阶段就考虑到这些因素，则有望避免潜在的问题。

5.6.1　建立新材料循环经济的必要性

产品使用的全生命周期过程及其原始价值的可回收性是由一系列相关因素决定的，其中一些因素是材料固有的，而其他因素则是使用材料的产品固有的（见表 5-2）。而产品生命周期的结束是指最后一个用户使用完并丢弃某一产品。此外，生产过程也会产生废弃物，正如表 5-2 所示，许多因素可以增加回收价值。回收通常包括三个过程：一是收集，任何产品或材料回收的第一步是确保其实现可再生回收或循环利用的条件，这一过程通常称为"逆向物流"。收集的过程主要取决于产品自身价值、市场机制以及立法等要求；二是分拣，这一过程通常涉及两个阶段，分离可回收的任何产品及零部件；将其余部分加工成材料流；三是再加工，这一过程的目标是生产出可与原始材料完全相同的材料，如金属的再加工等。但是，当回收材料过于多样化时，需要损失一部分材料。如当电子废弃物被粉碎并送去再加工后，其中的稀土金属将损失。

表 5-2　产品全生命周期中可循环使用能力判断

	特征	可能循环使用——→不能循环使用		
价值	具有高附加值或丢弃后具有严重环境危害的产品或材料,需要对其回收进行投资	高	中	低
控制、收集和沟通	控制或收集已知数量材料或产品的能力,可以有效支持建立循环模式	单一所有者	两个所有者	多个所有者
回收、改造和再利用的便利性	当产品或材料的性能更易于改造时,则有可能建立循环系统	简单	中等	困难
变革速度	如果某一产品或材料功能变化太快,则不会进行回收投资。在材料替代、技术发展或时尚迅速改变需求的情况下,这尤其成为一个问题	缓慢	中等	快速
集中与污染	当材料被分解或受污染时,回收或是成本高昂或是根本无法实现	干净且集中	中等	受污染和被分解

5.6.2　建立新材料循环经济的发展路径

建立新材料循环体系,一方面是由于材料价值的因素,另一方面就是政策驱动。

建立最大限度实现新材料循环经济的发展路径如下:

① 如果某一种材料不能被分离并转化,为适于再加工的形式,一是可以投资使用更好的分拣和识别技术;二是更改设计,以便单独拆除和加工高附加值零部件。

② 如果某一种材料可以从废物流中分离出来,但由于缺乏相关技术或就近运输成本较高,且没有进行再加工的设施,那么解决的方法:一是研究开发新设施,这将取决于是否存在适当的再加工技术,原料的充足性及再加工材料的市场价值;二是可与技术部门或其他研究机构合作开发解决方案。但是,如果回收材料的市场不够大,无法维系一个新的再加工设施,那么就需要政府来决策。

③ 如果某一种材料可以进行分离和再加工,但其价格只占其原始价值的一小部分,那么一是提升现有再加工技术;二是考虑进行商业化推广。

④ 如果与原始替代材料相比,制造商更难使用回收材料,则再加工商可与制造商或其供应商合作,将回收材料转换为适合其工艺的形式。

⑤ 如果没有收集系统,则需评估材料是否可以支持商业收集和再加工供应链。这将取决于材料的货币价值和可用数量。

⑥ 如果材料的价值不够高，或总的市场规模过小，无法支持可行的再加工设施，则只能依靠政策驱动来进行回收。

5.6.3 新材料循环体系建设的例举

(1) 碳纤维复合材料

碳纤维是由含碳量高于90％的有机纤维经过一系列热处理转化而成的无机高性能纤维，是一种力学性能优异的新材料，具有碳材料的固有本性特征，又兼备纺织纤维的柔软可加工性，是新一代增强纤维。20世纪50年代起，碳纤维复合材料在航空航天、汽车工业和可再生能源等领域中得到迅速发展。2018年我国碳纤维与全球碳纤维消费结构如图5-7所示。

随着应用的快速增长，对碳纤维的回收已成为重点。成功回收利用碳纤维可以形成一个良性循环。在汽车制造领域，由于成本高昂，目前碳纤维仅应用于高端汽车制造。捷豹路虎汽车有限公司开展的研究表明，碳纤维零部件成本比钢材零部件成本高出20倍，比铝材零部件成本高出10倍（见图5-8）。也就是说，在向大众市场推广碳纤维之前，必须降低碳纤维成本。2017年10月，工业和信息化部发布的《产业关键共性技术发展指南》重点提到了碳纤维复合材料废弃物低成本回收及其再利用技术。

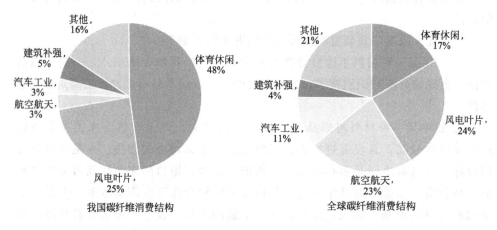

图 5-7　2018 年我国碳纤维与全球碳纤维消费结构

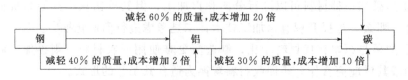

图 5-8　汽车制造业碳纤维质量和成本情况

① 存在的障碍

碳纤维行业完整的产业链包括"上游原丝—碳纤维—中间体—复合材料—应用领域—维护回收",使用寿命到期的复合材料制品和生产加工中产生的边角余料的回收再利用涉及产业的可持续发展,是一个重要的技术问题。

碳纤维复合材料回收技术分为热解法、化学法及机械法。热解法是目前唯一实现工业化生产回收纤维的技术。但热解将燃烧复合材料中的聚合物(质量约为材料的1/3),其中仅有一小部分能量以热能的形式被回收。现有分拣或再加工基础设施也不适用于纤维回收。现有的分拣基础设施需要对碳纤维进行粉碎,这一过程将导致碳纤维长度变短和碳纤维力学性能下降,还有可能带来材料的污染。

② 面临的机遇

一是产品重新设计。由于碳纤维复合材料不适用于为金属车辆开发的组装系统,例如螺栓连接和焊接,因此有机会开发更适合于复合材料的方法,同时便于回收环节的拆卸过程。这将需要更新设计软件,以更好地考虑复合材料的特点。可以拆除车顶或车身板等部件,以生成纯碳纤维复合材料部件流,通过维修操作进行重复使用,或通过现有的热解设施进行再加工。

二是开发回收新技术。包括连续的热裂解工艺及设备技术、树脂热解产物的高热值重整技术等。另外,可利用流化床热解技术替代传统热解技术,这项技术可回收优质纤维。还可以考虑研究热固性复合材料的化学回收技术。这些技术能够增加回收纤维的一致性,因而可实现高价值回收。

三是增加回收纤维的价值。一方面扩大应用范围,使用回收碳纤维来替代其他材料。例如,将回收纤维用于非织造纤维垫中,可以提供与玻璃纤维和铝相同的性能,但质量更低。另外,增加回收纤维的一致性,以提供与原始纤维相同的功能,但由于目前仅停留在实验室规模,因此需要进一步投资对其进行商业化推广。再者,可以将回收纤维用于销售给汽车制造商的中间产品中,进一步增加回收纤维的价值。最后,可以改良汽车复合材料中的聚合物。目前,大多数的碳纤维复合材料包含热固性塑料,这是不可回收的,而热塑性复合材料可通过加热进行重新塑形或熔炼,提高其对快速制造的适用性和再循环能力。聚醚醚酮(PEEK)是汽车应用中性能等同于热固性材料的唯一一种热塑性塑料,但其价格高昂。因此,需研发可以更好地涂覆纤维预制件的增材或新热塑性塑料(即降低黏性)来改良热塑性塑料;需研发可以更好地实现碳纤维-热塑性塑料黏合的涂料(即使得纤维更易于用于制造业的涂料)来改良纤维;还可以提高热固性聚合物的再循环能力。

碳纤维复合材料循环体系的建立见表 5-3。

表 5-3 碳纤维复合材料循环体系的建立

存在的障碍	材料创新	技术开发	技术部署
材料障碍	开发用于汽车的热塑性复合材料,研究可回收的热固型塑料	在开发热塑性复合材料的过程中,确定可重塑零件的修理和再利用机会,包括确定二手零件完整性的方法	—
技术障碍	—	投资技术的商业化推广,提高回收碳纤维的一致性。设计可轻松拆除的复合材料制成的汽车部件,包括开发更适合复合材料的设计软件	对流化床回收技术进行商业化推广,以便从热固性复合材料中回收碳纤维
市场障碍	—	—	开发使用回收碳纤维的半成品,以便于制造商使用

(2) 生物塑料

生物塑料是指生物基塑料或可生物降解塑料。生物基塑料是由植物或其他非化石燃料原料制成的塑料,包括常见的塑料类型,如聚乙烯和目前小规模应用的应急塑料;可生物降解塑料可化学分解成无毒化合物,包括在正常条件下可分解的塑料,以及只有在工业堆肥或厌氧消化设施内才会分解的塑料。这两个类别并不相互排斥,因为有些生物塑料既是生物基塑料又是可生物降解塑料。目前,生物基塑料仅占整个塑料市场的一小部分(约 0.5%)。下面以使用最为广泛、严格用于家庭包装的生物塑料聚乳酸(PLA)为例。

① 存在的障碍

一是材料障碍。在某些情况下,与传统塑料相比,生物塑料的功能性更低。这就限制了其应用范围,可能会出现多种聚合物用于类似应用的现象,从而给回收带来障碍。

二是技术障碍。利用现有废物管理系统对生物塑料进行回收,可能会带来技术障碍,但如不将生物塑料与其他聚合物相分离,则不利于回收,并产生污染。

三是市场障碍。并不是所有的塑料包装都进行收集回收。虽然英国几乎所有地方均收集塑料瓶,但只有少数地方收集其他硬塑料,如壶、桶和托盘,且很少有地方收集塑料薄膜。即使市场上的所有生物塑料都被收集,目前要维持一个可行的闭环回收工厂供给仍不充足。

② 面临的机遇

一是以废弃生物质用做原料。可以使用二次原料,如废物或其他工艺的低价值副产物,生产生物塑料。此外,将废物原料转化为生产生物塑料所需的化学材料的许多过程都依赖于大量消耗资源的酶。为了促进生物塑料废物原料的使用,有必要采取以下措施：

- 绘制可用的原料，包括保证其供应数量和适应任何季节性变化；
- 确定从特定废物流到特定生物塑料的最直接转换路径，如来自乳制品废物的 PLA；
- 优先生产平台化学品，即可生产许多其他化学品的化合物，例如，利用农业废弃物中的纤维素生产乙醇；
- 必须加强食品生产和制造业部门之间的合作，以增加用做原料的废弃生物质的使用。应召集公共部门，提供信息和资助。

二是改进分拣过程。为了防止建立的回收流被污染，必须按照聚合物类型识别和分拣塑料。虽然这可以通过近红外光学分拣技术来实现，但不是所有设施都拥有这一技术，即使有，含有黑色素或完全被标签覆盖的产品可能加大这一技术的复杂性。幸运的是，近期引入市场或接近市场的许多解决方案，如使用光学技术来提高分拣效率。此外，正在开发数字水印和荧光油墨，以实现更细粒度的塑料分拣。

三是选择性使用可生物降解塑料。在普遍采用光学分拣技术对收集的塑料进行分拣之前，可生物降解塑料的使用应限制在目前尚未实现回收循环的应用中。此外，还应提高人们对如何使用各种塑料的认识。为解决这一问题，可以按照应用对聚合物类型进行标准化，并制定相关法规条例。

四是实现生物塑料的潜力。建立可能用于不同应用的生物塑料，特别是可生物降解塑料的产品开发系统。目前，大多数生物塑料都在实现其可回收性，特别是生物降解能力。其中，很多生物塑料还有可能采用废弃物原料制成，或通过解聚进行回收。

生物塑料循环体系的建立见表 5-4。

表 5-4　生物塑料循环体系的建立

存在的障碍	材料创新	技术开发	技术部署
材料障碍	—	按部门将生物塑料的使用性能与现有塑料部门相匹配	—
技术障碍	—	投资采用高产量废弃物原料的平台化学品生产的商业化	投资数字标记技术，以改进聚合物的识别和分拣
市场障碍	确定废弃物原料的可用性和可行性,包括其他生物经济工艺的副产物	—	广泛收集所有硬塑料包装按部门促进供应链协商最适合的生物塑料应用

（3）增材制造材料

增材制造俗称 3D 打印。它融合了计算机辅助设计、材料加工与成型技术、以数字模型文件为基础，通过软件与数控系统将专用的金属材料、非金属材料以及医用生物材料，按照挤压、烧结、熔融、光固化、喷射等方式逐层堆积，制造出实体物品的制造技术。相对于传统的对原材料去除-切削、组装的加工模式，3D 打印是一种"自下而上"通过材料累加的制造方法，从无到有。这使得过去受到传统制造方式的约束而无法实现的复杂结构件变为可能。

我国 3D 打印从 1988 年发展至今，呈现不断深化、不断扩大应用的态势。2015—2017 年期间，3D 打印产业规模实现了翻倍增长，年均增速超过 25％。2017 年，我国的 3D 打印领域相关企业家超过 500 家，产业规模已达 100 亿元，增速略微放缓至 25％左右，但仍然高于全球 4 个百分点。2018 年上半年，中国 3D 打印产业维持 25％以上增速。2013—2018 年中国 3D 打印产业规模及增速见图 5-9。增材制造设备客户的收益分析见图 5-10。

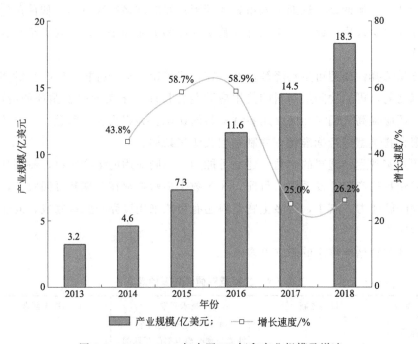

图 5-9　2013—2018 年中国 3D 打印产业规模及增速

由于增材制造技术具有快速成型、创新设计、小批量生产、资源利用效率高等特点，因此，增材制造技术有望支持各行各业向循环经济过渡。

①　存在的障碍

一是生产独特复杂的材料将导致可回收性的降低。增材制造技术的规模化定制可以实现将不同材料整合到同一类型产品中，但这将给分离和回收有用材料带来极大障碍。单一形式的定制可能不会构成威胁，如仅由一种聚合物制成的玩

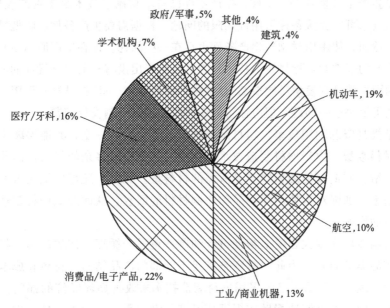

图 5-10 增材制造设备客户的收益分析

具。然而，多种材料类型的定制就很难处理。为了避免增加不可回收产品的数量，应开展特定部门分析，以确定应避免生产哪些材料组合及应用的增材制造。

二是将会增加电子废弃物的产量。由于 3D 打印机在美国和欧洲的使用人数越来越多，可能带来不断增长的电子废弃物问题。据统计，2015 年 3 月，英国仅一个月就销售了 10 万台 3D 消费打印机，而 2013 年一年就出售了 200 多万台传统消费打印机。避免这种情况的方法是，通过租赁或基于服务的商业模式扩大增材制造技术的使用。由于硬件成本相对较高，这些方法被广泛用于商业传统打印机的供应。此类服务通常由打印机制造商或专门的印刷服务公司直接提供。此外，也可以通过 3D 中心使用 3D 打印机，这些新的平台将为希望在本地打印的人群提供服务。

② 面临的机遇

一是实现产品耐用性、可维修性和可回收性方面的重新设计。目前发展循环经济面临的障碍之一是，大多数产品在设计之初并未考虑可回收性，因此使用增材制造技术来降低产品重新设计的成本，可以进一步扩大再利用、维修和回收产品范围。此外，增材制造技术可以使产品设计更符合循环经济的商业模式。

二是支持再制造。再制造和维修是增材制造的新应用领域，尤其是那些通常认为无法维修的物品，如轴承和密封件。因此，需进一步确定增材制造技术可适用于哪些再制造以及哪些部门，从而增加独立再制造企业的生存能力。

三是生产小批量和停产备件。生产零件已是增材制造技术最常见的应用之一。增材制造技术可以克服备件可用性局限的问题，根据需要生产备件，降低维修产品的成本。然而，使用增材制造生产备件也存在一些问题。即在生产原本不是使用增材制造生产的零件时，增材制造技术是否可以生产出没有相关数字设计的零件。其中关键的因素就是开发增材制造 CAD 文件的难易程度。3D 扫描技术可用性和精细化的提高可解决这一问题，但应注意知识产权和保修限制设计问题。

四是提高资源利用效率。增材制造的明显吸引力之一是，其能够减少生产中使用的材料数量。由于增材制造技术是堆积而不是移除多余的材料，因此从理论上来说，增材制造仅使用最终产品所需的材料量。此外，还可以加大可回收原材料的利用率，加强对未使用印刷品和印刷材料的回收，从而降低增材制造使用材料对环境的影响。

增材制造可在多大程度上帮助设计和制造更适合循环经济的产品，将随着所涉及的产品类型而异。为此，需审查满足不同部门产品结构、材料和成本要求的技术能力。表 5-5 显示了已经采用增材制造技术来改善循环经济的部门。在汽车和航空部门中，增材制造帮助实现循环经济的潜力最大。由于硬件成本高，使用寿命长，这两个部门已采纳了许多循环经济原则。但是，对于其他行业来说，增材制造技术的使用还存在一定障碍，以及如何通过进一步研发来推进这一进程。《中国制造 2025》在第九部分新材料发展战略中，3D 打印用材料被明确作为重点发展的方向，具体的技术发展战略方向是：低成本钛合金粉末满足航空航天 3D 打印复杂零部件用粉要求，低成本钛合金粉末相比现有钛合金粉末成本降低 $50\% \sim 60\%$；铁基合金粉末利用 3D 打印工艺致密化后的金属制品，其物理性能与相同合金成分的精铸制品相当；重点发展适用于 3D 打印技术的可植入材料及修饰技术，以及碳纳米与石墨烯医用材料技术等。

增材制造循环体系的建立见表 5-6。

表 5-5 已采用增材制造技术来改善循环经济的部门

应用	技术	规模	部门	示例
零件	熔融沉积快速成型	商业	航空	空中客车 A350 XWB 共有 1000 多个 3D 打印件
		小规模商业	消费品	Thingiverse 是数千种设计的在线平台，包括玩具、小玩意和模型，用户可以自己或通过 3D 中心进行打印
	粉体熔化成型	研究	汽车	奥迪公司的发言人表示："我们的目标之一是使用 3D 金属零件实现常规汽车生产"
		商业	航空	通用电气公司的新 LEAP 发动机有 19 个 3D 打印燃油喷嘴

应用	技术	规模	部门	示例
备件	熔融沉积快速成型	业余爱好	消费品	个人使用 3D 打印将破损的部件固定在冰箱上
	粉体熔化成型	业余爱好	消费品	个人使用 3D 打印替换破损的汽车零件
快速成型	熔融沉积快速成型	商业	消费品	Salomon 已经使用 3D 打印来展示原型
	粉体熔化成型/熔融沉积快速成型	商业	汽车	捷豹路虎有限公司在原型车中使用 3D 打印件
	立体光刻	商业	建筑	Hobs 使用 3D 打印机开发详细的建筑模型
再制造	直接能量沉积	研究	高价值工程	Hybrid Manufacturing Technologies 的双 3D 打印和数控机床系统可用于修复涡轮叶片
多材料	熔融沉积快速成型	商业	成型	多色和多材料印刷用于使原型更接近最终产品
	熔融沉积快速成型	研究	复杂元材料	麻省理工学院创建了一个 3D 打印系统,用于研究高精度多种材料,创建完整的最终产品
电子产品	熔融沉积快速成型	研究	研究	Voxel8 打印机可以印刷银色墨水用于电子产品,包括创建组件来测试其他电子元件和概念设计的功能

表 5-6 增材制造循环体系的建立

项目	材料创新	技术开发	技术部署
材料障碍	—	确定以结构复杂性取代材料复杂性的机会,提高回收失败的印刷品和未使用的印刷材料的能力。投资未使用的印刷材料再加工技术	—
技术障碍	投资生产用于 3D 打印机的高质量回收材料	为难以拆卸的部件或产品开发并找到替代的嵌固件和紧固件,培养增材和减材制造组合能力,扩大可再制造的产品和应用的范围	—
市场障碍	优先发展为同一产品类型使用相同材料的定制,为失败的印刷品和未使用的印刷材料确定回收系统	通过改进的 3D 扫描技术和 CAD 文件的可用性,扩大可以使用增材制造生产的传统部件的范围开发许可商业模式,允许第三方生产零件	应用快速成型能力,开发具有良好生态设计特征的产品,维持原本使用增材制造生产的产品的备件的可用性

参考文献

[1] 鲍建国，周发武．清洁生产实用教程．第二版 [M]．北京：中国环境科学出版社，2014.

[2] 郝雅琪．中国钢铁工业发展循环经济的机制与模式研究 [D]．北京：北京科技大学，2014，10-11.

[3] 徐文来．基于循环经济的工业园区生态产业链构建研究 [D]．成都：西南交通大学，2007，21-23.

[4] 甘树福．工业园区生态产业链设计研究 [D]．广东：广东工业大学，2006，40-43.

[5] 梁莹．论我国《循环经济促进法》减量化原则 [D]．桂林：广西师范大学，2013，2-3.

[6] 冯久田．鲁北生态工业园区案例研究 [J]．中国人口·资源与环境，2003，13（4）：98-102.

[7] 国家环境保护总局科技标准司编．循环经济和生态工业规划汇编 [D]．北京：化学工业出版社，2004.

[8] 许文来，张建强，赵玉强等．生态系统原理在产业循环经济中的应用 [J]．世界科技研究与发展，2007，(1)：71-75.

[9] 李玉蕾．论我国循环经济法律制度的完善 [D]．石家庄：河北地质大学，2016，11-13.

[10] 左铁镛．构筑循环型材料产业，促进循环经济发展 [J]．新材料产业，2004，131（10）：72-78.

[11] 王乐．区域循环经济的发展模式研究 [D]．大连：大连理工大学，2011.

[12] 崔孝炜．钢铁行业固废为原料的高强高性能混凝土研究 [D]．北京：北京科技大学，2017.

[13] 赛迪智库原材料工业研究所．发展新材料循环经济 [J]．赛迪译丛，2017，309（24）：1-17.